LES NOUVELLES PENSÉES DE GALILÉE

Volume II : NOTES ET INDEX

NOTE DE L'ÉDITION POUR LE VOLUME II

Le lecteur trouvera ci-dessous les notes critiques avec les références suivantes :

1° au milieu de la justification et en position centrale la référence, précédée de P., à la page du volume I où se trouve le texte de Mersenne, suivie de la référence à la page de l'édition originale des *Nouvelles Pensées ;*

2° à gauche, en manchette, l'indication de la ligne de la page de l'édition originale.

Nous rappelons que chaque page du volume I contient quatre pages de l'édition originale, avec la mention entre crochets en haut à gauche, pour chacune d'elles, de leur pagination propre.

Nous avons ajouté, pour le repérage des lignes, des échelles adéquates.

Pour la consultation, le lecteur doit suivre les références dans l'ordre que nous venons de présenter. A l'intérieur des notes de ce volume II, la pagination originale à laquelle il est fait référence figure en romain par nécessité de simplification typographique.

UNITÉS DE MESURE UTILISÉES PAR GALILÉE ET PAR MERSENNE

Une note sur les unités de mesure est indispensable dans la présente édition critique. Mersenne a parfaitement perçu la difficulté que la diversité des unités d'un pays à l'autre constituait pour la science au moment même où l'importance accordée à l'expérience entraînait la nécessité de la communication dans le langage des chiffres.

Les pages 87-88 du Livre II de l'*Harmonie Universelle* tome I sont à cet égard caractéristiques et visent précisément les mesures de longueurs employées par Galilée. C'est grâce à ce texte que nous pouvons déterminer l'évaluation que Mersenne place sous le terme « brasse » en traduisant dans les *Nouvelles Pensées* le « braccio » qu'il lit dans les *Discorsi* : après avoir d'abord admis que la brasse de Florence est au pied de Roi parisien dans le rapport 5/3, il a adopté le rapport 43/24 sous l'influence commune de Peiresc et de Pierre Petit.

Il est très remarquable que Mersenne n'a pas éprouvé immédiatement le même souci de correspondance en ce qui concerne les mesures de poids, ce qui manifeste la conscience que le sujet central des écrits de Galilée, la loi de la chute des graves, est indépendant de la considération du poids.

Mais en 1644, dans les 40 pages qui ouvrent les *Cogitata Physico-Mathematica* sous le titre *Tractatus de mensuris, ponderibus atque nummis tam Hebraicis quam Graecis et Romanis ad Parisiensia expensis,* Mersenne a donné une synthèse de la comparaison des unités qui nous permet de compléter sur plusieurs points les indications de l'*Harmonie Universelle.* D'abord pour les mesures de grandes distances : la *lieue* française est bien un *mille,* mais un mille de tours de roue (un tour = 15 pieds) et cette précision a sa saveur pour le contexte social. Ensuite en ce qui concerne les mesures de poids : le système parisien est identique au système italien pour les rapports des petites unités, grain, denier et drachme, à l'once, mais tandis que celle-ci est le 12ᵉ de la livre en Italie, conformément à l'étymologie du terme, l'once française n'est que le 16ᵉ de la livre. Mersenne a soigneusement comparé les deux livres et transmis l'équation : 1 livre italienne = 11 onces de France, 1/6.

C'est en fonction de ces données que le tableau ci-dessous a été dressé. Pour les traductions en unités modernes, nous nous sommes référés aux étalons étudiés dans la thèse de M. Armand Machabey, *la Métrologie dans les musées de province et sa contribution à l'histoire des poids et mesures en France depuis le 13ᵉ siècle* (Paris, 1958).

Signalons un dernier point qui a son importance par rapport à Galilée.

Le texte des *Discorsi* (Giornata Prima D[1], p. 81) établit formellement que la canne galiléenne est égale à 4 brasses ou à 8 demi-brasses, et si l'on tient compte de l'équation traditionnelle 1 canne = 8 palmes, on devrait conclure que la palme galiléenne s'identifie avec la demi-brasse. En l'absence de données permettant de décider, nous laissons subsister dans notre tableau l'évaluation de la palme romaine.

Pour les unités de temps, voir les références *tierce* et *septième minute* à l'index du vocabulaire de Mersenne.

Unités de longueur

Galilée	*Mersenne*
Mille (3 000 brasses) = 1 755 mts	Lieue (15 000 pieds) = 4 900 mts
Canne (4 brasses) = 2,340 m	Toise (6 pieds) = 1,9596 m
Brasse = 0,585 m	Pied = 0,3266 m
Demi-brasse = 0,292 m	
Pied romain = 0,292 m	
Palme romaine = 3/4 pied = 0,223 m	Pouce ou Doigt = 1/12 pied = 27,2 mm
Doigt = 1/16 pied = 14 mm.	Ligne = 1/12 pouce = 2,26 mm

Unités de poids

Livre = 341 gr	Livre = 490 gr
Once = 1/12 livre	Once = 1/16 livre
Drachme = 1/8 once	Drachme = 1/8 once
Denier = 1/24 once	Denier ou scrupule = 1/24 once
Grain = 1/24 denier	Grain = 1/24 denier

NOUVELLES PENSÉES DE GALILÉE
NOTES - PRÉFACE AU LECTEUR

P. 55 [*1*]

l. 14. Omission faite de la Préface, les *Nouvelles Pensées* comportent en tout 61 figures, tandis que les *Discorsi* en comptent, si on néglige l'*Appendix*, 127. La disproportion la plus frappante s'observe entre le livre IV de l'ouvrage de Mersenne et la seconde partie de la Troisième Journée des *Discorsi*, puisque le rapport est de 14 à 60; c'est aussi la partie du livre de Galilée la plus condensée par Mersenne, qui ne retient que le quart environ du texte original italien (cf. introduction). On comprend dans ces conditions ce qui motive la réduction du nombre des figures. Mais l'attitude de Mersenne à l'égard des figures des *Discorsi*, pleine de désinvolture, doit être analysée de plus près. Tantôt Mersenne les reproduit, mais cette reproduction ne présente que peu de rapports avec la figure originale (voir, par exemple, *Nouvelles Pensées*, livre I, art. 2, p. 5, et comparer avec *Discorsi*, Première Journée, D^1, p. 7; D^2, p. 55). Dans un cas précis, Mersenne a dû refaire une figure qui, dans sa première version, ne permettait pas de suivre la démonstration: cf. *Nouvelles Pensées*, livre II, p. 166 (éd. Rocolet, *Conservatoire*) et *ibid.*, livre II, p. 165, version corrigée (éd. Rocolet, *Harvard*). Dans le texte original, cette figure se trouve en D^1, p. 149; D^2, p. 188.
Tantôt Mersenne nous demande de suivre deux démonstrations différentes sur une même figure, alors que les données du problème sont modifiées (cf. *Nouvelles Pensées*, livre I, art. 8, pp. 33 et 39, et D^1, pp. 55-56; D^2, pp. 98-100; ou encore livre II, prop. 8 et 9, pp. 131 et 133, et D^1, pp. 122-123; D^2, pp. 163-164).
Parfois l'interprète de Galilée construit une figure par condensation d'éléments empruntés à plusieurs figures des *Discorsi*, ce qui permet, estime-t-il, de comprendre un ensemble de démonstrations. C'est le cas notamment au livre V, où Mersenne nous propose à deux reprises (pp. 228 et 238) une figure complexe intégrant les éléments de diverses figures données par Galilée dans la Quatrième Journée (D^1, pp. 237 sq.; D^2, pp. 269 sq.).
Enfin, et c'est le cas le plus fréquent, Mersenne s'abstient de fournir les figures correspondant à une démonstration qu'il reproduit ou à une expérience qu'il décrit, courant ainsi le risque d'être inintelligible pour son lecteur. Il en va ainsi, par exemple, pour la démonstration de la raréfaction et de la condensation (livre I, art. 3 et 7, pp. 17-20 et 20-32; D^1, pp. 22-23 et 50-51; D^2, pp. 69-70 et 94-96), ou encore pour l'expérience sur la mesure de la force du vide (livre I, art. 2, pp. 10-12; D^1, pp. 15-16; D^2, pp. 62-63).

l. 18. Comme nous l'avons signalé dans l'introduction, Mersenne a donné, en 1634, la « traduction » d'un texte de Galilée sous le titre : *Les Mechaniques de Galilée, Mathematicien et Ingenieur du Duc de Florence. Avec plusieurs additions rares et nouvelles, utiles aux Architectes, Ingenieurs, Fonteniers, Philosophes et Artisans.*

Traduites de l'Italien par L P M M.
A Paris, chez Henry Guénon, 1634
Avec privilège et approbation

M. B. Rochot a publié une édition critique de ce texte en 1966, à Paris (P.U.F.).

P. 55 [*II*]

l. 3-7. Rappelons que la division des *Nouvelles Pensées* en cinq livres est propre à Mersenne, l'ouvrage de Galilée comportant quatre *Journées* (voir sur ce point l'introduction). Mais lors de la publication, à ces quatre *Journées,* fut ajouté un traité latin ayant pour titre :
Appendix, in qua continentur theoremata eorumque demonstrationes, quae ab eodem autore circa centrum gravitatis solidorum olim conscripta fuerunt (reproduit en D[1], pp. 289-306 et *Ed. Naz.*, I, pp. 187-208). C'est le 6 décembre 1636 que Galilée signale à Diodati (*Ed. Naz.*, XVI, p. 524) l'existence d'un petit traité *De centro gravitatis solidorum* qu'il composa à l'âge de 22 ans, et dont il promet l'envoi avec la 3e partie des *Discorsi* relative au moment des projectiles, afin qu'il ne soit pas perdu. Mais il semble d'après les documents postérieurs (cf. lettres à Diodati du 7 mars 1637, *Ed. Naz.*, XVII, p. 41, et 29 avril 1637, *Ed. Naz., ibid.*, p. 62) que Galilée a dissocié un instant le sort de la IVe Journée et celui du traité en question. Ceci en raison du projet de Carcavy de réunir les œuvres latines. Mais ce projet n'ayant pas abouti, pas plus que celui d'Elzevir concernant ces œuvres, le *De centro gravitatis* a fini par devenir un Appendice aux *Discorsi* et Elzevir en signale l'existence le 25 janvier 1638 (*Ed. Naz.*, XVII, p. 265).
Il est probable cependant que, quelle que soit la voie par laquelle ce traité latin est parvenu en Hollande, Mersenne n'en a pas eu connaissance avant l'impression du livre des *Discorsi.* Il est trop clair, en effet, qu'au moment où il écrit la préface au lecteur, il n'a pas eu le temps d'examiner l'*Appendix* de Galilée et qu'il en prend seulement prétexte pour communiquer ce qu'il vient d'apprendre de Descartes en juillet 1638.
Pour l'analyse du contenu de l'*Appendix,* voir P. Costabel, « Autour de la méthode de Galilée pour la détermination des Centres de gravité » in *Revue d'Histoire des Sciences,* t. VIII, 1955, pp. 116-128. Il est évident que la finesse des raisonnements de Galilée devait de toute manière être pour Mersenne une difficulté fort sérieuse et Galilée lui-même suggérait à Diodati, le 6 décembre 1636, qu'il sentait le poids des ans au fait d'avoir de la peine à retrouver l'inspiration de certains de ses propres écrits de jeunesse.

l. 11. L'excellent géomètre est Descartes comme la suite l'indique.

l. 16. Il s'agit de la XIIIe des *Nouvelles Observations Physiques et Mathématiques,* intitulée : *Des parties aliquotes, de 120 et des nombres amiables* (pp. 26-27). Mersenne renvoie d'abord à la 10e remarque de la première Préface générale (cf. *infra,* p. [VII], l. 27), puis donne la méthode générale « de trouver le nombre semblable à 120 dont je parle au lieu susdit ». Dans son exemplaire de main, le Minime a ajouté de nombreuses notes manuscrites dont la rédaction est postérieure aux *Nouvelles Pensées* puisqu'on peut lire, en bas de page : « Voyez la préface sur les nouvelles pensées de Galilée. » Nos notes renverront le lecteur à ces mentions marginales en temps utile.

P. 55 [*III*]

l. 1. Cf. *supra,* p. [II], l. 3-7.

l. 3-5. Archimède : voir par exemple les traités *De la sphère et du cylindre,* et *Sur les conoïdes et les sphéroïdes* (ces traités ont été traduits par C. Mugler dans le tome I des *Œuvres* d'Archimède, Paris, 1970).

Commandin : Federico Commandino (1509-1575), traducteur de mathématiciens grecs comme Archimède, Pappus, Ptolémée, Euclide, etc. ; auteur d'un *De centro gravitatis solidorum*, Bologne, 1565. Pour plus de détails, cf. D[3], pp. 839-840.
Luc Valère : Luca Valerio (1552-1618), surnommé par Galilée le « nouvel Archimède de notre temps » (D[1], p. 30 ; D[2], p. 76) ; auteur également d'un *De centro gravitatis solidorum* en trois volumes, Rome, 1604, et d'une *Quadratura parabolae*, Rome, 1606 (cf. D[3], pp. 737-742).
Stevin : Simon Stevin, dit aussi Simon de Bruges (1548-1620), auteur d'une *Statica* d'abord publiée en flamand à Leyde, en 1586, puis reprise en français dans ses *Œuvres mathématiques*, Leyde, 1634 (cf. D[3], pp. 722-724).
Parmi les autres mathématiciens, citons Francesco Maurolico (1494-1575), auteur d'un *De momentis aequalibus*, Guidobaldo del Monte (1545-1607), que Mersenne cite à plusieurs reprises dans les *Méchaniques* (cf. éd. Rochot, pp. 14-15 ; 36 ; 77) et le père Clavius, de son nom Christophore Schlüssel (1537-1612), dont les *Opera Mathematica* publiées à Moguntiae en 1611-1612 occupent cinq volumes. Galilée entra en correspondance avec ces deux derniers auteurs en 1588 (cf. D[3], pp. 841 sq.). Dans les *Discorsi* (D[1], p. 288 ; D[2], p. 313), Galilée cite, sur le problème des centres de gravité, les noms de Commandino, del Monte et Valerio. Dans les *Nouvelles Pensées*, Mersenne rappelle les noms du premier et du troisième (p. 256) ; en 1626, dans sa *Synopsis mathematica*, il avait donné des textes de Commandin et de Valerio sur les centres de gravité des solides.

l. 8. Tout le développement qui suit est la reproduction presque textuelle d'une lettre de Descartes à Mersenne datée du 13 juillet 1638 (cf. Descartes, *A-T*, II, p. 248, l. 8 - p. 249, l. 24). A la figure de Descartes, Mersenne ajoute les points F, G, I, H et trace les lignes IF, HG, AB et BC, complétant le texte de Descartes avec les précisions qu'entraînent ces éléments supplémentaires de construction.

l. 11-12. Ainsi Mersenne ajoute au texte de Descartes (*loc. cit.*, p. 248, l. 10) après « les segmens de son diamètre » : « par exemple BF, FG ».

l. 19-20. Après « à ces segmens » (*loc. cit.*, p. 248, l. 13) : « à sçavoir IF, HG ».

l. 22. Le mot « aissieu » dispense Mersenne de préciser qu'il s'agit encore ici d'aboutir au centre de gravité du conoïde ou corps obtenu par la révolution de la courbe A B C autour de B D. Pourtant le discours commencé à la page précédente ayant été interrompu par des considérations générales, il eût été utile de mieux situer l'objet et d'introduire ici dans l'extrait de Descartes une incise compréhensive. D'autant plus qu'avant d'aborder le conoïde, on passera par d'autres questions plus simples.

l. 26. « Si l'on divise » au lieu de « on divise » (*loc. cit.*, p. 248, l. 16).

P. 55 [*IV*]

l. 3. Le mot « figure » renvoie à la page précédente l. 23. C'est du centre de gravité de l'aire curviligne A B C dont il s'agit donc d'abord.

l. 11. Mersenne écrit « sequences » alors qu'on lit chez Descartes « segmens » (*loc. cit.*, p. 248, l. 26).

l. 14. Au lieu de « pour avoir » (*loc. cit.*, *ibid.*, l. 28), Mersenne écrit « pour trouver ». En ce qui concerne le résultat général qui désigne comme centre de gravité de l'aire A B C le point divisant les segments B D dans le rapport de m à m + 1 (l'équation de la parabole générale, au sens de Fermat, étant $y^m = p x$), il n'est pas douteux que Fermat l'avait adressé à Mersenne comme en témoigne Descartes dans la lettre citée (cf. Descartes, *A-T*, II, p. 247, l. 18). Mais la rapidité avec laquelle Descartes répond au défi, lancé par Fermat, le 28 avril 1638 (cf. *ibid.*, II, pp. 119-120), montre qu'il possédait lui-même une méthode de détermination excellente. Si nous sommes aujourd'hui au fait de la méthode de Fermat, nous ne savons encore rien de celle de Descartes. Pour Mersenne qui n'avait ni l'une ni l'autre, il est certain que seule compte en cette fin de juillet 1638 l'extraordinaire rencontre de deux grands esprits sur un même résultat. Tout ceci vaut de même pour le résultat concernant le centre de gravité du conoïde parabolique. La question est plus complexe pour les tangentes.

l. 15. Depuis la ligne 15 jusqu'à la ligne 26, Mersenne interrompt la copie de la lettre de Descartes, pour faire quelques remarques personnelles ayant trait aux consonances. Il lui arrive de procéder ainsi de temps à autres, sans prévenir le lecteur qu'il entre dans des considérations qui lui sont propres. La motivation de ces digressions est diverse : tantôt Mersenne se borne à compléter une information qu'il trouve chez l'auteur qu'il lit ; tantôt il extrapole les données de cette information ou les modifie ; tantôt une expérience ou un raisonnement lui suggère un rapprochement avec un domaine de phénomènes semblables ou qu'il croit tels ; tantôt, enfin, il s'inscrit en faux contre une démarche ou une expérience qu'il n'approuve pas. Dans tous les cas de ce genre, nous avertirons le lecteur dans les notes.

l. 27. Mersenne reprend le texte de Descartes.

P. 56 [*V*]

l. 2. Mersenne écrit : « soit » au lieu de « est » (*loc. cit.*, p. 248, l. 30).

l. 3. On lit chez Descartes « müe circulairement de l'essieu B D » (*loc. cit.*, p. 248, l. 31 - p. 249, l. 1).

l. 4. De la ligne 4 à la ligne 18, les variantes de détail sont trop nombreuses pour être rappelées une à une. Nous reproduisons le texte original de la lettre de Descartes (*loc. cit.*, p. 249, l. 1-11) : « ...en sorte qu'A C, la base de ce Conoïde, est un cercle ; pour trouver le centre de gravité de ce cors A B C D, si la ligne A B C est celle où les segmens du diametre sont comme les cubes des ordonnées, il faut faire B M à M D comme 5 à 3 ; si c'est la suivante, il faut le faire comme 6 à 4 ; si l'autre suivante, comme 7 à 5 ; si l'autre, comme 8 à 6 ; & ainsi à l'infiny. De plus, pour trouver les Aires de ces figures, en la première de ces lignes courbes, la superficie, comprise dans cette courbe & la ligne droite A C, est au triangle inscrit A B C comme 6 à 4... »

l. 14. Il est assez curieux que Mersenne poursuive l'extrait de la lettre de Descartes bien qu'il ne s'agisse plus de détermination de centres de gravité. Il est évidemment si enchanté par « l'harmonie » des lois numériques que viennent de lui révéler ses correspondances avec Fermat et Descartes qu'il ne résiste pas au plaisir de prolonger l'information du public, même si cela n'a plus de rapport avec l'occasion fournie par Galilée.

P. 56 [*VI*]

l. 4. Sur l'énoncé des résultats concernant les tangentes, il semble bien que Descartes ait précédé Fermat.

l. 10. Continuant sa lettre, Descartes écrivait : « Je ne mets point les demonstrations de tout cecy, car ce seroit trop de peine de les écrire, & c'est assez en telles matieres que d'en donner le fait, pour ce qu'il ne peut estre trouvé que par ceux qui en sçavent aussi les demonstrations. Mais vous remarquerez cependant, s'il vous plaist, par la facilité de ces solutions, qu'elles ne meritent pas qu'on en fasse un si grand bruit » (*loc. cit.*, p. 249, l. 24 ; p. 250, l. 2). Mersenne reproduira en 1647, dans ses *Cogitata Physico-Mathematica*, t. III, le même passage de la lettre de Descartes, traduit en latin, et présenté comme rédigé par un « illustris Geometra » (cf. Descartes, *A-T*, X, p. 563).
Descartes attendait sans doute plus de discrétion de la part de Mersenne, puisqu'on peut lire, juste avant le passage cité : « ...je vous diray que, regardant par hazard ces jours passez en la Statique de Stevin, j'y ai trouvé le centre de gravité du Conoïde Parabolique lequel vous m'aviez mandé cy-devant vous avoir esté envoyé par M. (Fermat), ce qui me fait étonner, que luy, qui est sans doute plus curieux que moy de voir les livres, vous l'eust envoyé comme sien, vû mesme que Stevin le cite de Commandin. Mais pour ce que c'est aussi le mesme que je vous fis dernierement envoyer par Gillot, afin qu'on ne pense pas tout de mesme, que ce fust par faute d'en pouvoir envoyer d'autres, je mettrai icy tous ceux des lignes composées à l'imitation de la Parabole qu'il dit avoir trouvez ; mais à condition, s'il vous plaist, que vous ne luy direz qu'à mesure qu'il vous dira aussi en quelle façon il les a trouvez ; car *je juge qu'il n'est pas luy mesme encore trop seur de sa regle*, & qu'il ne s'en ose servir qu'à trouver les choses qu'il sçait desja d'ailleurs estre trouvées » (*loc. cit.*, p. 247, l. 14 - p. 248, l. 8). Sur tout ceci, cf. les notes à cette lettre, *ibid.*, pp. 252-253.

l. 11. Sur cette deuxième partie de la préface de Mersenne consacrée aux parties aliquotes, cf. Descartes, *A-T*, X, pp. 563-566, où les éditeurs donnent les références aux ouvrages de Mersenne et à la correspondance de Descartes traitant de cette question. Ce problème a intéressé Mersenne très tôt et il a essayé, d'abord en vain, semble-t-il, d'y intéresser à son tour Descartes. Ce dernier, en réponse à une lettre du Minime, lui répondait en 1631 : « Vous me demandez aussi que je vous réponde, sçavoir s'il y a quelque autre nombre qui ait cette mesme proprieté que vous remarquez en 120. A quoy je n'ai rien à dire, pour ce que je ne le sçay point, ni n'ay jamais eu envie de le sçavoir : car pour chercher telles questions, il y faut ordinairement plus de patience que d'esprit, & elles n'apportent aucune utilité » (cf. Descartes, *A-T*, I, Lettre XXXVIII, oct. ou nov. 1631, p. 229, l. 26 - p. 230, l. 4).

l. 15. En 1634, dans les *Préludes de l'Harmonie Universelle ou Questions Curieuses*, Mersenne écrit : « Vous y trouverez (dans ce Traité) plusieurs choses qui appartiennent aux mystères des nombres... ; car la neufième Question vous fournira d'idées pour examiner les plus savants Analystes, qui se vantent de pouvoir résoudre toutes sortes de problèmes numériques et vous donnera sujet de leur demander un nombre dont les parties aliquotes estant assemblées fassent le triple, ou le quadruple, ou un tout autre nombre qui soit en raison donnée avec le nombre dont elles sont parties aliquotes, et de savoir s'il y a un autre nombre que 120 dont les parties susdites fassent le double, et par quelle règle, ou par quelle analyse l'on peut trouver tant de nombres semblables que l'on voudra... » (Cf. *Epistre,* en tête des *Préludes,* p. 2, non paginée.)

Dans la *Question neufième,* on lit : « L'unité est propre pour nous faire concevoir la Divinité ; le nombre 120, dont les parties aliquotes sont le double, c'est-à-dire 240, et le mesme 240 dont les parties aliquotes sont le triple, un moins, et tous les autres nombres abondans peuvent signifier les natures les plus secondes... » (Cf. *Questions Physico-Mathématiques,* Paris, 1635, pp. 211-212. Les *Préludes* forment la troisième partie de cet ouvrage.)

l. 22. Cf. la lettre de Descartes à Mersenne datée du 3 juin 1638 (?) (Descartes, *A-T,* II, Lettre CXXIV, pp. 154 sq.), dans laquelle l'auteur du *Discours de la Méthode* répond à des « questions numériques proposées par M. de Sainte Croix ». A la question : « On demande aussy un nombre dont les parties aliquotes facent le double », Descartes répond : « Et pour ce qu'on en a desja trois qui sont 120, 672 et 523776, il est question de trouver le quatriesme, lequel est 1476304896, et il se compose de 3, 11, 43, 127 et 8192, multipliez l'un par l'autre » (*loc. cit.,* p. 167, l. 13-18). Le nombre 672 a été trouvé par Fermat (lettre du 27 mai 1638, *op. cit.,* II, p. 148, l. 17-23) ; le second (523776) est de M. de Sainte Croix, et le troisième, comme on vient de le voir, est établi par Descartes, ce que Mersenne confirme dans la note manuscrite à la *XIII*e *Observation* où l'on peut lire, en face de ce nombre : « trouvé par M. des Cartes ».

P. 56 [*VII*]

l. 5. « L'excellent esprit » qui a trouvé ces deux derniers nombres ne semble pas être Descartes (cf. *A-T,* X, p. 565) : d'ailleurs, la note manuscrite ne le mentionne pas. Peut-être est-ce Frenicle (cf. page suivante, l. 9).

l. 7. On trouve six de ces nombres dans la lettre de Descartes à Mersenne du 13 juillet 1638 (*op. cit.,* II, p. 250, l. 27 ; p. 251, l. 12) et, dans la lettre du 15 novembre 1638 (*ibid.,* p. 428, l. 2-12), Descartes explique comment il les a calculés.

l. 9. La note manuscrite de la *XIII*e *Observation* donne la liste de ces huit nombres qui « ont aussi des parties aliquotes qui font le triple ». Mais Mersenne intercale après coup, entre le 5e et le 6e, le 9e nombre : 1379454720, ce qui confirme l'origine différente de ce nombre ; il vient d'ailleurs que les huit autres et il a fallu le remettre à sa place dans la liste.

l. 14. Le premier de ces nombres, à savoir 14182439040, se trouve mentionné par Descartes dans la lettre du 13 juillet 1638, *loc. cit.,* p. 251, l. 5. Tous les trois figurent dans la note manuscrite.

l. 20. Dans la *Question neufième, loc. cit., supra,* pp. 211-212, Mersenne écrit : « les nombres 220 et 284 peuvent signifier la parfaite amitié de 2 personnes, d'autant que les parties aliquotes de 220 font 284, et celles de 284 restituent 220, comme si ces deux nombres n'estoient qu'une mesme chose ».

l. 27. Le premier de ces deux couples (18416 et 17296) a été trouvé par Fermat à qui, déclare le Minime, « je dois la remarque qu'il a faite des deux nombres 17296 et 18416, dont les parties aliquotes se refont mutuellement, comme font celles des deux nombres 220 et 284, et du nombre 672, lequel est sous-double de ses parties aliquotes, comme est le nombre 120 & il sait les règles infaillibles et l'analyse pour en trouver une infinité d'autres semblables » (cf. *Première préface générale au lecteur* de *l'Harmonie Universelle,* Paris,

1636-1637, p. 9 non paginée). Le second de ces couples (9437056 et 9363584) est cité dans la lettre de Descartes à Mersenne du 31 mars 1638 (cf. *A-T*, II, Lettre CXIX, p. 94, l. 5). On y trouve également les deux couples précédents.

P. 56 [*VIII*]

l. 3. Il s'agit de Descartes. Dans sa note manuscrite, Mersenne écrit : « Quant aux nombres qui se refont mutuellement, voyez la règle de M. des Cartes pour les trouver », et il reproduit les trois couples de nombres que Descartes donne à la suite de sa règle.

l. 9. La règle qui suit est la traduction d'un passage de la lettre du 31 mars 1638, *loc. cit*, p. 93, l. 16 ; p. 94, l. 5 :
« si sumatur binarius, vel quilibet alius numerus ex solius binarii multiplicatione productus, modo sit talis ut si tollatur unitas ab ejus triplo, fiat numerus primus ; item, si tollatur unitas ab ejus sextuplo, fiat numerus primus ; et denique si tollatur unitas ab ejus quadrati octodecuplo, fiat numerus primus ; ducaturque hic ultimus numerus primus per duplum numeri assumpti, fiet numerus cujus partes aliquotae dabunt alium numerum, qui vice versa partes aliquotas habebit aequales numero praecedenti. Si assumendo tres numeros 2, 8 & 64, habes haec tria paria numerorum ; aliaque infinita possunt inveniri eodum modo.

284	cujus partes aliquotae sunt	220, & vice versa
18416		17296
9437056		9363584. »

Voir à ce sujet les éclaircissements, *ibid*, pp. 99-100.
Dans une pièce copiée par Claude Mylon et envoyée à Huygens le 12 avril 1657 (cf. *Œuvres de Huygens*, t. II, Correspondance, p. 26), pièce intitulée *Des nombres amiables par M. de Frenicle*, ce dernier indique une méthode de détermination générale pour les nombres amiables beaucoup plus claire que celle formulée par Descartes. Frenicle fait suivre sa règle des trois couples de nombres rapportés par Descartes. D'après son contenu, ce texte doit remonter à 1645, sinon à une date antérieure. Il est permis de se demander si l'excellent esprit dont il est question à la page [VI], ligne 26, ne serait pas Frenicle.

P. 57 [*IX*]

l. 4. Pour la liste des fautes d'impression qui ne se trouve que dans un seul des exemplaires que nous avons pu consulter (Guénon, *Mazarine*), voir *supra*, Introduction, p. 32. Mersenne dit ici qu'il est nécessaire de corriger *toutes* les fautes de l'impression ; mais l'errata ne porte que sur ce qu'il a jugé être les *principales* fautes. Il est donc incomplet ; parfois même, il est inexact en ce que les corrections proposées ne permettent pas de rétablir un texte satisfaisant. Lorsqu'une correction figure dans cet errata, nous la faisons suivre de la mention (E.).

l. 7. La remarque finale est savoureuse, puisque Mersenne estime que son ouvrage mérite de figurer dans une bibliothèque des livres de poche pour récréation à la campagne.
Au reste, la préface en son ensemble ne manque pas d'étonner, car Mersenne

prend plaisir à y mettre en vedette des informations sur les découvertes des géomètres français sans rapport avec le contenu des *Discorsi.* Ce procédé ne semble même pas avoir atteint les principaux intéressés, puisque Descartes a ignoré la diffusion de la partie de sa lettre sur les centres de gravité.

Il est manifeste en tout cas que la rédaction de cette préface est postérieure à celle de l'ouvrage lui-même. La hâte avec laquelle elle est composée et la nature des informations qu'elle contient la font remonter au plus tôt à fin juillet-début août 1638, alors que les *Nouvelles Pensées* sont déjà rédigées. Notons enfin que cette préface permet à Mersenne de s'épargner la peine d'une traduction de l'*Appendix* des *Discorsi, Appendix* qu'il n'a connu que sur l'ouvrage imprimé de Galilée : texte difficile, le Minime a trouvé commode de le remplacer par des extraits de la lettre de Descartes du 13 juillet 1638 « pour recompenser le traicté » de Galilée sur le centre de gravité des solides.

P. 59 [*1*]

Livre I

l. 6. A une exception près, Mersenne suit dans le livre I l'ordre des matières traitées dans la Première Journée des *Discorsi*. Cette exception marquante, du double point de vue de l'ordre et de la compréhension, concerne la propagation de la lumière (cf. article V, pp. 26-29), que Mersenne fait passer avant la question de la division du continu qu'il groupe avec les paradoxes issus de la roue d'Aristote, mais d'une manière non compréhensive. Nous reviendrons sur ce point dans nos notes.

l. 11. L'assurance tranquille avec laquelle Mersenne se présente comme censeur de Galilée sur le terrain de l'expérience physique a de quoi faire sourire et l'on verra par la suite qu'elle n'est guère fondée. Elle correspond sans aucun doute à une certaine faconde qui est un trait de son caractère. Mais en avertissant le lecteur qu'il n'a pas à avoir la préoccupation indiquée, Mersenne a aussi, très probablement, le souci de proclamer dès l'abord, et à l'usage de la censure et de l'opinion, qu'il ne met en circulation qu'un ouvrage soigneusement expurgé.

Article I (D^1, pp. 1-6 ; D^2, pp. 49-54)[a]

l. 13-14. Le titre de l'article I choisi par Mersenne restreint le problème plus général traité par Galilée, à savoir que l'on ne peut pas raisonner des petites aux grandes machines, c'est-à-dire que l'usage des modèles réduits en matière technique n'est pas sûr. Sagredo s'en étonne en arguant que les raisons « géométriques » sont les mêmes quelle que soit l'échelle des figures, ce qui permet à Salviati de souligner deux choses :

1° De deux machines de mêmes proportions qui diffèrent par la grandeur, ce n'est pas toujours la plus grande qui présente des difficultés de fonctionnement ; de sorte que le problème est plus complexe encore qu'on pourrait le croire à première vue.

2° Malgré cela il est possible de proposer des démonstrations « géométriques », c'est-à-dire rationnelles, pour les machines.

P. 59 [*2*]

l. 2. En résumant à l'extrême, Mersenne enlève au texte de Galilée une grande partie de sa valeur. Galilée en effet réfléchit à partir de la pratique des techniciens de l'Arsenal de Venise qui font des échafaudages propor-

a. Nous indiquerons, au commencement de chaque article ainsi que dans les notes suivies, la partie correspondante dans le texte des *Discorsi*, en recourant au système d'abréviation indiqué dans l'introduction, p. 15, n. 3. Lorsqu'un passage du livre de Galilée est cité d'après la traduction de M. Clavelin, nous renvoyons à cette édition sous le sigle D^4, qui donne automatiquement la référence à la pagination des *Discorsi* dans l'*Ed. Naz.*

tionnellement plus importants pour les grands navires que pour les petits. Précaution qui indique que c'est dès la construction qu'il y a risque d'effondrement pour ces grands navires (D^1, p. 2 ; D^2, p. 50).

l. 6. Mersenne reprend bien l'exemple *a contrario* donné par Salviati pour montrer que certaines grandes machines fonctionnent mieux que des petites, mais ne paraît pas saisir sa valeur dans l'argumentation.

l. 10. L'expression « idée de l'esprit » est de Mersenne. Elle évoque la tendance naturelle à confondre similitude géométrique et similitude mécanique. Mais elle est moins précise que celle de Galilée qui oppose machine concrète à machine idéale et mentionne pour cette dernière les « *pures démonstrations géométriques* » (D^1, p. 3 ; D^2, p. 51).
Pour la tendance naturelle évoquée par Mersenne, voir l'article de A. Birembaut, « L'exposition de modèles de machines à Paris en 1683 », in *Revue d'Histoire des Sciences,* t. XX (1967), p. 151.

l. 18. Mersenne conserve presque textuellement la phrase de Galilée concernant la possibilité de fournir des démonstrations rationnelles des limites imposées à la résistance des machines indépendamment des considérations sur les imperfections de la matière. Mais la suite montrera qu'il n'en a pas très bien compris la portée : cf. *infra,* p. 3.
Sur cette question difficile, on peut voir J. Bertrand, « Note sur la similitude en mécanique », *Comptes Rendus de l'Académie,* t. XXV (juillet - décembre 1847), Paris, 1848, pp. 163-165, où l'auteur estime que Newton a heureusement complété Galilée en donnant la condition nécessaire et suffisante pour passer de la similitude géométrique à la similitude mécanique.

P. 59 [3]

l. 2. Mersenne supprime complètement tout ce qui fait la valeur de l'argument de Galilée. Salviati, en effet (D^1, p. 4 ; D^2, p. 52), soulignait le caractère *unique au monde* de la poutre scellée dans un mur et en équilibre, dont la longueur est centuple de l'épaisseur. Et il précisait qu'en conservant cette proportion, les poutres plus grandes doivent se briser, tandis que les plus petites sont susceptibles de supporter, outre leur poids, une charge additionnelle. Autrement dit, Galilée signifiait d'entrée de jeu, et sur un exemple frappant, que la similitude géométrique est loin d'entraîner la similitude mécanique. Et c'est ce que Mersenne a laissé passer.

l. 3. L'enchaînement « de là vient que » est propre à Mersenne et parfaitement inadéquat.

l. 5. Galilée parle d'une chute de 3 à 4 brasses pour le cheval ou le chien, de 8 à 10 coudées pour le chat (D^1, p. 4 ; D^2, p. 52).

l. 7. Chez Galilée on passe du grillon tombant du haut d'une tour à une fourmi tombant de la Lune. Mersenne ne respecte guère le souci de Galilée de procéder par ordre avec diminution de la taille de l'animal qui tombe et augmentation de la hauteur de chute.

l. 11. Galilée oppose « personne âgée » à « enfant », ce qui suggère davantage que la différence des dimensions : à savoir une différence dans la qualité des os. Dans l'*Harmonie Universelle,* Mersenne recourait à une illustration identique lorsqu'il écrivait que « les enfants ne se blessent pas si fort en tombant comme les grandes personnes, parce qu'ils ont plus de surface à proportion de leur solidité et corpulence » (*Livre III, Des mouvemens et du son des chordes*, pp. 207-208). Curieusement Descartes parle aussi de « grand homme » au lieu de « personne âgée », dans la lettre du 11 octobre 1638. Voici ce qu'il écrit au sujet de Galilée : « Il propose ce qu'il veut traiter, à sçavoir pourquoy les grandes machines, estant en tout de mesme figure et de mesme matière que les moindres, sont plus foibles qu'elles ; et pourquoy un enfant se fait moins de mal en tombant qu'un *grand homme*, ou un chat qu'un cheval, etc... » (*Loc. cit.*, p. 381, l. 1-16.)

l. 14-19. Mersenne souscrit ici à la pensée et à l'expression de Galilée quant à ce qui est impossible à la *nature*. Il néglige seulement la distinction que Galilée fait entre le cheval et l'homme, quand il dit que la nature ne peut pas créer un cheval vingt fois plus grand et un homme dix fois plus grand que les ordinaires. Un mot de Galilée échappe à Mersenne, celui de symétrie : le cheval a deux fois plus de points d'appui sur le sol que l'homme, il doit donc se comparer à dimension double.

l. 21. Galilée ne parle pas d'aiguille, mais de *guglia*, c'est-à-dire d'obélisque ou de pyramide très allongée.

P. 59 [*4*]

l. 5. Mersenne ne rapporte pas la cause de l'accident, laquelle est bien précisée par Galilée, à savoir l'affaissement de l'un des supports extrêmes. Telle qu'elle est, la relation de Mersenne vide complètement l'exemple donné de son enseignement.

l. 9. Galilée s'explique en effet davantage dans la Deuxième Journée (D^1, pp. 132 sq. ; D^2, pp. 172 sq.) et Mersenne en tiendra compte plus bas dans son livre II (cf. *infra*, p. 147 sq.).

l. 10. Là où Galilée parle d'observations « apparemment contradictoires » (D^1, p. 6 ; D^2, p. 54), Mersenne use de l'adjectif « merveilleux ». Rien n'exprime mieux leur différence d'attitude.

l. 13-15. Le fait pour Mersenne d'ajouter le bâton là où Galilée ne parle que de clou, met en évidence une incompréhension. Par la bouche de Salviati, Galilée ne pose pas un problème quelconque, il compare très précisément les résistances à la charge de deux clous dont l'un est deux fois plus gros que l'autre. L'évaluation approximative qu'il énonce en disant que le premier clou peut supporter près de huit fois plus que le second provient de ce qu'il a dit plus haut des poutres encastrées : dans le cas des clous où la longueur de la partie en surplomb est petite, la similitude géométrique entraîne davantage la similitude mécanique et le problème de l'équilibre sous une charge se traite en imaginant la charge répartie sur le volume en surplomb, comme si la pesanteur de la matière était augmentée ; de sorte qu'à dimension double, la résistance à la charge est multipliée par le cube de 2. Il est bien évident que tout cela échappe à Mersenne dans sa lecture rapide de Galilée.

l. 17. Le « néanmoins » de Mersenne se relie à l'entrelacs des phrases précédentes. Il faut finir sur une affirmation conforme au titre de l'Article et Mersenne reprend pour cela une phrase qui se trouvait ailleurs, plus haut et en incidente, chez Galilée. Ce faisant il semble donner aux observations grossières concernant la plus grande force « à proportion » des petits animaux, plus de poids que les raisons de la Deuxième Journée, lesquelles provoquaient davantage l'émerveillement que la satisfaction de l'esprit.

l. 20. En prononçant le mot « difficultés », Mersenne laisse cependant entendre qu'il a compris le rôle des constatations contradictoires dans la démarche préalable de Galilée.

l. 24. Salviati déclare en effet que l'enseignement de l'Académicien auteur de nombreuses propositions toutes accompagnées de leurs « démonstrations géométriques » constitue une *nouvelle science* (D[1], p. 6 ; D[2], p. 54). Dans sa lettre du 11 octobre 1638, Descartes explique à Mersenne pourquoi il refuse cette notion : poursuivant les remarques que nous avons citées plus haut, page 3, il écrit en effet : « En quoy il n'y a, ce me semble, aucune difficulté ny aucun sujet d'en faire une nouvelle science, car il est évident qu'affin que la force ou résistence d'une grande machine soit en tout proportionnée à celle d'une petite de mesme figure, elles ne doivent pas estre de mesme matière, mais que la grande doit estre d'une matière d'autant plus dure, et plus malaisée à rompre, que sa figure et sa pesanteur sont plus grandes. Et il y a autant de différence entre une grande et une petite de mesme matière, qu'entre deux egalement grandes, dont l'une est d'une matière beaucoup moins pesante, et avec cela plus dure que l'autre » (*loc. cit.*, p. 381, l. 6-18).
Il est inexact d'écrire, comme le font Adam et Tannery, « que jamais Galilée n'a parlé de faire de cette question l'objet spécial d'une nouvelle science » (cf. les notes à la lettre de Descartes, *A-T II*, p. 403). Galilée précise en effet à la suite du passage qui vient d'être cité : « car même si certaines de ses conclusions (il s'agit de l'Académicien) ont déjà été remarquées par d'autres, et d'abord par Aristote (cf. *Problèmes mécaniques*, 853 a 5 sq.), non seulement il ne s'agit pas des plus remarquables, mais (ce qui est plus important) aucune n'avait été prouvée à partir de principes indubitables par des démonstrations nécessaires » (D[1], pp. 6-7 ; D[4], p. 54). Voir également *C.M.*, VIII, pp. 118-119, note à la ligne 38, et D[3], pp. 610-612, note 19, à la page 54.

P. 60 [5]

Article II (D[1], pp. 7-21 ; D[2], pp. 54-67)

l. 2-5. Le titre de l'article II donné par Mersenne résume assez bien l'ensemble de l'argumentation de Galilée et met l'accent sur ce qui est en cause, à savoir l'examen critique de l' « horreur du vide ».

l. 8. Mersenne donne une figure schématique qui, au contraire de celle des *Discorsi* (D[1], p. 7 ; D[2], p. 55), n'a aucune utilité pour le lecteur.

l. 15. Galilée parlait de tout autre matériau, « solide et cohérent ». Cette précision était importante, puisque la rupture d'une colonne solide va obliger à se poser la question de la cohésion autrement que dans le cas des cordes ou des corps composés de filaments. C'est bien ce que Mersenne comprendra un peu plus bas, mais il ne suit pas assez rigoureusement la rédaction de Galilée.

l. 18. C'est la « tenacité des parties » que Galilée estimait ne pas être infinie ; en parlant de la force de la colonne, Mersenne supprime l'élément d'analyse déjà présent dans l'exposé de Galilée.

l. 21. Mersenne ajoute la mention de la corde de cuivre, sans doute en raison de leur emploi dans les instruments de musique qu'il a tout particulièrement étudiés dans l'*Harmonie Universelle.*

l. 23. Mersenne omet de préciser que les filaments du bois ont même longueur que celui-ci, tandis que dans le cas d'une corde de chanvre, les filaments sont de longueur limitée. Simplicio se demande comment une corde tressée avec des fils n'excédant pas 2 ou 3 brasses de long peut atteindre une longueur de 100 brasses tout en étant aussi solide (D[1], pp. 7-8 ; D[2], p. 55).

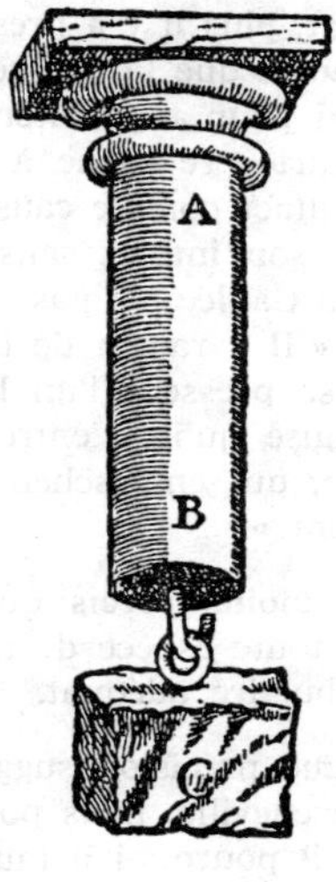

(Figure des *Discorsi* pour note *supra* l. 8)

P 60 [*6*]

l. 6. Galilée ne parle pas immédiatement de colle, il se contente de dire que pour la pierre et le métal, il faut faire appel à un autre principe de cohésion (« altro glutine ») que pour les corps composés de fibres ou de filaments. De sorte que Mersenne anticipe un peu sur le développement de l'expression chez Galilée, peut-être en raison de la suggestion du mot italien, mais aussi sans doute afin de jeter tout de suite au lecteur un mot clef du débat institué par Galilée sur la structure de la matière. Ce n'est pas par hasard que Mersenne ajoute l'adjectif « naturel ».

l. 13-14. La comparaison avec la rupture d'un morceau de marbre est propre à Mersenne. Salviati, au contraire, expliquait qu'à la rupture d'une corde les brins de filaments que l'on peut observer de part et d'autre sont beaucoup trop petits pour que l'on puisse attribuer la rupture à un glissement et à une séparation des filaments. C'est-à-dire que Galilée évoquait une observation raisonnée d'un fait bien courant, à savoir que lorsqu'une corde se rompt les bords de la coupure ne sont pas nets. C'est cela que Mersenne néglige ici complètement.

l. 17. Mersenne a dû vouloir dire « tordant » au lieu de « tirant » puisque Sagredo (D[1], p. 9 ; D[2], p. 56 *in fine*) envisage la torsion énergique d'une corde comme autre cause de rupture. Peut-être a-t-on là un témoignage d'erreur échappant à une correction hâtive des épreuves du livre.

l. 22-27. Galilée donnait ici une figure (D[1], p. 10 ; D[2], p. 57) pour expliquer que l'enroulement d'un fil sur un doigt ou un cylindre remplace avantageusement le serrage entre deux doigts ou deux cylindres. Mersenne néglige ce qui mettrait le lecteur en situation de mieux comprendre. Cf. *infra* fig. 1. Plus tard, dans le *Tractatus mechanicus* des *Cogita physico-mathematica, op. cit.*, prop. XVIII, pp. 63, 65 et 66, ainsi que dans les *Reflexiones physico-mathematicae, ibid.*, cap. XVIII, pp. 149-150, Mersenne reproduira cette figure dont le défaut se fait nettement sentir ici.

P. 60 [7]

l. 6-7. Mersenne transcrit bien ici la raison donnée par Galilée : plus il y a de spires d'enroulement, plus il y a pression de serrage sur le cylindre quand on tire le fil en même temps que la longueur du contact est plus grande. Deux motifs se conjuguent ainsi pour augmenter l'effet du frottement. Dans sa lettre du 11 octobre 1638, Descartes reproche à Galilée de ne pas mentionner les aspérités des surfaces en contact comme cause du frottement (cf. *A-T*, t. II, p. 381, l. 24) et la remarque a son intérêt sans pour autant atteindre honnêtement le sujet puisqu'aussi bien Galilée n'a pas voulu ici faire l'analyse formelle du phénomène de frottement : « Il a raison de dire que les filets d'une chorde s'entretiennent, a cause qu'ils se pressent l'un l'autre ; mais il n'adjouste pas pourquoy cette pression est cause qu'ils s'entretiennent, qui est qu'il y a de petites inegalitez en leur figure, qui empeschent que chascun d'eux ne puisse couler entre ceux qui le pressent. »

l. 13. Le mot « engin » est moins précis que le mot italien employé par Galilée et qui désigne toute espèce de treuil ou de cabestan. Mersenne manque probablement du vocabulaire adéquat.

l. 16. Ici Mersenne ajoute une précision suggestive : il n'y a pas besoin de fixer la corde par une cheville, mais pour insister de la sorte a-t-il vu fonctionner un cabestan et sait-il pourquoi il faut tout de même qu'un homme tienne l'extrémité de la corde.

l. 23. Le texte des *Discorsi* comporte ici une figure (D^1, p. 11 ; D^2, p. 58) qui permet de mieux comprendre. La corde est logée dans un canal creusé dans le cylindre et en forme d'hélice, mais ce canal comporte à peine deux spires et le pas de l'hélice est assez grand pour que l'on puisse aisément imaginer que la corde « coule » si elle n'est pas serrée contre les parois du canal au moyen d'une enveloppe extérieure. Sagredo, rapportant l'expérience d'un de ses jeunes parents, ne parlait d'ailleurs que de descendre d'une fenêtre, ce qui laissait entendre d'une hauteur modeste. Mersenne extrapole hardiment en parlant de descendre du haut d'une tour.

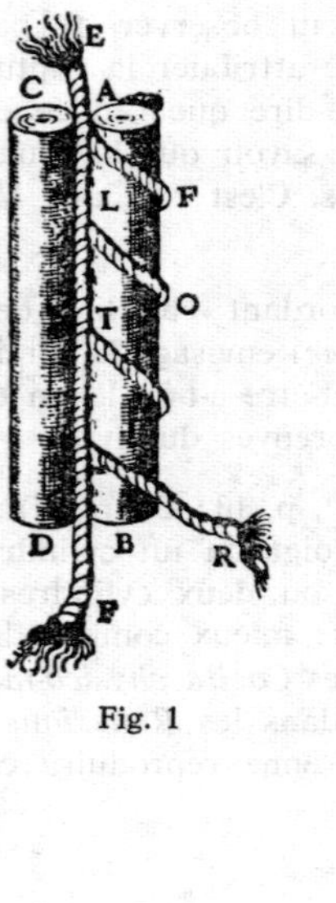

Fig. 1

Fig. 2

P. 60 [*8*]

l. 3. Mersenne en vient enfin à dire comment on serre la corde dans le canal sans se blesser les mains, mais l'expression de « matière creuse » — pour évoquer ce que Galilée désignait comme un étui cylindrique (en deux parties reliées par une charnière et formant mâchoire) — n'est pas très heureuse.

l. 6-7. Galilée distinguait le cas de la « majeure partie des bois » du cas des cordes. La « tissure » d'un cylindre de bois est en général faite de fibres longitudinales, rectilignes, jointives, de même longueur que le cylindre. Une corde se constitue au contraire avec des brins de longueur limitée d'avance et que l'on tresse les uns dans les autres. Tout l'argument de Galilée consistait à montrer que cet « entortillement » constitutif était en même temps raison de résistance. Mersenne télescope cette analyse pleine de finesse et de sens de l'observation.

l. 10. Ici Mersenne relève bien les deux raisons données par Galilée (D^1, p. 12; D^2, p. 59), mais renverse l'ordre en disant que la « fuite du vide » intervient « *outre* la colle naturelle ». Galilée disait que l' « horreur du vide » ne suffit pas (donc qu'elle est limitée), et qu'il faut ajouter un autre principe de liaison, glue ou colle, entre les parties des corps.

l. 14-22. Mersenne rend mal compte de l'exposé fait par Galilée pour montrer que l'horreur du vide est, au moins en partie, principe de liaison. Cet exposé est encore fort riche de l'analyse des observations : deux plaques de *même matière solide* placées l'une contre l'autre ne se séparent pas sans difficulté. Si elles ne sont pas bien polies, une traction lente sur la plaque supérieure permet la séparation tandis qu'une traction rapide entraîne la plaque inférieure à la suite de l'autre, au moins pendant un court instant. Cette intervention du facteur temps n'existe pas lorsque les plaques sont bien polies, alors qu'on ne saurait imaginer entre elles ni résidu d'air, ni colle d'aucune sorte (puisqu'elles glissent parfaitement sans effort l'une sur l'autre). La séparation des plaques ne saurait se faire en ce cas que par insinuation de l'air ambiant entre elles, là où il n'y a rien, et ne se conçoit donc que par constitution d'un petit espace vide que vient remplir très vite, par irruption, l'air extérieur. Peu importe la rapidité à imaginer pour ce dernier phénomène. Il doit être précédé par *l'existence*, si brève soit-elle, d'un vide. Or l'expérience bien conduite (c'est-à-dire faite avec une traction uniforme sur toute la plaque supérieure de manière à ne pas favoriser la séparation en un point quelconque du bord commun des deux plaques) montre que la séparation n'a pas lieu, à aucun moment et quelle que soit la rapidité avec laquelle on commence l'expérience. Donc cette expérience prouve que la nature ne tolère pas le vide, si peu et si brièvement que ce soit.
D'une part Mersenne a tendance à renverser l'ordre et à placer l'explication du succès de l'expérience avant l'analyse même de celle-ci ; d'autre part il porte attention sur le phénomène considéré par Galilée comme indifférent à la conclusion : à savoir la durée de l'irruption de l'air dans une lamelle vide.

l. 23-27. Avec les données numériques indiquées, la vitesse d'irruption de l'air donnée par Mersenne est 230 toises par seconde, c'est-à-dire la vitesse qu'il affecte au son (cf. *Nouvelles Observations* de l'*Harmonie Universelle*, p. 2). Ici encore Mersenne saisit une occasion de placer sa propre science (indéniable en ce qui concerne cette vitesse du son) même si l'adéquation au sujet traité ne résiste pas au moindre examen. Toujours plein d'imagination et soucieux d'être utile aux praticiens, Mersenne suggérera aux ingénieurs l'utilisation combinée de la vitesse de propagation du son dans l'air avec les oscillations pendulaires pour mesurer les distances : par où l'on voit que la même connaissance théorique peut, selon Mersenne, avoir des « usages » fort différents (cf. *L'usage du quadran, op. cit.*, ch. XIII, *Du sixiesme usage de l'Horloge pour les Arpentiers, et pour les Ingenieurs*, pp. 53-58).

P. 61 [9]

l. 1-3. Mersenne fait place à ce que Salviati déclare à propos des plaques imparfaitement polies, mais il omet l'essentiel de l'observation (cf. la note précédente).

l. 4-9. Ici Mersenne comprend bien l'intention de Galilée : le contact mutuel des parties constitutives de la matière étant « très exact », à l'instar de celui des plaques parfaitement polies, la crainte du vide est certainement un élément important de la résistance à la rupture. Mais Mersenne va immédiatement au-delà en affirmant que cette résistance est limitée. En cela il ne souscrit pas par avance au jugement de Descartes dans la lettre déjà citée (*A-T*, II, p. 382, l. 4-13) et selon lequel, si la crainte du vide devait être évoquée, aucune force au monde ne pourrait rompre les contacts envisagés : « Il donne deux causes de ce que les parties d'un cors continu s'entretiennent : l'une est la crainte du vuide, l'autre certaine cole ou liaison qui les tient, ce qu'il explique encore apres le vuide ; et je les croy toutes deux tres fausses. Ce qu'il attribuë au vuide ne se doit attribuer qu'a la pesanteur de l'air ; et il est certain que, si c'estoit la crainte du vuide qui empeschast que deux cors ne se separassent, il n'y auroit aucune force qui fust capable de les separer. »

l. 13-15. C'est Sagredo qui tire argument contre Aristote, non sans précautions oratoires dont Mersenne ne tient aucun compte.

l. 16-23. Le lecteur de Mersenne a quelque peine à comprendre. L'argument de Sagredo (D^1, p. 13 ; D^2, p. 60) consiste bien à dire que si le mouvement dans le vide était instantané, « le même instant suffirait et pour la séparation des deux plaques et pour le mouvement de l'air » entre elles, de telle sorte qu'on devrait pouvoir séparer les plaques sans effort. Mais il poursuit en insistant sur le fait que l'expérience contredit : lorsqu'on peut séparer les plaques, ce n'est qu'avec effort et avec le temps. Et c'est cette nuance, importante, que Mersenne ne donne pas.
Le mot « il » de la ligne 17 désigne évidemment l'air : témoignage précis d'une rédaction hâtive.

l. 24. C'est l'expression même utilisée par Sagredo, mais Mersenne ne transcrit pas complètement le raisonnement philosophique qui suit et auquel Simplicio se joint : comment une conséquence (le vide qui suit la séparation) peut-elle être antécédent logique de la négation de l'hypothèse ?

P. 61 [*10*]

l. 1. C'est Simplicio qui dit cela, comme Descartes le dira aussi. Toutes les difficultés logiques s'évanouissent si l'on pose en effet d'emblée l'impossibilité radicale du vide.

l. 2. Galilée-Salviati laisse en effet Sagredo et Simplicio avec leur difficulté, mais c'est tout de même lui qui les fait parler et Mersenne ne semble pas y prendre garde. En fait, Galilée a voulu montrer tout ce qui le sépare d'une voie purement spéculative. C'est l'expérience dont il part et qu'il analyse, c'est l'expérience qu'il va poursuivre et il connaît mieux que quiconque le genre de paradoxes subtils où le raisonnement risque de s'enliser.

l. 4. C'est à l'expérience que Galilée va avoir recours pour montrer que la résistance contre le vide est insuffisante à rendre compte de la cohésion des corps (D[1], p. 14 ; D[2], p. 61).

l. 9. Salviati se sert d'un « schéma qui, mieux que les paroles », permet de comprendre. Le voici ci-contre. A B C D est un corps de pompe, E F G H un piston percé suivant son axe par un canal où passe la tige I K. La tête I de cette tige est conique et peut venir se loger exactement dans un évidement correspondant sur le piston. Le corps de pompe étant rempli d'eau, on pousse le piston jusqu'au contact de l'eau, la tête I étant maintenue éloignée de son logement sur la base du piston de manière à permettre l'évacuation de l'air. Puis on tire la tige I K pour que sa tête vienne dans son logement et l'appareil est prêt pour l'expérience. Mersenne eût été bien inspiré de faire le schéma.

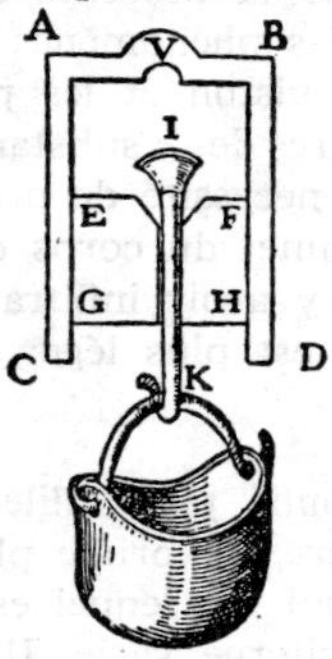

l. 12. Salviati se réfère pour cette propriété de l'eau à un traité de l' « Académicien » et il s'agit du *Discorso intorno alle cose che stanno in su l'acqua...* (1612), que Mersenne a particulièrement apprécié, mais plus tard, dans le traité des *Cogitata physico-mathematica*, Paris, 1644, intitulé : *Hydraulica, pneumatica, arsque navigandi, harmonia theorica, practica et mechanica phaenomena.*

l. 19. Le mot latin *embolus* est de Mersenne et signifie bien « piston » (Vitruve).

P. 61 [*11*]

l. 1. Après « cylindres », Mersenne n'ajoute à dessein aucun qualificatif et il a raison puisqu'il a rappelé à la page précédente la propriété des parties de l'eau : le lecteur attentif doit savoir que l'expérience instituée livre la résistance due à la crainte du vide et applicable à toute matière. Il n'est pourtant pas inutile de le préciser.

l. 7 sq. Ce n'est qu'après avoir *expliqué,* que Mersenne complète la description du dispositif expérimental — sans figure et avec un texte pénible à suivre. Ici encore s'affirme bien le fait que le rôle et la valeur de l'expérience ne sont pas les mêmes pour lui que pour Galilée.

l. 20-21. Sur le schéma de la note de la page précédente, le lecteur comprend aisément pourquoi la somme des poids indiqués (piston, tige, charge placée dans le récipient inférieur) peut mesurer la résistance cherchée. C'est cette somme qui opère traction vers le bas à la surface inférieure de l'eau enfermée dans le corps de pompe.

l. 22-23. Galilée attache à la colonne solide (marbre ou cristal) sur laquelle il propose d'expérimenter ensuite, un poids moindre que celui déterminé ci-dessus. La différence étant exactement le poids du marbre ou du cristal situé au-dessous du niveau où l'on attend la rupture (cf. D[1], p. 16 ; D[2], p. 63). Mersenne ne relève pas ce souci de précision chez Galilée.

P. 61 [*12*]

l. 2. Mersenne conserve strictement l'exemple numérique donné par Salviati.

l. 4-9. Mersenne n'a pas compris. Galilée met dans la bouche de Simplicio des objections pertinentes, à savoir que pour tirer une conclusion correcte de l'expérience proposée, il faut s'assurer que la descente du piston sous le poids de la charge introduite ne doit rien à des phénomènes annexes : pénétration de l'air dans le corps de pompe entre le piston et les parois, ou le long de la tige I K, pénétration à travers le verre de « substances plus subtiles », dilatation de l'eau. Salviati ne récuse pas la nécessité de prendre des précautions et propose en particulier de placer au sommet du corps de pompe en verre une proéminence (V sur la figure). S'il doit y avoir infiltration d'air ou de gaz, cette capsule supérieure recueillera ce qui est plus léger que l'eau et l'observateur sera averti visuellement.

l. 14-15. Sagredo (D^1, p. 17 ; D^2, p. 64) à qui est confié par Galilée le soin d'énoncer la fameuse expérience des fontainiers, s'exprime plus clairement. Il s'agit de tirer de l'eau d'une citerne et si le sol sur lequel est fixée la pompe aspirante est fixe, le niveau de l'eau dans la citerne varie. Il s'abaisse en particulier lorsque l'on tire beaucoup d'eau, de sorte que la pompe en fonctionnant diminue ses propres possibilités de fonctionnement. Sur ce problème, objet d'une correspondance particulière entre Galilée et Baliani, cf. A. Mieli, *Il tricentenario dei Discorsi, art. cit.*, pp. 219-222. Mersenne y reviendra dans les *Cogitata.*

l. 16 sq. Ici Mersenne suit correctement le texte de Salviati. Dans sa lettre du 11 octobre 1638, Descartes ne s'élève pas contre la limite des 18 brasses, mais récuse l'explication admise par Galilée (cf. *A-T*, II, p. 382, l. 16-21 et éclaircissement) : « ...l'observation que les pompes ne tirent point d'eau a plus de 18 brasses de hauteur ne se doit point rapporter au vuide, mais ou a la matiere des pompes ou a celle de l'eau mesme, qui s'escoule entre la pompe et le tuyau, plutost que s'eslever plus haut ».

P. 62 [*13*]

l. 5. Le texte de Mersenne n'a pas la précision de celui de Galilée : « chaque fois où nous pèserons l'eau contenue dans un tube de 18 brasses, qu'il soit *large ou étroit*, nous obtiendrons la valeur de la résistance due au vide pour tous les cylindres pleins, quelle que soit leur matière (solide), dont le diamètre est identique à celui de la concavité du tube examiné » (D^1, p. 18 ; D^4, p. 64).

l. 9. Les *Discorsi* citent la pierre, le bois, le verre, etc...

l. 12. Galilée prend l'exemple d'une corde de cuivre (rame) (D^1, p. 18 ; D^2, p. 65). La référence à l'épinette est propre à Mersenne.

l. 15 sq. Mersenne suit ici strictement le texte de Salviati et conserve telles quelles des valeurs numériques qui ne sont manifestement données que pour illustrer l'opération mathématique à effectuer.

P. 62 [*14*]

l. 9. Mersenne ne relève pas combien le calcul de Salviati accorde en définitive fort peu à la résistance dépendant de la crainte du vide.

l. 15. Pour frapper l'esprit, Sagredo parle de corps maintenus à l'état liquide sous l'action de la chaleur pendant 2, 3, 4, voire 10 ou 100 mois, et qui, refroidis, retrouvent leur cohésion (D^1, p. 19 ; D^2, p. 65 *in fine*).

l. 18. Sagredo se demande quelle cause tient « collées » les parties de la colle. La formulation de Mersenne (dernière phrase) est confuse et infidèle au texte des *Discorsi.*
Parfaitement conscient de ce que la résistance « globale » due à la crainte du vide, telle qu'elle a été évaluée plus haut, est faible par rapport à ce dont il convient de rendre compte, Galilée fait répondre par Salviati que la part considérable de résistance attribuable à la « colle » est peut-être à expliquer *aussi* par la crainte du vide entre les « parties » de la colle.
En négligeant ce que nous avons noté *supra* dans la note de la ligne 9, Mersenne ne permet pas au lecteur de saisir l'audace avec laquelle Galilée étend l'explication par la crainte du vide.

l. 20. Galilée présente son explication « comme une sorte d'imagination, encore mal élaborée et appelant un examen plus approfondi » (D^1, p. 20 ; D^4, p. 66). Descartes écrit : « Il examine la cole qu'il adiouste avec le vuide pour la liaison des parties des cors, et il l'attribue à d'*autres petits vuides* qui ne sont nullement imaginables » (lettre citée, p. 382, l. 22-25).

l. 27. Mersenne comprend bien que Galilée *ajoute* des *petits vides,* mais il s'exprime moins clairement que Descartes.

P. 62 [*15*]

l. 1. Simplicio se demandait comment on pouvait hésiter à reconnaître que les forces de cohésion interne de la matière sont d'une *autre nature* que la résistance « globale » due au vide, puisque l'évaluation de celle-ci a donné un résultat beaucoup trop faible (D^1, p. 19 ; D^2, p. 66). Salviati a d'abord expliqué pourquoi il était persuadé que la structure interne de la matière comporte une infinité de « vides » très petits : la fusion des métaux, c'est-à-dire le passage de l'état solide à l'état liquide, suppose l'insinuation des particules du feu dans des interstices où ni l'air, ni aucun autre fluide ne peuvent entrer. Puis Salviati a précisé que cette insinuation *libère* les particules élémentaires du métal de la *force d'attraction* mutuelle par laquelle elles luttent contre le petit vide qui les sépare. Autrement dit, le passage de l'état solide à l'état liquide est pour Galilée le fondement d'une hypothèse : la matière à l'état solide est dans une situation où il y a juxtaposition non paisible des particules élémentaires. Il y a des vides et des attractions. On peut vaincre les vides par le feu (cas de la fusion) et les attractions par un effet global de rupture. Mais, en ce cas, la multitude des phénomènes élémentaires oblige à prévoir la nécessité d'une force considérable (D^1, p. 20 ; D^2, p. 67).

l. 5. L'exemple des armées, qui ne se trouve pas ici dans le texte des *Discorsi,* a été évoqué plus haut, mais dans un sens différent (D^1, pp. 14 et 19-20 ; D^2, pp. 61 et 66).

l. 8. L'adjectif « estrange » est de Mersenne.

l. 13. Sagredo précise que les fourmis pourraient hâler à terre et le blé et le navire, pourvu que leur nombre soit très grand « comme l'est, à mon avis, celui des vides qui maintiennent unies les particules du métal » (D^1, p. 21 ; D^4, p. 67).

l. 14. « Expérience » : il ne s'agit en rien d'une expérience, mais d'un raisonnement par où Mersenne montre qu'il n'a pas compris les difficultés initiales soulevées par Galilée sur la non-proportionnalité entre accroissement de taille et augmentation de la résistance (D^1, pp. 1-3 ; D^2, pp. 50-52). Mais il veut, à l'aide d'un exemple de son cru, justifier le nombre de 1 million de livres que Galilée emploie pour exprimer la force des câbles qui grossissent ou se raccourcissent sous l'action de l'humidité.

l. 20. Cf. *infra*, note à l. 1, p. [*16*].

l. 23. C'est la seule donnée expérimentale : un fil de laiton de 1/6 de ligne de diamètre et de 1 pied 1/2 de long est rompu par la suspension d'un poids de 18 livres. La seconde « donnée » est : un cylindre de 1 pied de diamètre d'une longueur de 1 pied 1/2 : le poids entraînant la rupture doit être de 13436928 livres.

P. 62 [*16*]

l. 1. Cette supposition, ainsi que celle de la ligne 20, p. 15, montre que, confusément, Mersenne croit applicable le principe de proportionnalité critiqué par Galilée, et ce, du fait qu'il compare des cylindres de même *longueur* et qu'il imagine le gros câble composé d'un ensemble de fils égaux. Ce qui revient à admettre que le rapport des aires est égal au nombre de points « composants » : c'est cela même qui est en question.

l. 11. Si 1/6 ligne $= \frac{1}{6 \times 12}$ pouce $= \frac{1}{6 \times 12 \times 12}$ pied, le rapport des diamètres du fil au cylindre de 1 pied est de 1 à 864 et le rapport des aires de base est de 1 à 746 496.

l. 13. Mersenne oublie de dire que la rupture est à observer sur le pied 1/2 de long, tout le reste de la longueur du câble envisagé servant seulement de poids de traction...

l. 15. 1 pied de diamètre = 0,32 m.
3 358 toises = 3 358 × 1,9 m = 6 380 m.

Il va sans dire que Mersenne ne possédait pas de câble de cuivre de 32 cm de diamètre et qu'il ne pouvait être question de suspendre plus de 6 000 m de ce câble.

l. 17. Mersenne renvoie son lecteur aux *Harmonicorum libri* publiés à Paris, en 1636. Le titre de la proposition VII du livre III est explicite : *Definire quanta sit extensio soni chordae antequam frangatur ; et quodnam sit quarumcumque chordarum robur.* Mersenne calcule la résistance à la rupture de cordes d'or, d'argent, d'acier, de cuivre et d'airain et la compare à la résistance des cordes en boyau (cf. *op. cit.*, p. 41). Le Minime évoquera à nouveau ces calculs dans le *Tractatus mechanicus* publié en 1644 (cf. *Cogitata, op. cit.*, pp. 63-64).

P. 63 [*17*]

Article III (D^1, pp. 21-27 ; D^2, pp. 68-72)

l. 6-7. Galilée présente cette solution comme une proposition « non énoncée jusqu'à ce jour » (D^1, p. 21 ; D^4, p. 68).

l. 8. Cf. *Problèmes mécaniques,* 855 a 28 sq. Ce problème, dit de la roue d'Aristote, a préoccupé Mersenne bien avant la parution des *Discorsi.* Il lui consacre une analyse dans la préface de son édition des *Mechaniques de Galilée* (éd. cit., pp. 17-19). Sur la démonstration des *Discorsi* ainsi que sur les rapports entre Mersenne et Galilée au sujet de ce problème, cf. Pierre Costabel, « La roue d'Aristote et les critiques françaises à l'argument de Galilée », in *Galilée... Aspects de sa vie et de son œuvre,* Paris, 1968, pp. 282 sq.

l. 9. Galilée cite Joannis de Guevara (1561-1641), auteur d'un *In Aristotelis mechanicas commentarii...* Rome, 1627. Mais Mersenne peut faire allusion à d'autres géomètres français, peut-être ceux qui, dit-il dans la Préface des *Mechaniques* (éd. cit., p. 17), trouvent cette question admirable « d'autant qu'ils ne l'entendent pas ».

l. 11. Mersenne ne reproduit pas les figures. De plus, il modifie l'*ordre* des cas envisagés : Galilée commence par examiner des hexagones concentriques (D^1, pp. 22-23 ; D^2, pp. 68-69) pour aborder ensuite le cas des cercles (polygones à une infinité de côtés) (D^1, pp. 23-25 ; D^2, pp. 70-71) et conclure enfin sur le cas des polygones, puis des cercles (D^1, pp. 25-26 ; D^2, pp. 71-72). En troisième lieu, Mersenne « résume » la démonstration d'une manière confuse : toutes interventions de nature à rendre cette démonstration incompréhensible et, *a fortiori,* à laisser inaccessibles les intentions de Galilée.

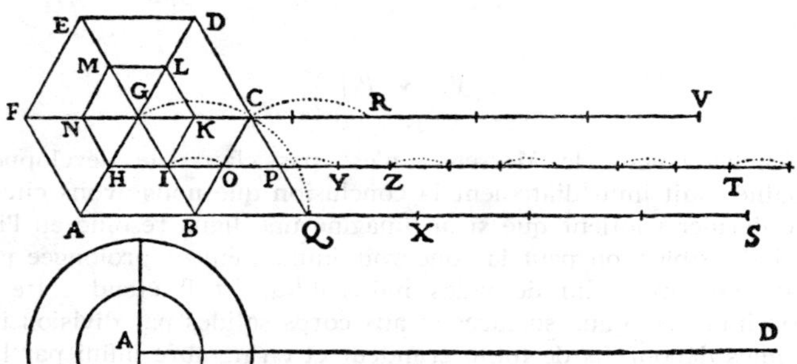

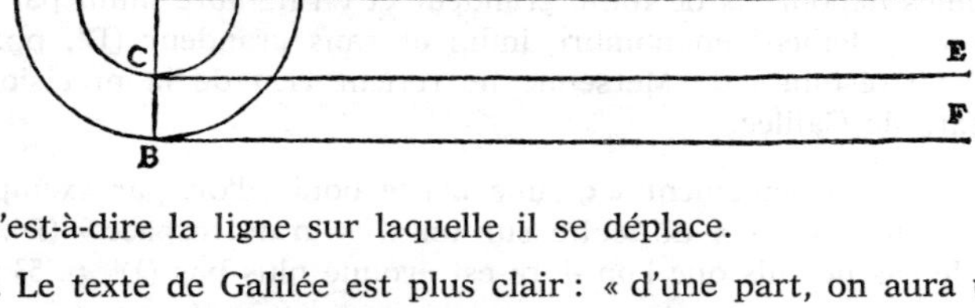

l. 13. C'est-à-dire la ligne sur laquelle il se déplace.

l. 21. 1. Le texte de Galilée est plus clair : « d'une part, on aura une infinité de points sans solution de continuité (cas du grand cercle) et, d'autre part, une infinité de points alternant avec une infinité de vides » (D^1, p. 25 *in fine ;* D^4, p. 71 *in fine*). Sur l'erreur de Galilée, cf. D^4, n. 13, p. 71.

2. Il est maladroit de dire que Galilée *prouve ces vides indivisibles* par les petits polygones. Galilée veut montrer que la distance parcourue par le petit polygone entraîné dans un mouvement de rotation par le plus grand est presque égale à « la distance parcourue par le grand », pourvu que l'on y inclue les *parties* de la droite qu'il n'a pas touchées (D^1, p. 23 ; D^4, p. 69). Dans le cas du cercle, ces parties seront des points.

P. 63 [*18*]

l. 7. Après une rotation complète, le grand hexagone aura tracé six segments équivalents à son périmètre *sans solution de continuité,* tandis que le petit aura marqué 6 segments égaux à son périmètre mais *avec solution de continuité,* ces 6 segments étant séparés par « l'interposition » de 5 parties non touchées de la ligne (D[1], p. 23 ; D[4], p. 69).

l. 11. Cf. la critique de Descartes, *A-T. II,* p. 382 l. 25 - p. 283 l. 4 : « Et ce qu'il dit pour prouver ces petits vuides, est un sophisme ; car l'hexagone qu'il propose ne laisse rien de vuide en l'espace par où il passe, mais chascune de ses parties se meut d'un mouvement continu, lequel descrivant des lignes courbes qui remplissent tout un espace, on ne doit pas les considérer, comme il fait, en une seule ligne droite. »

l. 14. Sagredo se demandait en effet si, outre le mouvement de rotation, il ne fallait pas faire intervenir, pour le petit cercle, un glissement sur de petites parties de sa ligne (D[1], p. 24 ; D[2], p. 70 *in fine*).

l. 24. Mersenne donne bien les deux raisons avancées par Salviati (D[1], pp. 24-25 ; D[3], p. 71).

l. 25. Le paragraphe qui va de la page 18, ligne 25, à la page 19, ligne 8, exprime le point de vue de Mersenne sur les limites de la démonstration de Galilée. Il montre qu'il n'est pas convaincu par la réponse de Salviati et, sur ce point, a raison de réclamer pour le petit cercle un mouvement supplémentaire de translation.

P. 63 [*19*]

l. 14. L'enchaînement de Mersenne n'est pas clair : le développement de Galilée suit immédiatement la conclusion que nous avons citée page 17, ligne 21. Ce dernier soutient que si on imagine une ligne résolue en l'infinité de ses parties indivisibles, on peut la concevoir immensément prolongée par l'introduction d'un nombre infini de vides indivisibles. Et il étend cette propriété « d'extension immense » aux surfaces et aux corps solides par division imaginaire en leurs atomes dépourvus de toute grandeur et en nombre infini par l'interposition de vides, également en nombre infini et sans grandeur (D[1], pp. 25-26 ; D[2], pp. 71-72). Le « résumé » de Mersenne ne retient rien de la précision et de la clarté du texte de Galilée.

l. 17. Salviati dit seulement « qu'une petite boule d'or, par exemple, se laissera étendre sans difficulté sur un très grand espace » (D[1], p. 26 ; D[4], p. 72). Mais le cas des fils que l'on dore est évoqué plus bas (D[1], p. 53 ; D[2], p. 97).

l. 19. La condition est en effet que le corps soit composé d'indivisibles (ou atomes sans grandeur) en *nombre infini :* Salviati le répète deux fois (D[1], *ibid ;* D[4], *ibid.*). Le rapprochement avec Démocrite n'est pas nié par Salviati, sauf, prudence oblige, le rejet de la providence imputé au père de l'atomisme.

l. 21. Ce paragraphe reprend une des questions que soulève Simplicio, à savoir la première (D[1], pp. 26-27 ; D[2], p. 72 *in fine*).
Mersenne lit bien mal le texte : il y est fait différence pour le centre des poly-

gones, qui ne décrit pas une ligne égale au périmètre du grand polygone au terme d'une rotation complète, puisqu'il n'a de contact avec la parallèle passant par la position initiale G (cf. fig. ci-dessus p. 155) qu'en *six points seulement.*

l. 27. Le paradoxe est en effet que la ligne A D décrite par le centre du cercle devrait être dite égale à ce point (cercle point), alors qu'elle en contient une infinité (D[1], p. 27 ; D[4], p. 72 *in fine*).

P. 63 [*20*]

Article IV (D[1], pp. 27-41 ; D[2] pp. 74-86)

l. 9. Mersenne ne donne pas pour autant cette figure. Salviati dit : « Une figure est nécessaire, car la preuve est purement géométrique » (D[1], p. 28 ; D[4], p. 74).

l. 11 Luca Valerio : sur cet auteur, cf. note p. *III*. Galilée ne donne pas l'énoncé de la proposition, que Mersenne traduit, et qui est le suivant : « Hemisphaerium duplum est coni, cylindri autem subsesquialterum (c'est-à-dire égal aux deux tiers) eandem ipsi basim et eandem altitudinem habentium. » La démonstration se trouve en D[3], pp. 635-636.

l. 20. Le texte italien dit *scodella,* traduit par « bol » en D[4], p. 74.

P. 64 [*21*]

l. 3-4. Le texte original dit : « égale à la partie du bol dont les triangles G A I et B O N (de la figure reproduite *) nous donnent le profil » (D[1], p. 28 *in fine ;* D[4], p. 74).

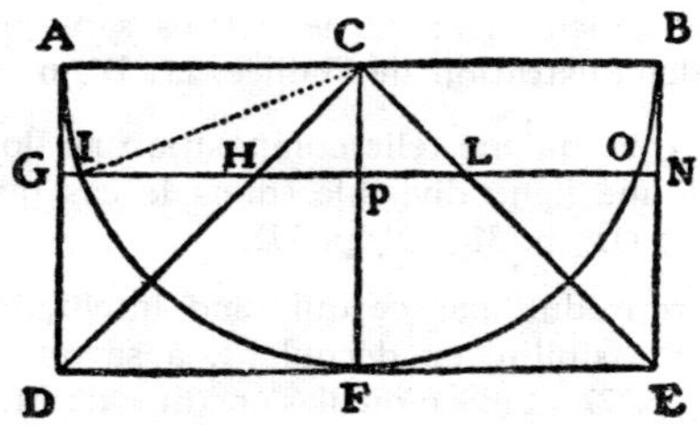

l. 6. Salviati précise que la base de ce cône « est égale à la surface circulaire formant la base de la partie restante du bol que l'on peut comparer à un ruban de largeur G I » (D[1], p. 29 ; D[4], p. 74).

l. 7. Avant d'entreprendre la démonstration, Salviati a annoncé un « miracle » (D[1], p. 27 ; D[2], p. 73) qu'il va maintenant « démontrer » (D[1], p. 29 ; D[2], p. 75).

l. 17. La transcription de Mersenne est moins claire que l'italien de Galilée : « l'égalité entre les deux solides se conserve intégralement tout au long de leur diminution » (D[1], p. 29 ; D[4], p. 75).

l. 25. En effet, la propriété démontrée pour les *solides* doit valoir également pour les *surfaces* qui leur servent de base.

P. 64 [*22*]

l. 1. Salviati imaginait que les volumes fussent assez vastes pour contenir les hémisphères célestes : d'où la comparaison avec les plus grands des orbes célestes qui deviennent, chez Mersenne, le plus grand cercle du monde (D[1], p. 30 ; D[2], p. 75).

l. 6. Ce n'est pas l'avis de Descartes, cf. *A-T II*, p. 383, l. 10-15 : « C'est aussy un sophisme que son argument, pour prouver qu'un point est esgal a une ligne ou a une superficie. Car *in formâ* on ne peut conclure, sinon que la ligne ou superficie n'est pas un plus grand cors solide que le point, et non qu'elle n'est pas plus grande absolument. »

l. 7. Mersenne passe sous silence la première partie de la démonstration géométrique « que les égalités entre les solides, les surfaces, se maintient jusqu'au bout » ; pour la démonstration, Salviati renvoie à Luca Valerio (D[1], pp. 30-31 ; D[2], p. 76).
Concernant les « excellens personnages », cf. *C.M.*, t. VIII, p. 123, note à l. 88 : on peut citer par exemple Poysson, *ibid.*, t. V, pp. 283 sq. [cf. B. Rochot : « Une discussion théorique au temps de Mersenne : Le problème de Poysson (1635-1636) », in *Revue d'Histoire des Sciences*, t. II, 1948, pp. 80-89].

l. 13. Salviati remarque en effet que « l'infini, par sa nature seule, nous est incompréhensible, comme le sont les indivisibles ». Mais il réclame, « pour nos humaines fantaisies » le droit de s'exprimer (D[1], p. 31 ; D[4], pp. 76-77). Voici ce qu'en pense Descartes (lettre citée p. 383, l. 16-20) : « Il manque en tout ce qu'il dit de l'infini, en ce que, nonobstant qu'il confesse que l'esprit humain, estant fini, n'est pas capable de le comprendre, il ne laisse pas d'en discourir tout de mesme que s'il le comprenoit. »

l. 14. Le problème que Salviati aborde, et que Mersenne rappelle, est une réponse à la deuxième des difficultés soulevées par Simplicio : est-il possible de « composer les lignes à partir de points, le divisible à partir d'indivisibles, ce qui a une grandeur à l'aide de parties sans grandeur » ? (D[1], p. 27 ; D[4], pp. 72-73.) [Sur la démonstration de Galilée, cf. D[4], n. 17, p. 77.]

l. 18. Le texte italien dit qu'une telle composition ne donnerait pas une quantité qui serait une ligne divisible (dans le cas où les indivisibles sont, par exemple, des points) (D[1], p. 31 ; D[2], p. 77).

l. 19. Mersenne ne reproduit pas ce qui rend intelligible le raisonnement de Galilée et l'impossibilité en découlant, à savoir que l'indivisible serait divisible (D[1], p. 32 ; D[2], p. 77). Le « d'où il s'ensuit » de Mersenne prouve qu'il a mal lu. Simplicio ne comprend pas, si Salviati dit vrai, qu'un infini puisse être plus grand que l'infini « à l'intérieur du même genre ». Le « ou plutost » (l. 20) suit la réponse de Salviati (D[1], *ibid.* ; D[2], *ibid.*).

l. 24. Les « autres » : Mersenne fait ici allusion à Simplicio.

P. 64 [*23*]

l. 1. Il faut évidemment lire « infini ». Mersenne n'a pas compris.

l. 2-3. L'expression « guerir ou aider l'imagination » est de Mersenne.

l. 18. Mersenne résume correctement l'analyse de Galilée (D[1], pp. 32-33 ; D[2], pp. 78-79).

l. 21. Mersenne fait une allusion — incompréhensible pour son lecteur — à une remarque de Sagredo d'après laquelle il serait également impossible de dire qu'un nombre infini est plus grand qu'un nombre fini et il en conclut — remarque qui sera exploitée plus bas — qu' « on ne fait que s'éloigner du nombre infini en allant vers des nombres de plus en plus grands » (D[1], p. 34 ; D[4], pp. 79-80).

l. 25. Salviati prend bien pour exemple des lignes, mais il applique sa démonstration à tout continu : la liaison, ou du moins l'analogie du géométrique avec le physique est constante dans le texte de Galilée, et la lecture de Mersenne masque cet aspect essentiel.

l. 27. A la question de Salviati : « Les parties douées de grandeur d'un continu sont-elles en nombre fini ou infini ? », Simplicio répondait : « Leur nombre est à la fois fini et infini : infini en puissance, c'est-à-dire avant la division ; mais fini en acte, c'est-à-dire après la division. » (D[1], p. 35 ; D[4], p. 80.)

P. 64 [*24*]

l. 1-5. Le mot « subterfuge » est de Mersenne et est assez virulent. Salviati se contentait de faire reconnaître à Simplicio que la distinction des parties en acte et en puissance ne sert à rien et qu'une grandeur est quantitativement la même, que ses parties douées de grandeur soient d'une espèce ou de l'autre (D[1], p. 35 ; D[2], p. 80).
Au lieu de « parties de la ligne » qui « ne sont pas finies... [et] pas semblablement infinies », Salviati parlait de « parties... [qui] ne sont en nombre ni fini ni infini » (D[1], p. 36 ; D[4], p. 81) : ce qui est plus clair.

l. 11. Données numériques avancées par Mersenne.

l. 14-15. Dans l'expression « de sorte que pour en trouver un nombre infiny », le terme « en », propre à Mersenne, se rapporte aux carrés, cubes... Il y a incompréhension du but de Galilée. Ce but est de montrer à Simplicio que, contrairement aux apparences, il n'est pas seulement *plus difficile* de diviser une « ligne en mille parties, 937 ou tout autre *nombre premier* assez élevé » que dans l'infinité des points, mais que c'est logiquement impossible. Sans doute Simplicio invoquait-il lui-même une impossibilité, mais en parlant de « puissance qui jamais ne s'actualise », et cela il le disait en pensant à la division continuée. Galilée affirme par la bouche de Salviati que la division continuée écarte de ce que l'on cherche, à savoir la résolution infinie de la ligne, parce que la « multiplication des parties n'approche pas l'infini » ; c'est-à-dire que la division continuée renvoie au problème des grands nombres constitués par itération des opérations fondamentales. Que cette itération soit, en puissance, inépuisable n'est pas, aux yeux de Galilée, la difficulté majeure. La difficulté majeure est qu'il n'y a aucun nombre qui *contienne* tous les autres et mérite donc d'être appelée nombre infini ($\aleph_0$ des transfinitistes). Donc, il est logiquement impossible de placer la division d'une ligne selon l'infinité de ses points, sur le même plan que la division de la même ligne suivant « tant de parties que l'on veut ». Il y a différence radicale, et l'on commet une « grave erreur à raisonner sur l'infini en lui attribuant les mêmes attributs qu'au fini » (D[1], p. 38 ; D[4], p. 83), même si ces attributs sont considérés « en puissance » et non en acte.
Dans cette perspective, les carrés, cubes, etc., ne sont qu'un exemple où précisément l'on pourrait être tenté de jouer de la polyvalence du mot « puissance ». Car ces puissances, au sens mathématique, sont bien aussi nombreuses que la

totalité des nombres et représentent, en « puissance », cette totalité. Mais l'exemple permet de détruire une illusion. S'il y avait un *nombre infini*, ce nombre devrait contenir autant de nombres que de carrés, cubes, etc., et à le chercher du côté des nombres de plus en plus grands on ne saurait aboutir puisqu'il y a de moins en moins de carrés, cubes, etc. L'unité est seule à contenir tant de *puissances* que l'on veut, et de véritables puissances possédant les *propriétés essentielles* requises. Et à *autant de nombres* qu'il en existe correspondent par un *même* processus de moyennes proportionnelles autant de puissances que l'on veut, l'unité étant le terme fixe de ces proportions. De telle sorte que l'on peut bien dire que l'unité « contient » autant de nombres que de puissances et répond à la notion de nombre infini. Mais pour le dire, il faut réunir deux éléments *explicités* par Galilée :

Tant de puissances que l'on veut	1° L'unité est à la fois carré, cube, carré de carré et toutes les autres puissances → $1^n = 1$;
Autant que de nombres	2° A partir de 1, la table des carrés s'établit par le processus de la moyenne proportionnelle : $\frac{1}{n} = \frac{n}{n^2}$ Lorsque $n = 2, 3$, etc., on a $n^2 = 4, 9$, etc., et par conséquent $\frac{1}{2} = \frac{2}{4}, \frac{1}{3} = \frac{3}{9}$, etc... La table des cubes combine par le *processus unique* la table des nombres et celles des carrés précédemment obtenue : $\frac{1}{n} = \frac{n^2}{n^3}$. Pour $n = 2$, on a $\frac{1}{2} = \frac{4}{8}$ pour $n = 3, \frac{1}{3} = \frac{9}{27}$, etc...

l. 20. Le mot « contient » est de Salviati (D[1], p. 38 ; D[2], p. 83).

l. 23. Salviati parle de « particularités essentielles aux carrés et aux cubes » et non de *toutes* leurs propriétés (D[1], *ibid ;* D[4], *ibid.*).

P. 65 [*25*]

l. 6. C'est ce dernier exemple que Mersenne ne reprend pas chez Galilée, et cela indique qu'il n'a pas bien saisi la volonté de Galilée de suggérer *l'engendrement* de la table des puissances successives.

l. 8-9. Le membre de phrase « qu'on s'imagine être comme le zéro ou le rien » est propre à Mersenne. Les puissances de zéro sont identiques à zéro lui-même. Avec zéro la condition 1° ci-dessus est réalisée (cf. note de l. 14-15 p. [*24*]), mais non la condition 2° : on a bien la preuve que Mersenne n'a pas saisi.

l. 10. Développement de Mersenne qui revient en arrière dans le texte de Galilée (D[1], p. 37 ; D[2], p. 82 *in fine*).

l. 14. Par nombres « rompus », il faut entendre « non entiers ».

l. 19. Mersenne résume ici un développement de Galilée qui s'appuie sur une figure. Il considère les lieux des points du plan dont le rapport des distances à deux points donnés est constant. A chaque valeur de ce rapport correspond un cercle. Très petit lorsque le rapport est lui-même très petit, mais qui augmente lorsque le rapport croît, et de telle sorte que chaque cercle renferme entièrement tous les cercles qui le précèdent. Lorsque le rapport tend vers 1, le cercle correspondant peut bien être dit le plus grand de tous, mais il perd en même temps sa qualité de cercle, puisque le lieu des égales distances est la ligne droite médiatrice du segment. Le mot « convenir » est propre à Mersenne (D[1], pp. 38-40 ; D[2], pp. 83-85).

l. 21. Galilée dit qu'il ne peut pas y avoir de corps ou de surface *à la fois* « figurata » et « infinie » (D[1], p. 40 ; D[2], p. 85), ce qui veut dire qu'il y a incompatibilité entre « figure » = frontière à distance finie, et points à l'infini. Mais il ne conclut pas comme Mersenne le prétend trop vite ; il conclut simplement que dans l'exemple choisi, il y a métamorphose — étonnante, en vérité — dans le passage du cercle à la droite (du fini à l'infini), c'est-à-dire passage d'un *corps figuré* à quelque chose qui n'est plus fermé sur lui-même. Mais cette métamorphose est-elle aussi surprenante qu'il paraît à première vue ? Tous les corps ne sont-ils pas eux-mêmes des ensembles infinis d'indivisibles, réductibles à des masses d'un *seul tenant* à partir desquelles des formes diverses peuvent être obtenues lorsqu'on insère des vides intercalaires ?

l. 22. L'expression « s'imagine » est propre à Mersenne.

l. 25. Salviati dit que ce solide « est redevenu un continu d'un seul tenant, voire un fluide comme l'eau, le mercure ou ce même métal liquéfié ». (D[1], p. 40 ; D[4], p. 85.)

P. 65 [*26*]

l. 3. Le mot « impalpable » est de Galilée (D[1], p. 41 ; D[2], p. 85).

l. 6. Salviati dit que l'on peut compter les particules (D[1] et D[2], *ibid.*).

l. 9. Selon Galilée, les particules en lesquelles l'eau semble être résolue « diffèrent au plus haut point de particules finies et divisibles » (D[1], p. 41 ; D[4], p. 86). Il voit dans sa transparence (à laquelle n'atteint pas le cristal le plus finement broyé) un argument supplémentaire.

l. 11. Cf. l. 15 ci-dessous.

l. 12. Salviati parle seulement d'*eaux fortes* (acide nitrique). *L'eau régale* est mélange d'acide nitrique et d'acide chlorhydrique.

l. 15. Salviati dit : « en leurs ultimes composants, infiniment nombreux et indivisibles » (D[1], p. 41 ; D[4], p. 86).

Commentant ce passage des *Discorsi*, Descartes déclare : « Il dit que les cors durs, devenant liquides, sont divisés en une infinité de points : ce qui n'est qu'une imagination fort aisée a refuter, et dont il ne donne aucune preuve » (Lettre citée, *op. cit.*, p. 383, l. 21-24). Sur la conception cartésienne des liquides, voir *Le Monde, A-T*, XI, p. 13.

Article V (D[1], pp. 42-45 ; D[2], pp. 86-89)

l. 23. Sagredo constatait que si du plomb fondait en un instant au moyen d'un petit miroir concave, toute espèce de métal devrait fondre très rapidement avec un très grand miroir parabolique (D[1], p. 42 ; D[2], p. 86).

P. 65 [*27*]

l. 2. Auteur du *Specchio Ustorio overo trattato delle settioni coniche*, Bologne, 1632 (cf. ch. 32). Le problème des miroirs ardents avait été abordé par G. B. della Porta aux chapitres 16 et 17 de sa *Magia Naturalis*, (Livre XVII), 2e éd., Naples, 1589, par Fabio Colonna (1566-1640), et plus tard par Vincenzo Renieri (1606-1647). Sur ceci, cf. D^3, pp. 645-647.

l. 4. Le texte des *Discorsi* se borne à dire : si Archimède m'avait laissé quelques doutes, le *Miroir Ardent* de Cavalieri aurait suffit pour les lever (D^1, p. 43 ; D^2, p. 87). Cf. la remarque de Descartes, lettre citée, p. 383, l. 25-28 : « Il monstre n'estre pas savant en la catoptrique, de croire ce qui se dit des miroirs ardens d'Archimede, lesquels j'ay demonstré estre impossibles en ma Diop(trique). »

l. 7. Mersenne omet de signaler ce qui amène la réflexion de Galilée sur la vitesse de la lumière : peut-on attribuer l'effet « si considérable et vigoureux » qu'est la fusion des métaux à l'opération d'une lumière instantanée (donc sans mouvement) ou au contraire faut-il lui attribuer un mouvement, même très rapide ? Galilée pense que l'action de la lumière, en dépit de sa pureté, doit s'accompagner d'un *mouvement* (D^1, D^2, *ibid.*).

l. 11, 22 & 23. Les distances que donne Mersenne ne correspondent pas à celles que propose Salviati, lequel reconnaît n'avoir fait des expériences que sur des distances inférieures à 1 mille, donc non décisives quant à l'estimation de la vitesse de la lumière (D^1, pp. 43-44 ; D^2, pp. 88-89). Descartes estime que ces expériences faites à petite échelle sont sans utilité : « Son experience, pour sçavoir si la lumiere se transmet en un instant, est inutile : car les Ecclipses de la lune, se rapportant assez exactement au calcul qu'on en fait, le prouvent incomparablement mieux que tout ce qu'on sçaurait esprouver sur terre » (Lettre citée, p. 384, l. 1-5). Dans le 1er Discours de la *Dioptrique* (*A-T*, VI, pp. 81-93), Descartes voit dans les éclipses de lune et soleil la preuve de la propagation instantanée de la lumière dans la matière subtile. (Cf. également *C.M.*, t. VIII, p. 98, n. 2.)

l. 26. L'emploi des miroirs est une suggestion de Mersenne.

P. 65 [*28*]

l. 5. Salviati dit seulement que, dans l'éclair, on distingue une tête, point à partir duquel il se propage dans les parties environnantes (D^1, p. 44 ; D^2, p. 89). La lecture du texte par Mersenne a été rapide et rend la compréhension difficile.

l. 9. Le texte italien dit : « con qualche poco di tempo » (D^1 et D^2, *ibid.*).

l. 10. Descartes est l'auteur en question.

l. 12. Cf. *Dioptrique*, 1er Discours, *A-T*, VI, p. 84, l. 15-22. Descartes y écrit : « ...la lumière n'est autre chose, dans les corps qu'on nomme lumineux, qu'un certain *mouvement*, ou une *action* fort prompte et fort vive, qui passe vers nos yeux, par l'entremise de l'air et des autres corps transparens, en mesme façon que le mouvement ou la resistence des corps, que rencontre cet aveugle, passe vers sa main, par l'entremise de son baston ».

l. 18-20. Si Mersenne vise Galilée, il témoigne d'un scrupule bien curieux, venant de sa bouche. Mais sans doute est-il ici acquis aux idées de Descartes.

l. 24. Cf. *Dioptrique*, Discours V, *ibid*, p. 118, l. 2 sq. ; cf. aussi *Les Météores*, Discours VIII, *ibid.*, p. 331, l. 15 sq., et la lettre à Morin du 13 juillet 1638 (*A-T*, II, pp. 203-204) dont Mersenne a eu connaissance (cf. lettre de Descartes à Mersenne, même date, p. 247, l. 4-5). Dans sa lettre à Morin, Descartes précise bien qu'à propos de la lumière il parle de *mouvement* et d'*action*, pas de mouvement *simpliciter*. Il distingue donc la *propagation*, qui est instantanée, et l'action qui s'accompagne d'une *énergie*. Mersenne ne retient que le premier mot. Quant aux couleurs, Descartes les explique par une tendance au mouvement circulaire due à la réaction des aspérités des corps réfléchissants.

P. 66 [*29*]

l. 4. Cf. lettre de Descartes à Mersenne du 25 mai 1637 (*A-T*, I, p. 378, l. 25 - p. 379, l. 2) : « Enfin, pour ce que mon explication de la refraction ou de la nature des couleurs ne satisfait pas à tout le monde... ceux qui voudront prendre la peine de m'avertir des deffauts qu'ils y auront remarquez, m'obligeront extremement... »

Article VI (D^1, pp. 48-49 ; D^2, pp. 91-93)

l. 9. Mersenne passe sous silence la démonstration d'un problème que Galilée, après avoir rappelé « les paradoxes » auxquels les analyses précédentes ont conduit, développe longuement, en réponse à la demande de Sagredo : comment la circonférence d'un cercle peut-elle se transformer en une droite infinie ? (D^1, pp. 45-47 ; D^2, pp. 89-91). L'énoncé du problème est le suivant : « Étant donné un segment que l'on divise selon une proportion quelconque en parties inégales, décrire un cercle de telle façon que deux lignes droites menées des extrémités du segment vers un point quelconque de la circonférence du cercle gardent entre elles même rapport que les parties du segment donné et qu'ainsi toutes les lignes menées à partir des mêmes extrémités soient homologues entre elles » (D^1, p. 45 ; D^4, p. 89). La lecture de Pappus semble avoir suggéré à Galilée la solution originale de ce problème (cf. D^3, pp. 644-645), solution que Mersenne ne retient pas à titre de nouveauté géométrique ; il faut dire qu'elle n'a pas de rapport immédiat avec le problème physique de la condensation et de la raréfaction.

l. 14. Salviati parle d'un carré, d'un octogone et d'un polygone de quarante, cent ou mille côtés (D^1, p. 48 ; D^2, p. 92).

l. 20. Il faut entendre : « un nombre infini de côtés ».

l. 22. Dans le cas du cercle, ces parties sont des *points*, et des points *en acte*.

P. 66 [*30*]

l. 1. Galilée veut en effet établir que dans le cas du polygone à une infinité de côtés — c'est-à-dire le cercle — on fait « passer à l'acte ce nombre infini de parties qu'elle (i.e. la ligne) contenait en puissance » (D^1, p. 48 ; D^4, p. 92). On voit que Mersenne fait silence sur la critique galiléenne de ces catégories aristotéliciennes que Simplicio oppose à Salviati.

l. 11. Mersenne est de l'avis de Descartes, qui écrira : « Il fait considérer une ligne droite, descrite par le mouvement d'un cercle, pour prouver qu'elle est composée d'une infinité de poins *actu*, ce qui n'est qu'une imagination toute pure » (lettre citée, p. 384, l. 6-9). L'inutilité de ces « petites subtilités » n'est pas évidente pour le lecteur des *Discorsi*, qui peut comprendre les implications physiques que Galilée entend tirer de cette démonstration : le continu se résout en un nombre infini d'indivisibles (points géométriques) ou d'atomes (corpuscules physiques), ce qui doit permettre d'expliquer les phénomènes de condensation et de raréfaction, d'une part, et ceux de la cohésion des corps, de l'autre, en faisant l'économie :

1. des petits vides intercalaires ;
2. de la pénétrabilité de la matière (D^1, p. 49 ; D^2, pp. 92-93).

Une fois encore, Mersenne a du mal à suivre le passage opéré par Galilée du géométrique au physique.

Article VII (D^1, pp. 49-54 ; D^2, pp. 93-97)

l. 15. Galilée appuie sa démonstration sur deux figures (cf. D^1, p. 50 ; D^2, pp. 94-95).

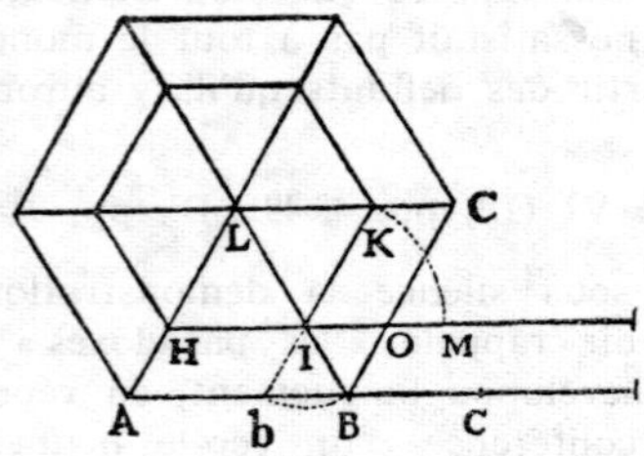

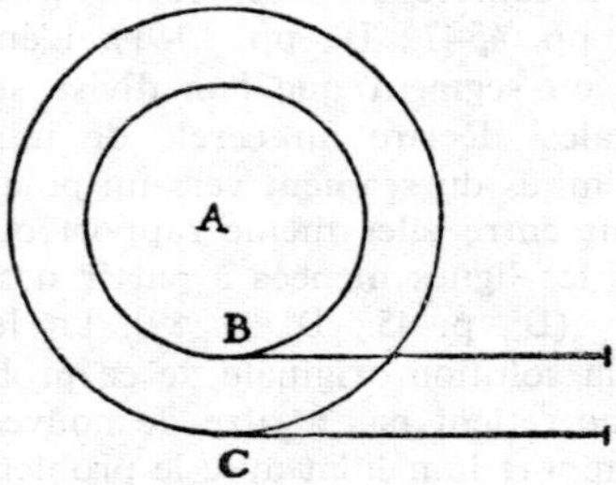

l. 17. Cf. *supra*, pp. [*17-20*].

l. 18. Il n'est en fait nullement question, dans la démonstration que Salviati propose ici, du phénomène de la raréfaction expliqué plus haut (D^1, pp. 21-26 ; D^2, pp. 68-72), ce que Salviati répétera au cours de cette analyse (D^1, p. 52 ; D^2, p. 96). Galilée se borne à rappeler, en guise de préambule à l'examen de la condensation, que « à l'instar de la *raréfaction* où l'on utilise la ligne décrite par le petit cercle — ligne plus longue que sa circonférence (cf. D^1, p. 24 ; D^2, p. 70) — au cours d'une rotation du grand cercle, l'intelligence de la *condensation* exige que nous montrions comment au cours d'une rotation du petit cercle, le plus grand décrit une ligne droite plus courte que sa circonférence » (D^1, pp. 49-50 ; D^4, p. 93 *in fine*).

l. 20. Salviati, au cours de sa démonstration sur la condensation, tout comme il l'avait fait pour la raréfaction, établit d'abord ce qui se passe dans le cas des polygones, de compréhension plus aisée, pour opérer ensuite le passage à la limite avec les cercles, polygones à une infinité de côtés.

P. 66 [*31*]

l. 2. Lorsqu'on envisage les polygones, le plus grand parcourt « une ligne *approximativement égale* » à celle que décrit le petit polygone au cours d'une rotation complète ; mais dans le cas des cercles, le plus grand parcourt une ligne *égale* à la circonférence du petite cercle » (D[1], pp. 51-52 ; D[2], pp. 94-95) : c'est ce « moins » qui ressemble à une condensation.

l. 5. Ce « moment » est en fait un « repos instantané » au cours duquel, simultanément, le point (ou côté) C du grand cercle recule d'une distance égale à son « excès » sur le point (ou côté) B du petit cercle et avance d'une distance égale à ce même point B. Faute de recourir à cette constante comparaison avec le polygone (à quoi s'ajoute l'absence de figure), Mersenne doit être incompréhensible pour son lecteur.

l. 5-6. L'expression « ce semble » est de Mersenne.

l. 11. Salviati est beaucoup plus clair : la ligne décrite par le grand cercle et égale à la circonférence du petit, « contient en elle une infinité de superpositions dénuées de toute dimension, qui provoquent une contraction ou condensation sans aucune pénétration de parties finies » (D[1], p. 52 ; D[4], pp. 95-96). Mersenne fait maintenant allusion à l'analyse de la raréfaction (cf. *supra*, p. 30, l. 18 ; voir art. III et les notes *ad loc.*).

l. 14. Rappelons que lorsque le grand polygone « porteur », en faisant une rotation complète, décrivait une ligne égale à sa circonférence sans solution de continuité, le petit polygone entraîné par lui parcourait une ligne *presque égale* à la première, moyennant un nombre déterminé de sauts (D[1], p. 23 ; D[2], p. 69). Mais lorsqu'on passe aux cercles, la ligne parcourue par le petit est *égale* à la circonférence du grand, et sans que le petit cercle fasse de bonds : ici, c'est ce « plus » qui ressemble à une raréfaction ou expansion.

l. 15. Cf. *supra*, p. 17, l. 20 (notes). Jugement de Descartes : « Tout ce qu'il dit de la raréfaction et condensation n'est qu'un sophisme : car le cercle ne laisse pas de parties vuides entre ses poins, mais il se meut plus lentement » (lettre citée, p. 384, l. 10-13). Cf. aussi la lettre du 15 novembre 1638 de Descartes à Mersenne, dans laquelle Descartes fait allusion à une critique de Fermat qui semble aller dans le même sens (*A-T*, II, p. 436, l. 4-14).

l. 19. C'est-à-dire un vide ayant une grandeur finie.

l. 25. Salviati excluait précisément que le petit cercle fît des sauts, déclarant « qu'à un point de la circonférence [du petit cercle] correspond toujours un point de la droite » (D[1], p. 24 ; D[4], p. 70).

l. 26. Il s'agit de Descartes. Ce dernier écrira à la suite du passage que l'on vient de citer : « Et pour moi, je ne conçoy autre chose touchant cela, sinon que, lors qu'un cors se condense, c'est que ses pores s'estrecissent, et qu'il en sort une partie de la matière subtile qui les remplissoit, ainsy qu'il sort de l'eau d'une esponge quand on la presse. Et au contraire, quand un cors se dilate, c'est que ses pores s'eslargissent, et qu'il y entre davantage de matière subtile, ainsy que i'ay expliqué en plusieurs endroits de mes Meteores » (lettre citée, p. 384, l. 13-21). Cf. Discours second. *Des vapeurs et des exhalaisons*, *A-T*, VI, pp. 239 sq. et Discours cinquiesme, *Des nues* (*ibid.*, pp. 279 sq.).

P. 66 [*32*]

l. 4-5. L'expression « souveraine » est de Mersenne. La lettre dans laquelle il aborde ce problème est perdue ; on ne possède que la réponse de Descartes en date du 15 novembre 1638 : « J'avoüe ce que vous dites de la souveraine Condensation et souveraine Raréfaction, et qu'il ne se peut faire aucune raréfaction en un lieu, qu'il ne se fasse autant de condensation en quelque autre » (*A-T*, II, p. 441, l. 5 sq.). L'ensemble reste obscur.

l. 6. Celui qui « explique » est le porte-parole de Galilée. Mersenne emploie la même formule que Descartes : « Ce qu'il dit de l'or trait n'est nullement à propos pour expliquer la raréfaction ; car cet or ne se raréfie point, mais change seulement de figure » (lettre citée, p. 384, l. 22-24). Mais Salviati n' « explique » pas la rarefaction ; il veut illustrer sur un cas précis « l'immense expansion » à laquelle on peut amener les parties de l'or (D^1, p. 53 ; D^2, pp. 96-97).

l. 10. Mersenne écrivait plus haut, à propos du même exemple : « comme il arrive à l'or dont les feuilles s'estendent si prodigieusement « (p. 19), Chez Galilée, les 8 ou 10 feuilles sont l'une sur l'autre.

l. 13. Les chiffres que donne Galilée sont différents, notamment pour la longueur [la variation est approximativement de 1 (Galilée) à 4 (Mersenne)].

l. 15. Le mot « merveilleusement » est de Mersenne. Simplicio contestait qu'il y eût accroissement de la surface du cylindre consécutivement à son étirement : à quoi Salviati répondait que ladite surface croît comme la racine carrée de la longueur, et se proposait de le démontrer géométriquement (D^1, pp. 53-54 ; D^2, p. 97).

l. 17. La comparaison est chez Galilée, mais Mersenne ne rapporte pas fidèlement la technique d'affinement des cylindres.

l. 23 sq. Digression de Mersenne qui est heureux de placer le résultat concernant l'aire de l'arche de cycloïde. Le rapport 3 lui suggère peut-être une association d'idées avec les dilatations précédentes.

P. 67 [*33*]

l. 1-2. L'excellent géomètre est toujours Descartes. La démonstration dont parle ici Mersenne lui était adressée par Descartes le 27 juillet 1638 (cf. *C.M.*, VII, pp. 407-412). Sans doute Mersenne avait-il en main la solution de Roberval (cf. lettre du 6 janvier 1637, *C.M.*, t. VI, pp. 167-177), mais c'est Descartes seul qui lui permettait explicitement de divulguer cette démonstration « à qui le désirerait ».

Article VIII (D^1, pp. 54-57 ; D^2, pp. 97-101)

l. 7. Mersenne reprend la figure des *Discorsi* (D^1, p. 55 ; D^2, p. 98).

l. 8. Jusqu'à la page 35, l. 10, Mersenne traduit fidèlement le texte de Galilée.

l. 9. Il s'agit naturellement de cylindres de même volume, bien que ce ne soit pas dit (cf. *infra*, p. 34, l. 7).

l. 13. « Les surfaces de cylindres égaux, exception faite des bases, ont entre elles même rapport que les racines carrées de leurs hauteurs » (D^1, p. 54 ; D^4, p. 98). Mersenne rend l'italien « sudduplicata proporzione » par « proportion sous-double » ; plus bas (p. 34, l. 3), il traduira « subdupla proporzione » par « raison sous doublée ». Il s'explique sur cette terminologie *infra*, pp. 77-80.

P. 67 [*34*]

l. 1-3. C'est Mersenne qui introduit ici cette manière d'expliciter la moyenne proportionnelle, d'où résulte l'expression « sous-doublée » pour la raison de A B à E par rapport à celle de A B à C D. Salviati préférait parler de racine carrée et manifestait ainsi un vocabulaire plus « moderne ».

l. 7. Par raison permutée, il faut entendre rapport inverse. C'est ici que le lecteur peut comprendre que les cylindres « égaux » sont des cylindres de même volume. Ainsi l'ambiguïté de l'énoncé initial n'est levée qu'à travers le calcul.

l. 14-25. Mersenne transcrit presque mot à mot le texte italien, mais avec une abondance de virgules qui n'est pas très heureuse pour l'expression des proportions successives (cf. D[1], pp. 54-55 ; D[2], p. 98).

P. 67 [*35*]

l. 3. Mersenne traduit par « en renversant » l'italien « per la perturbata ». Il s'agit de la *perturbata ratio* définie chez Euclide dans les *Éléments,* livre V, définition 18, proposition 23 (cf. D[3], p. 652). La traduction est évidemment mauvaise, puisqu'il s'agit en réalité d'une composition de raisons, et le fait est d'autant plus curieux que l'expression de « raison composée » est courante en arithmétique à l'époque.

l. 5. « Par conversion » traduit l'italien « convertendo ». C'est ici qu'il faudrait « en renversant ».

l. 11. Le développement qui suit est propre à Mersenne, qui veut donner un exemple numérique pour que le lecteur comprenne mieux. Cet exemple simple manque cependant un peu son but du fait que la mesure choisie pour la surface du grand cylindre est la même que celle de la hauteur et que le mot « pied » désigne tantôt une longueur, tantôt une surface.

P. 67 [*36*]

l. 4. Par « moindre surface », Mersenne entend : surface du cylindre de moindre hauteur.

l. 5-9. Tout se passe comme si Mersenne n'avait pas compris que cette proposition élémentaire était utilisée dans la démonstration précédente (cf. *supra,* p. 34).

l. 15. Mersenne revient au problème de l'étirement des fils dorés, en suivant Salviati. Mais son introduction : « D'où il est aisé de conclure » est mal venue, puisqu'elle a l'air de faire appel seulement à ce qui précède, alors que la vraie référence est à la proposition des pages 34-35.

l. 21. Ces chiffres sont de Mersenne. Salviati parle d'un cylindre n'excédant pas une demi-brasse de hauteur et d'une grosseur de 3 ou 4 fois le pouce (D[1], p. 55 ; D[2], p. 99).

l. 23 sq. Ici Mersenne reprend les indications numériques précises du texte italien. En rétablissant une « demie-brasse » là où quatre lignes plus haut il avait mis « une brasse », il retrouve le rapport de 40.000 pour les longueurs, donc le rapport de 200 pour les surfaces. S'est-il aperçu en cours de rédaction que l'incise des lignes 5-9 l'aiguillait sur une fausse piste ? De toute manière, cette page témoigne d'un travail rédactionnel hâtif.

P. 68 [*37*]

l. 4. Salviati parle d' « immensa distrazzione » et cette expérience, selon lui, appuie « l'idée que les substances physiques sont composées d'une infinité de particules indivisibles » (D^1, p. 55 ; D^4, p. 99). En supprimant le mot « infinité », et en parlant seulement de l' « estrange estenduë des parties de l'or », Mersenne enlève au texte ce qui est le plus important pour l'illustration qui est dans la pensée de Galilée. Descartes passe également à côté du sens lorsqu'il écrit, en commentant cet exemple : « Ce qu'il dit de l'or trait n'est nullement à propos pour expliquer la rarefaction ; car cet or ne se rarefie point, mais change seulement de figure » (texte cité *supra*, p. 32, l. 6.)

l. 7. Le texte italien ne mentionne pas les cercles. Sans doute Mersenne pense-t-il que les démonstrations antérieures, telles qu'il les a comprises (cf. *supra*, pp. 17-19), font partie des « exemples plus probants et plus concluants que celui-ci » (i.e. l'étirement des fils dorés) auxquels Salviati fait allusion à la fin de son propos.

l. 8. L' « expérience » qui suit se présente comme une surenchère numérique chargée d'illustrer « l'estrange estenduë » que peut atteindre le métal étiré. Mais elle contient des erreurs de calcul.

l. 19. La longueur du fil étiré à partir du cylindre de 8 livres et 3 pieds de haut est $3200 \times 8 = 25\,600$ toises, soit 153 600 pieds ; 226 est la $\sqrt{\ }$ du rapport des deux hauteurs ($\sqrt{\frac{153\,600}{3}} = 226$) ou encore la $\sqrt{\ }$ de 51 200, et non la moyenne proportionnelle entre 3 et 51 200.

P. 68 [*38*]

l. 4. La base du fil est en réalité de $\frac{1}{52100}$ de celle du cylindre de 3 pieds (= 1/2 toise) de haut, soit $\frac{1}{52100}$ de pouce, puisque ledit cylindre a 1 pouce de base. On a là encore une inadvertance dans l'application numérique de la remarque que Mersenne faisait *supra*, p. 36, l. 5-9.

l. 13-15. En voulant poursuivre l'illustration numérique, d'ailleurs sans intérêt, concernant l'augmentation de la surface du cylindre étiré lorsqu'on augmente la longueur, Mersenne se trompe une fois de plus. Pour une longueur huit fois plus grande, la surface est augmentée dans le rapport $\sqrt{8}$ et non pas dans le rapport 4.

En définitive, si le goût des chiffres est grand chez Mersenne, l'assimilation de ce qu'il s'agit de leur faire dire d'après Galilée n'est pas très assurée.

l. 17 et 20. Il s'agit toujours, dans les deux cas, des surfaces latérales des cylindres, les bases inférieures et supérieures n'étant pas prises en considération. Cette précision, qui se trouvait dans la bouche de Salviati, n'est donné par Mersenne que dans le titre de la proposition suivante.

P. 68 [*39*]

l. 2-6. L'énoncé de Salviati est : « Des cylindres droits dont les surfaces, exception faite des bases, sont égales, sont entre eux en proportion inverse de leurs hauteurs respectives » (D[1], p. 56 ; D[4], p. 99).

l. 10. Mersenne reproduit consciemment la même figure que page 33, alors que Galilée nous propose une figure différente. Comme de l'une à l'autre figure les lettres changent dans le texte italien, Mersenne transpose et, pour se conformer aux nouvelles données, il nous demande de considérer F B > C D, contrairement à ce qu'indique la figure.

l. 16-17. Il s'agit du volume des cylindres F B et C D.

l. 18. Mersenne vient d'énoncer ce qui est à démontrer. Le « donc » est ainsi à entendre non pas comme introduisant une conséquence, mais comme l'ouverture du raisonnement.

l. 21-22. Salviati dit plus précisément : « car s'il lui était égal, sa surface serait plus grande, et cela d'autant plus que le premier cylindre (ici F B) excéderait le second (ici C D) » (D[1], p. 56 ; D[2], pp. 99-100). Le rappel de cette partie de l'hypothèse (F B > C D) est essentiel au raisonnement : Mersenne s'en dispense.

P. 68 [*40*]

l. 1-2. Il conviendrait mieux de dire : « Soit le cylindre A F B de même base que le premier cylindre F B, de hauteur A B plus grande, et tel que le volume A F B soit égal à celui du cylindre C D. » L'existence de ce cylindre est la conséquence directe de ce qui précède, à savoir que le volume du cylindre F B est inférieur à celui du cylindre C D.

l. 15. « A B à F B » désigne le rapport des volumes des cylindres A B et F B.

l. 20. Le mot « corollaire » est propre à Mersenne.

l. 21. Salviati déclare que la proposition géométrique avancée ici « donne l'explication d'un phénomène qui ne laisse pas d'étonner le vulgaire » (D[1], p. 57 ; D[4], p. 100). C'est plus clair et moins agressif que d'aller « contre le sens commun ».

l. 25. La manière dont Mersenne va traiter l'exemple des sacs fait avec un même morceau de toile lui est propre : il mentionnera en bas de la page 42 (l. 24 sq.) celui que donne Salviati, mais sans s'apercevoir qu'il n'a pas respecté le raisonnement. Mersenne, en effet, à l'encontre des hypothèses, se met ici à compter dans la surface des récipients considérés les bases qui avaient été explicitement exclues, comme on va le constater à la page suivante : probablement le mot « sac » évoque-t-il pour lui immédiatement une enveloppe entièrement constituée par le morceau de toile.

P. 69 [*41*]

l. 4. Salviati supposait explicitement le fond du « sac à grains » constitué par une planchette et, prenant le morceau de toile rectangulaire pour faire les parois, obtenait deux sacs suivant que la planchette du fond est entourée par la longueur ou par la largeur de ce morceau de toile. L'illustration de la deuxième proposition relative aux cylindres était alors très claire. Contrairement à ce que le vulgaire attendrait, c'est le sac cousu sur la largeur du morceau de toile, donc le moins haut, qui contient davantage (D[1], p. 57 ; D[2], p. 100).

l. 8. Il faut lire « 8 pieds 3/4, c'est-à-dire 8 pieds et 9 pouces (rappelons que le pied contient 12 pouces et la toise 72).

l. 10. Sans doute, comme va l'expliciter Mersenne par le calcul, les surfaces totales des sacs parallélipipédiques qu'il considère sont les mêmes. Mais il serait assez embarrassé d'avoir à tirer les deux sacs d'une même pièce de toile, avec cinq coutures. Il n'a pas compris ce qui fait la simplicité et la force démonstrative de l'exemple de Salviati.

l. 20. Dans ses calculs de surface, Mersenne ne tient évidemment compte que d'une seule base, à savoir le fond du récipient.

P. 69 [*42*]

l. 3. L'exagération se joint à l'inexactitude. Mersenne n'abandonne qu'un seul autre exemple « formé sur le précédent » et se trouvant sous la plume de Salviati, à savoir l'exemple des nattes servant de corbeilles (D[1], p. 52 ; D[2], p. 101).

l. 5. La « mesme chose », c'est que le sens commun croit volontiers que l'enveloppé est le même à enveloppes égales. Sagredo a l'honneur de le dire, en précisant que l'erreur dont Salviati a donné raison pour les volumes limités avec un même morceau de toile, se retrouve à propos des surfaces limitées avec un même périmètre. Mersenne néglige d'éclairer son lecteur par une transmission suffisamment fidèle.

l. 6. Le mot « murailles » risque d'aiguiller le lecteur sur une interprétation fausse en faisant analogie avec les parois des sacs précédemment considérés. Sagredo parlait plus précisément de « la longueur des enceintes » des villes. C'est cette longueur qui entre en considération maintenant et Mersenne ne facilite guère la tâche de son lecteur par le langage lâche qu'il utilise.

l. 9-22. Mersenne donne ici des exemples numériques de son cru pour une comparaison à des surfaces de rectangles ayant même périmètre. Mais il ne craint pas le ridicule en affectant 10 toises à la largeur d'une enceinte de ville qui serait ainsi réduite à l'état de plate-bande.

l. 24 sq. Retour à l'exemple donné par Salviati pour illustrer les différences de volume ou de contenance des sacs de blé cylindriques : mais Mersenne ne voit pas en quoi cet exemple diffère de ce qu'il a dit lui-même plus haut.
Le non respect de l'enchaînement des exemples et des démonstrations de Galilée dont témoignent les pages de la proposition II, prouve une fois encore le caractère léger de la lecture de Mersenne sur certains passages des *Discorsi*.

P. 69 [*43*]

Article IX (D^1, pp. 53-60 ; D^2 pp. 102-104)

l. 6. Mersenne conserve le terme « isopérimètre » qui se trouve employé par Salviati. La démonstration proposée par ce dernier fait immédiatement suite aux réflexions de Sagredo sur l'inégalité des aires contenues dans des périmètres égaux. Remarquant que dans le cas des surfaces régulières, « un plus grand nombre de côtés signifie toujours une surface supérieure », en sorte que le cercle (polygone à une infinité de côtés) renferme une surface plus grande que tous les polygones de même périmètre, Sagredo rappelait avoir lu la démonstration de cette propriété dans le *De Sphaera mundi* de Sacrobosco (D^1, p. 58 ; D^2, p. 101 ; voir aussi D^3, p. 653).
Le texte complet du théorème que veut établir Salviati est le suivant : « La surface d'un cercle est moyenne proportionnelle entre les surfaces de deux polygones quelconques réguliers et semblables, dont un le circonscrit et l'autre lui est isopérimètre. En outre, étant plus petite que celle de tous les polygones circonscrits, la surface du cercle est aussi plus grande que celle de tous les polygones isopérimètres. D'autre part, de plusieurs polygones circonscrits, ceux qui ont davantage d'angles sont plus petits que les autres ; au contraire, de plusieurs polygones isopérimètres, ceux qui comptent le plus grand nombre d'angles sont les plus grands » (D^1, p. 58 ; D^4, p. 102).

l. 7 sq. Le passage qui suit (jusqu'à la page 44, l. 15) n'a pas de correspondant dans le texte de Galilée. Mersenne fait-il état de résultats exposés par Pappus au livre V des *Collectiones Mathematicae* traduites par F. Commandino (Venise, 1589) et connus de Galilée (cf. D^3, pp. 654-655) ? L'expression « déjà démontré » évoque en tout cas une source, bien que l'ensemble des résultats rappelés semble, pour Mersenne, ne pas avoir besoin d'être rattachés à une référence précise.

P. 69 [*44*]

l. 17. Mersenne reconnaît la nouveauté de la proposition de Galilée. Celui-ci déclare d'ailleurs que c'est la lecture de la *Sphère* de Sacrobosco qui lui a fourni « l'occasion de découvrir comment, à l'aide d'une seule et brève démonstration, on peut prouver que le cercle est la plus grande de toutes les figures isopérimètres et, pour les autres, que la surface croît avec le nombre des côtés » (D^1, p. 58 ; D^4, pp. 101-102).

l. 18 sq. Galilée donne trois figures à l'appui de ses démonstrations (D^1, p. 59 ; D^2, p. 102).

l. 19. Par « polygones semblables », il faut entendre : polygones réguliers et du même nombre de côtés.

l. 23. Le mot « circuit » désigne le périmètre du polygone.

l. 25. Il s'agit du polygone B sur les figures de l'original italien.

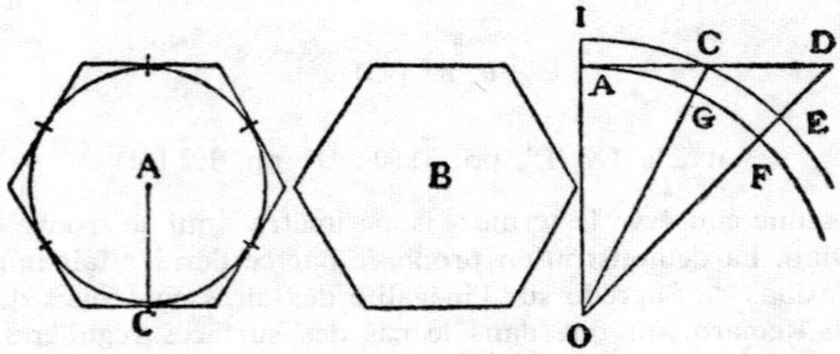

P. 70 [*45*]

l. 7. Autrement dit, « les surfaces de ces deux polygones (A et B sur la figure) ont même rapport entre elles que les carrés de leurs périmètres respectifs ». Mersenne passe sous silence la propriété du cercle inscrit dans le polygone A, dont la circonférence est égale au périmètre du polygone B, « d'être le plus grand de tous les polygones réguliers ayant le même périmètre que lui » (D^1, p. 59 ; D^4, p. 103).

l. 10. Mersenne ne reproduit pas la démonstration de Salviati que Sagredo trouve « aussi élégante que subtile » (D^1, p. 60 *in fine* ; D^4, p. 104). Cette démonstration, très importante, est effectivement trop longue pour être résumée aisément, et nous sommes obligés nous-mêmes de la laisser en référence. Disons simplement que Salviati compare un pentagone et un heptagone, donc raisonne sur un exemple, en laissant entendre que la généralisation est immédiate.

l. 12-14. La remarque entre parenthèses est absente du texte italien.

l. 17-20. Ici Mersenne énonce une proposition qui ne se trouve pas dans les *Discorsi* et qui vise les rapports de l'aire du cercle aux aires des polygones qui l'encadrent (le circonscrit et l'isopérimètre). Ces deux rapports sont inverses l'un de l'autre comme on vient de le démontrer, et ils se rapprochent de l'unité lorsque le nombre des côtés augmente. Le fait que Mersenne énonce cette propriété (sous forme d'ailleurs inverse) semble indiquer qu'il pense à la quadrature du cercle, préoccupation qui n'était pas chez Galilée.

l. 21 sq. Digression propre à Mersenne, qui se comprend en fonction de la note précédente. Pour la quadrature du cercle, le premier terme de la série des rapports à considérer commence avec le triangle, mais la série est indéfinie.

P. 70 [*46*]

Article X (D^1, pp. 61-63 ; D^2, pp. 104-107)

l. 8. Plus haut (D^1, p. 49 sq. ; D^2, p. 93 sq.), Salviati avait commencé par répondre à la demande de Simplicio, curieux d'apprendre comment l'introduction des indivisibles permettait de comprendre la condensation et la raréfaction en évitant de recourir au vide et à la pénétrabilité de la matière. Mais Sagredo désirait entendre les arguments d'Aristote contre le vide, puis la solution de Salviati qui déclarait refuser les suppositions du Stagirite. C'est ce deuxième moment dans la démarche qui est maintenant abordé, après ce que Sagredo appelait le « détour » de la géométrie.

l. 13. L'expression « au contraire » signifie « et inversement ».

l. 14. Salviati ne parle pas de la vitesse de cette raréfaction, mais il dit qu'elle est prodigieuse. Plus haut, cependant, il faisait allusion à des raréfactions qui se produisent de façon presque instantanée (D[1], p. 61 ; D[2], p. 104 *in fine*).

l. 17. Mersenne traduit l'italien « quasi senza limite » par « immense ».

l. 18. La comparaison avec l'éclair est propre à Mersenne. Mais il en a été plus haut question à propos de la vitesse de la lumière (cf. *supra*, D[1], p. 44 ; D[2], pp. 88-89).

l. 21. Le mot « estrange » est de Mersenne.

P. 70 [*47*]

l. 6. La transposition de Mersenne est sommaire. Salviati dit que là où l'observation sensible fait défaut, le raisonnement peut nous aider à « comprendre aussi bien le mouvement impliqué dans la raréfaction et la résolution des solides que celui par lequel les substances les plus tenues et les plus rares se condensent » (D[1], p. 61 ; D[4], p. 105).

l. 7. Galilée « n'avoue » pas, comme le laisse entendre Mersenne. Salviati déclare rechercher une explication *plausible* de la condensation et de la raréfaction en faisant l'économie de vides intercalaires et de la pénétrabilité de la matière récusés par les péripatéticiens : « Si vous étiez prêts à les admettre, je ne vous contredirais pas aussi durement », dit-il à Simplicio. Là-dessus, Sagredo s'affirme d'accord avec les aristotéliciens pour nier la pénétrabilité de la matière (cf. D[1], pp. 61-62 ; D[4], p. 105).

l. 10. Simplicio rappelle tout d'abord que si certains anciens estimaient le vide nécessaire comme condition de possibilité du mouvement, Aristote voit précisément dans la réalité du mouvement l'impossibilité du vide (D[1], p. 62 ; D[2], p. 105 *in fine ;* voir également D[3], pp. 655-659).

l. 23. Le texte italien parle de « grossezza o densita » des milieux. Galilée emploie également le terme « crassizie ».

P. 70 [*48*]

l. 10. « Ce qui est impossible », c'est l'existence du vide, parce que selon Aristote le mouvement dans le vide serait instantané.

l. 13. Salviati estime en effet qu'Aristote n'adresse qu'un argument *ad hominem* contre ceux pour qui le vide est nécessaire au mouvement. Cette question mise à part, l'hypothèse du vide, prise *absolument*, n'est pas détruite par l'argumentation du Stagirite (D[1], pp. 62-63 ; D[2], p. 106). Selon Descartes, Galilée « est eloquent a refuter Aristote, mais ce n'est pas chose fort malaysée » (lettre citée, *A-T*, II, p. 384 ; l. 25-26).

l. 17. Le texte italien ne fait pas allusion au volume des pierres.

l. 19 sq. Selon Salviati, Aristote n'a pas pu vérifier expérimentalement un tel fait. Les exemples qui suivent sont propres à Mersenne et renvoient évidemment aux expériences faites par lui. (cf. *infra* les références données dans les notes des pages 56 sq.).

P. 71 [*49*]

l. 2 sq. Sagredo compare la chute d'un boulet d'artillerie pesant 100 ou 200 livres et même davantage, avec celle d'une balle de mousquet dont le poids atteint une demi-livre : le premier corps ne précédera pas le second d'une palme après une chute de 200 brasses (D^1, p. 63 ; D^2, pp. 106-107).

Article XI (D^1, pp. 63-66 ; D^2, pp. 107-110)

l. 16. Salviati parle de « vitesse naturellement déterminée ». « Vers le centre de la terre » est ici ajouté par Mersenne, mais en accord avec la pensée de Galilée pour qui, en effet, les corps pesants tendent par nature vers le centre commun des graves, c'est-à-dire vers le centre du globe terrestre (cf. D^1, p. 75 ; D^2, p. 118). Sur ce point, voir les remarques d'A. Koyré in *Études galiléennes, op. cit.*, pp. 239 sq.

P. 71 [*50*]

l. 2-3. Le texte italien dit 8 degrés de vitesse.

l. 9. Même remarque.

l. 16. Cette conclusion, fidèlement rapportée par Mersenne, « passe l'entendement » de Simplicio (D^1, p. 64 ; D^2, p. 108). L'analyse de Galilée remonte au *De Motu* (Ed. naz, I, p. 265 ; cf. D^3, pp. 659-661).

l. 17 sq. Salviati parle de l' « équivoque » dans laquelle se débat Simplicio. Le principe général qui permet de lever cette équivoque repose sur la distinction entre les corps graves en mouvement (dynamique) et ces mêmes corps au repos (statique).

l. 23. Le texte italien précise : une quenouille d'étoupe pesant 6 ou 10 onces ajoutée à une grande pierre (D^1, p. 64 ; D^2, p. 108).

P. 71 [*51*]

l. 3-10. L'exemple de la lance se trouve chez Galilée, mais celui du boulet de canon, plus spectaculaire, est de Mersenne. Dans un cas comme dans l'autre, Mersenne ne restitue pas fidèlement le sens du texte italien qui veut dissocier le facteur accroissement de la vitesse de chute du facteur augmentation de poids. D'où l'exemple de Salviati : « Nous sentons la pression d'un corps disposé sur nos épaules quand nous voulons nous opposer à son mouvement, mais si nous descendions avec la vitesse qui serait naturellement la sienne, comment ce corps pourrait-il appuyer sur nous ? Ne voyez-vous pas que cela reviendrait à vouloir frapper avec une lance un homme qui s'éloignerait en courant avec une vitesse égale ou supérieure à celle dont vous le poursuivez ? » (D[1], p. 65 ; D[4], p. 108 *in fine*). La conclusion de l'intervention de Salviati mérite d'être rappelée : « dans la chute libre et naturelle, la plus petite pierre n'exerce aucune pression sur la plus grande et n'accroît nullement son poids, comme elle le fait au repos ».

l. 10-21. Là encore, la transcription de Mersenne est imprécise. Il s'agit de deux corps de *même poids spécifique*, mais différents par la taille. Salviati tire ici les conséquences des principes de Simplicio et en montre la contradiction (D[1], p. 65 ; D[2], p. 109 *ad lim.*). Non seulement Mersenne est confus dans son expression, mais il omet de rappeler l'essentiel, aux yeux de Galilée ; à savoir que « les mobiles grands et petits, et possédant un même poids spécifique se meuvent avec une *même vitesse* ». Salviati n'hésite pas à dire qu'un grain de sable tombe aussi vite qu'une meule de moulin et il multiplie les exemples assortis d'estimations numériques dans le but de réfuter définitivement l'analyse d'Aristote, à qui il reproche de n'avoir considéré, dans le cas de la chute à travers un milieu identique, que la seule pesanteur des corps à l'exclusion de tout autre facteur (D[1], pp. 65-66 ; D[2], pp. 109-110).

P. 71 [52]

Article XII (D[1], pp. 66-73 ; D[2], pp. 110-116)

l. 4-6. Le titre de l'article est mal rédigé. Il faudrait : « Entre *les* vitesses de leur chute dans divers milieux ».

l. 7-12. Simplicio avait distingué deux principes chez Aristote et c'est le deuxième qui est en question ici (cf. D[1], p. 62 ; D[2], p. 106). Simplicio estime que ce deuxième principe ne soulève pas autant de difficultés que le premier.
La formulation du principe par Mersenne est maladroite ; car Simplicio précise qu'il s'agit de la proportion des densités.

l. 12-15. Ces lignes correspondent à la réponse de Salviati, mais Mersenne n'en transmet pas le contenu, à savoir que le fait pour le bois de *remonter* quand on l'enfonce dans l'eau, alors qu'il tombe dans l'air, suffit à ruiner le principe d'Aristote, indépendamment de toute évaluation numérique.

l. 15-17. Les nombres proviennent d'un développement assez long des *Discorsi*. Salviati oblige Simplicio à fixer la proportion air - eau comme « il l'entend », puis à dire ce qu'il prend comme vitesse de chute dans l'air, etc., c'est-à-dire à fixer les données numériques de « l'exercice » d'application (D[1], p. 67 ; D[2], p. 111). Salviati déduit que le bois devrait, selon Aristote, tomber dans l'eau avec deux degrés de vitesse et il ironise. Mersenne ne retient rien de cet humour.

l. 17. Après « l'air », il faudrait un point au lieu d'une virgule, car la phrase qui suit correspond à un autre volet de la discussion. Mersenne saute par-dessus une objection particulièrement incisive de Salviati.

P. 72 [53]

l. 1-5. Mersenne suit fidèlement le texte (D[1], p. 68 ; D[2], p. 112 *ad lim.*).

l. 6-9. Mersenne commet une erreur de traduction. Salviati prenait pour exemple un grave quelconque *(tal grave)*, s'enfonçant sous l'eau de *dix brasses* en trois heures, et non pas l'œuf de poule. Au reste, les chiffres ne doivent pas être pris ici autrement que comme des illustrations numériques. De plus, Mersenne ne cite pas un autre exemple donné par Salviati : une boule de plomb traverserait la même distance dans l'eau en un temps à peine deux fois supérieur à celui qui est employé à franchir un espace identique dans l'air. Sur son exemplaire des *Discorsi*, Galilée a écrit, en guise de commentaire : « si bien qu'on devrait conclure de cette seconde expérience que la densité de l'eau est à peine deux fois supérieure à celle de l'air (D^4, p. 112, renvoi).

l. 10-13. Mersenne ne rapporte pas une précision de Salviati à propos de ces grands vides selon laquelle, s'ils ne sont pas donnés dans la nature, ils pourraient être « produits par la contrainte, comme on l'établirait, semble-t-il, par différentes expériences qu'il serait trop long de rapporter » (D^1, p. 68 ; D^4, p. 112).

l. 14-16. Cette addition de Mersenne constitue une espèce de commentaire compréhensif qui n'est pas en contradiction avec la pensée de Galilée, même s'il s'abstient ici d'insister sur ce point.

l. 17-19. Cette « proportion » est demandée par Sagredo à Salviati. Mersenne passe sous silence les réflexions de ce dernier sur les rapports entre la résistance des milieux traversés et la vitesse de chute des corps. Après avoir rappelé la fausseté des deux suppositions d'Aristote mentionnées plus haut par Simplicio (cf. D^1, p. 62 ; D^2, pp. 105-106), il dit avoir constaté que les écarts entre les vitesses de chute de corps différents par leur poids spécifique sont beaucoup plus considérables dans un milieu plus résistant (par exemple l'eau) que dans un milieu qui l'est moins (par exemple l'air) (D^2, p. 69 ; D^2, p. 113). Remarque judicieuse, mais insuffisante, estime Descartes : Galilée « dit bien que les corps descendent plus inesgalement vite dans l'eau que dans l'air, mais il n'en dit pas la cause » (cf. lettre citée, *A-T*, II, p. 384, l. 27 - p. 385, l. 2.).

l. 19 sq. C'est Sagredo qui cherche à faire une boule de cire flottant à l'intérieur d'une masse d'eau. Il s'est efforcé, mais en vain, de lui donner une gravité spécifique semblable à celle de l'eau en lui ajoutant des grains de sable (D^1, p. 69 *in fine* ; D^2, p. 113 *in fine*).

l. 22 sq. Salviati parle alors des poissons plus habiles que nous pour cette opération : il détaille comment ils font et précise qu'ils se rendent plus ou moins lourds que l'eau et gardent sans difficulté leur équilibre « en expulsant » à volonté une partie de l'air contenue dans (leur) vessie ou remontant à la surface pour en aspirer d'autre (D^1, p. 70 ; D^4, p. 114 *ad lim.*). Mersenne, qui n'envisage pas la remontée des poissons, dit seulement qu'ils « se mettent en équilibre avec l'eau ou se rendent plus pesants ».

P. 72 [*54*]

l. 1-2. Salviati parle d'eaux notablement différentes en raison « soit de leur nature, soit d'un trouble accidentel, soit de leur salinité ». Interrogé ultérieurement par Mersenne sur le cas des poissons, Descartes, qui n'y faisait pas allusion dans la lettre du 11 octobre 1638, lui répondra à ce sujet le 9 février 1639 en critiquant implicitement Galilée : « Pour les poissons, il est évident que la vessie ne leur est pas nécessaire pour nager puisque la plupart n'en ont point. Et il n'y a autre chose qui les détermine à monter ou à descendre dans l'eau, que l'élancement ou l'impétuosité dont ils se meuvent... » (*A-T*, II, p. 494, l. 18-22). Sur ce problème, cf. D^3, pp. 665-668.

l. 3-6. Mersenne ne transcrit pas complètement l'expérience rapportée par Sagredo et présentée comme un « artifice » destiné à tromper quelques amis sur la possibilité de maintenir en rigoureux équilibre dans l'eau la boule de cire mentionnée plus haut (D^1, p. 70 ; D^4, p. 114).

l. 8. Répondant à Sagredo, Salviati invoque aussitôt l'utilité de la propriété indiquée pour l'étude des eaux et mentionne l'utilisation médicale que Mersenne rejette à la fin. Là où Salviati relève une pratique effective, Mersenne dira simplement « peut servir aux médecins ». Il est évident que Mersenne appartient à un pays où l'on ne pratique pas cette mesure.

l. 12-14. Salviati se référait sans doute à des expériences très exactes en précisant que quatre gouttes d'eau chaude dans six livres d'eau provoquent la descente de la boule. Mersenne ne met qu'une goutte d'eau chaude sans préciser dans combien d'eau ; et il est aussi approximatif pour le sel.

l. 15-18. Salviati estime en effet qu'une telle expérience établit clairement la non résistance de l'eau à la division, parce que dépourvue de toute « viscosité ou principe quelconque de liaison, obstacles effectifs à la division et à la pénétration » (D^1, pp. 70-71 ; D^4, pp. 114-115). Selon Descartes, Galilée « se trompe en disant que l'eau ne resiste aucunement a estre divisée » (cf. lettre citée, *A-T*, II, p. 385, l. 2-3). Voir également les lettres à Mersenne du 9 janvier 1639 (*ibid.*, p. 482, l. 23-29) et du 9 février 1639 (*ibid.*, p. 495, l. 20 sq.) : « J'accorde ce que dit Galilée, que l'eau n'a nulle résistance a estre divisee, cela s'entend, au dedans de son cors, par un mouvement qui lui soit proportionné... » (cf. à ce sujet D^3, pp. 670-674).

l. 23 sq. C'est Sagredo qui présente l'objection des gouttes de rosée sur les feuilles de choux, après avoir rappelé le *Discours* de Galilée de 1612 sur lequel Mersenne fait silence parce qu'il ne connaît pas le livre à cette époque (cf. *supra*, p. 10, l. 12, note).

l. 25. Salviati commence par déclarer qu'il ignore « comment se maintiennent ces grosses gouttes d'eau, formant saillie » sur les feuilles (D^1, p. 71 ; D^4, p. 115). Faisant allusion à cet aveu, Descartes écrit : « Il dit ignorer la cause qui soutient les gouttes d'eau sur les choux, laquelle i'ai assez expliquée en mes Meteores » (lettre citée, *A-T*, II, p. 385, l. 3-4). Cette explication se trouve dans le cinquième discours, *Des Nues* (*A-T*, VI, pp. 280 sq.). Sur ce point, voir D^3, pp. 675-677.

P. 72 [55]

l. 1-3. En dépit de son ignorance, Salviati se dit certain que la cause du maintien des gouttes ne se trouve pas « dans une ténacité unissant entre elles leurs parties ». Dès lors la raison de l'effet doit être extérieure et Salviati se propose de l'établir à l'aide d'une expérience très probante. En situant d'emblée cette cause dans une certaine contrariété et inimitié que l'air a contre l'eau, Mersenne anticipe sur le résultat des expériences.

l. 4 sq. Mersenne transcrit mal le texte italien et omet l'une des expériences, qui sont au nombre de trois (D^1, pp. 71-72 ; D^4, pp. 115-116).
La première consiste à verser sur une goutte d'eau un peu de vin — fluide plus lourd que l'air — l'hypothèse étant que si les parties d'une goutte d'eau se maintiennent en relief pour une cause intérieure lorsqu'elles sont entourées d'air, elles devraient d'autant plus le faire lorsqu'elles sont entourées par un

milieu où leur tendance à descendre serait moins grande que dans l'air, par exemple dans du vin. Or on constate qu'avant même d'être recouverte par le vin, la goutte d'eau se disperse et s'aplanit, demeurant au-dessous du vin si celui-ci est rouge. Salviati en tire la conclusion que la cause de l'effet est extérieure et réside peut-être dans l'air ambiant.
Une seconde expérience met en évidence « l'antagonisme très net » existant entre l'air et l'eau. Un globe à l'orifice très étroit est rempli d'eau et retourné : on observe alors que l'eau ne s'échappe pas vers le bas, tandis que l'air, de son côté, ne s'introduit pas dans le globe ; et ce, contrairement à la tendance naturelle pour l'eau de descendre dans l'air et pour l'air de s'élever.
En revanche, si on place l'ouverture du même globe renversé dans un récipient contenant du vin rouge, « dont la gravité est à peine inférieure à celle de l'eau », on voit le vin rouge monter lentement, et *sans se mélanger,* dans le globe, tandis que l'eau abandonne ce dernier et passe dans le récipient inférieur. Mersenne accepte sans sourciller l'affirmation erronée qu'il n'y a pas, au bout d'un certain temps, mélange de l'eau et du vin. A. Koyré estime que Galilée « qui, sans doute, n'avait jamais mis de l'eau dans son vin », évoque ici une expérience qu'il n'a pas faite ni vérifiée personnellement (cf. *Le « De Motu Gravium » de Galilée. De l'expérience imaginaire et de son abus* in *Revue d'histoire des sciences,* t. XIII, 1960, p. 241).

l. 18-21. Salviati évoquait en conclusion une « disconvenzia tra l'acqua e l'aria occulta a me », incompatibilité que Mersenne interprète comme une « inimitié » sans reprendre le mot « antipathie » que Simplicio, en bon péripatéticien, s'empressait d'employer.

l. 22. Refusant cette « explication », le porte-parole de Galilée proposait alors « d'abandonner cette digression » et de revenir au problème de la chute des corps.

l. 23. Là où Mersenne parle de « grands empeschements », Salviati souligne la *variété* des aspects de la chute dans différents milieux ; plus le milieu est dense, moins il y a de corps qui peuvent y descendre ; plus le milieu est léger (par exemple l'air), plus les chutes sont semblables.

P. 72 [*56*]

l. 2-3. Le texte italien parle de boules d'or, de plomb, de cuivre, de porphyre ou de toute autre substance et donne des évaluations numériques que Mersenne ne reprend pas.

l. 4. Salviati ne conclut pas. Il dit : « c'est alors, considérant ces faits, qu'il me vint à l'esprit que si l'on supprimait totalement la résistance du milieu, tous les corps descendraient avec la même vitesse » (D^1, p. 73 *ad lim.* ; D^4, p. 116 *in fine*).

l. 9. Simplicio ne peut croire que dans le vide un flocon de laine tomberait aussi vite qu'un morceau de plomb ; plus bas, Salviati comparera les chutes d'une vessie gonflée d'air et d'une masse de plomb de même dimension. Mersenne prend de la moelle de sureau dont il semble s'être servi pour ses propres expériences.

Article XIII (D^1, pp. 73-76 ; D^2, pp. 116-119)

l. 16. Dans les *Nouvelles Observations,* I, p. 1, Mersenne laisse entendre qu'il a fait des expériences avec la moelle de sureau et que celle-ci tombe « au commencement » aussi vite que le plomb « ou peu s'en faut ». Voir aussi *Harmonie Universelle,* livre II, Prop. XII, p. 129 (l'exemplaire de main a une note marginale significative des corrections que Mersenne a cru devoir apporter en refaisant des expériences) et livre III, Prop. XX, pp. 205-206.

l. 20 sq. On a là un exemple caractéristique de la déformation que Mersenne fait subir au texte des *Discorsi.* Salviati accordait à Simplicio que même au début de la chute (sur 4 à 6 coudées), le corps le plus pesant (masse de plomb identique en volume à la vessie gonflée d'air mais environ 1.000 fois plus lourd) précède le plus léger, et la discussion portait sur le rapport des distances que Simplicio ne voulait pas croire augmenter beaucoup avec le temps. Mersenne ne situe pas bien les deux volets de la discussion subtile par laquelle Salviati essaie de mettre Simplicio en contradiction avec lui-même. Salviati accorde à Simplicio que le corps plus pesant descend davantage dès le début de la chute et *lui fait dire* que le décalage augmente avec la durée de la chute. Il y a donc altération de la proportion des vitesses avec le temps, et ceci *constamment,* ce qui, pour Salviati, signifie que la cause ne peut pas être « la différence de gravités ». Simplicio proteste alors que la résistance du milieu, qui est aussi une constante, ne peut pas davantage être une cause d'*altération* de la proportion des vitesses ; Salviati le loue : « Votre objection est pertinente et je dois la résoudre. » La solution, c'est que la résistance du milieu n'est pas constante, mais *croissante,* et la « gravité est comme l'instrument avec lequel le mobile ouvre sa route en repoussant de côté les parties du milieu » (D^1, pp. 74-76 ; D^4, pp. 117-119).
Mersenne ne retient rien de cette discussion. En disant que tous les corps tombent également vite durant les deux premiers pieds, il ajoute cependant un élément chiffré correspondant à ses expériences qui l'on conduit dans l'*Harmonie* et dans les *Nouvelles Observations* à donner trois pieds pour une demi-seconde. C'est-à-dire que deux pieds sont au-dessous du seuil où une différence est *mesurable.*

P. 73 [57]

l. 1-6. Ici Mersenne suit le texte des *Discorsi,* mais en remplaçant la brasse par la toise, unité de mesure employée par lui dans ses expériences qui, sur ce point, s'accordent avec celles de Galilée : c'est ainsi que dans les *Nouvelles Observations,* I, 1, Mersenne dit que dès la première ou deuxième toise, le plomb précède sensiblement la moelle. Toutefois il se trompe sur le dernier rapport puisque, selon Salviati, sur une chute de 100 brasses, un mobile très lourd précédera un mobile très léger des 90/100 de cette distance ; et, inconvénient plus grand, il supprime la phrase de Salviati qui éclaire tout, à savoir : « la proportion entre les espaces traversés... croît sans cesse avec la continuation du mouvement » (proportion qui devrait rester la même si on devait la mettre au compte du rapport des pesanteurs) (D^1, p. 74 ; D^4, p. 118).

l. 7. Mersenne appelle empêchement ce que Salviati présentait comme différence des mouvements. Cela n'est pas faux, mais ne traduit pas cependant la rigueur du raisonnement. C'est parce que la proportion croît sans cesse que le phénomène est attribuable, selon Salviati, à l'influence du milieu.

l. 18. Salviati présentait l'accroissement de vitesse par degrés égaux sans évoquer l'expérience : « Un corps pesant possède par nature un principe intrinsèque pour se mouvoir vers le centre commun des graves, c'est-à-dire de notre globe terrestre, d'un mouvement continuellement et toujours accéléré, c'est-à-dire qu'en des temps égaux viennent s'ajouter des moments et des degrés égaux de vitesse » (D^1, p. 75 ; D^4, p. 118 *in fine*). Dans son exemplaire de main, Mersenne note en marge qu'il faut supposer la chute dans le vide : « Galilée suppose cela dans ses derniers dialogues. » La lecture des *Discorsi* lui a donc fait prendre conscience de la condition d'exactitude de la loi de la chute, sans qu'il abandonne pour autant la référence à « ses expériences » et notamment à celle de la chute du plomb évoquée dans l'*Harmonie*, livre II, p. 86, l. 2-6. Mais le texte de l'*Harmonie* montre précisément que Mersenne ne donne pas à l'expression « accrois[t] de vitesse » le sens qu'un lecteur moderne imaginerait comme allant de soi, ainsi qu'on le verra plus bas.

l. 22. Salviati dit plus précisément qu'on parvient à un état où la vitesse d'un côté et la résistance du milieu de l'autre « atteignent une grandeur où, s'équilibrant l'une l'autre, toute accélération est empêchée, et le mobile réduit à un mouvement régulier et uniforme qu'il conserve constamment par la suite » (D^1, p. 75 ; D^4, p. 119). Commentant ce principe, déjà formulé dans le *Dialogo*, Mersenne écrivait dans l'*Harmonie* qu' « un très excellent géomètre a démontré que ce point d'esgalité ne se peut rencontrer... » (cf. livre III, Prop. XX, p. 206).

l. 26-27. Mersenne tient en effet dans l'*Harmonie* (livre II, prop. I, pp. 87-88) et d'après son tableau d'expériences que « la vitesse des poids est en raison doublée des temps », ce qui veut dire que si le grave décrit l'espace x au premier moment, au deuxième moment il décrit *en plus* $2x$: ce faisant, Mersenne rend compte à la fois de la progression des espaces selon les nombres impairs et de la progression des différences des espaces par la raison 2.

P. 73 [*58*]

l. 1-2. L'exemple de la vessie gonflée choisi par Salviati apparaît seulement maintenant. En parlant de la résistance qu'elle « treuve incontinent », Mersenne a l'air de s'apercevoir que la vessie gonflée présente par rapport à la moelle de sureau un caractère particulier, celui de faire apparaître *plus vite* le rôle de la résistance de l'air. Mais il ne transcrit pas la phrase complète de Salviati : « Remarquant alors que si l'air offre une très grande résistance au léger moment (al poco momento) de la vessie, il ne s'oppose que très faiblement au poids du plomb, je tiens pour certain que l'avantage résultant de sa suppression totale serait si important pour la vessie, mais si petit pour le plomb que leurs vitesses deviendraient égales » (D^1, pp. 75-76 ; D^4, p. 119). C'est-à-dire que Mersenne, relevant la différence soulignée par Salviati des effets de la suppression de la résistance de l'air, ne retient pas l'égalisation des vitesses, maillon essentiel du raisonnement. Mersenne passe tout de suite à la conclusion. Voir à ce sujet A. Koyré, in *Études galiléennes*, éd. cit., pp. 134 sq.

l. 9-10. Descartes estimera insatisfaisantes ces considérations de Galilée : « Tout ce qu'il dit de la vitesse des cors qui descendent dans le vuide etc, est basti sans fondement ; car il auroit deu auparavant determiner ce que c'est que la pesanteur ; et s'il en sçavoit la verité, il sçauroit qu'elle est nulle dans le vuide » (lettre citée, *A-T*, II, p. 385, l. 7-11).

l. 11-14. C'est Mersenne qui trouve nécessaire de dire ici quelle est la loi des espaces de la chute libre, énoncée dans le *Dialogo* et reproduite par le Minime dans l'*Harmonie*, livre II, prop. I, p. 86. La discrétion de Salviati s'explique peut-être par la volonté de ne pas avoir à citer le *Dialogo*. Dans la

Troisième Journée, cette loi fera l'objet du corollaire I du Théorème II, Proposition II du traité latin de l'Académicien (D^1, p. 172 ; D^2, p. 210).

l. 14 sq. Il faut rattacher « cela posé » à « esgale vistesse dans le vuide » (l. 10). Mais Mersenne ne donne pas l'articulation du raisonnement de Salviati : si l'on pose comme *principe* l'égalité de la vitesse de chute pour tout corps tombant dans un milieu n'opposant *aucune résistance* à la vitesse du mouvement, comme cela doit être pour le vide, *alors on pourra* « déterminer correctement les proportions des vitesses de mobiles semblables ou dissemblables soit dans le même milieu, soit dans différents milieux pleins, et pour cela résistants » (D^1, p. 76 *ad lim.* ; D^4, p. 119).

P. 73 [59]

Article XIV (D^1, pp. 76-78 ; D^2, pp. 119-121)

l. 2-5. Le titre de l'article correspond au quatrième point des *Nouvelles Observations*, I, p. 3, passage dans lequel Mersenne manifeste qu'il n'est pas très assuré des raisonnements à faire. L'intérêt que Mersenne a trouvé au texte des *Discorsi* à cet égard s'explique donc bien, ainsi que le fait d'en donner un article spécial.

l. 6-7. La ponctuation et l'ordre des mots ne conviennent pas. L'exposé de Salviati (D^1, p. 76 ; D^2, p. 119) explicitait que la résistance du milieu est évidemment ce qui nuit à la vitesse, puis rapportait cette résistance à la densité du milieu. Mais la suppression d'une virgule et l'interversion des mots « pesanteur » et « résistance » ne suffiraient pas à rétablir dans la phrase de Mersenne une traduction plus fidèle.
Salviati expliquait en effet longuement que la résistance croît pour un même mobile avec l'acquisition de nouveaux degrés de vitesse, de telle sorte que l'accélération de son mouvement diminue jusqu'à s'annuler complètement. C'est-à-dire qu'il faisait clairement entendre que si la résistance du milieu provient de sa densité, elle est une réalité complexe.

l. 15-17. Ici encore, la ponctuation est défectueuse. Le point virgule de la ligne 17 et la virgule de la ligne 15 devraient être permutés. Mais on peut encore faire la même remarque que ci-dessus : l'interversion ne restitue pas une traduction fidèle.
Utilisant le principe d'Archimède pour évaluer les pesanteurs relatives de deux mobiles par rapport à un même milieu, Salviati notait que la « gravité est comme l'instrument avec lequel le mobile s'ouvre sa route », c'est-à-dire qu'il suggérait d'analyser la résistance croissante du milieu, pour chaque mobile et en raison de sa vitesse, comme le résultat d'une réaction à une action constante, celle de la pesanteur relative. Il était même assez explicite : la résistance diminue à chaque instant la possibilité d'acquérir autant de degrés de vitesse que s'il n'y avait pas de milieu s'opposant au mouvement ; la résistance diminue l'accélération et elle la diminue *relativement* toujours de la même manière, dans le même rapport qui est celui de la pesanteur relative et de la pesanteur absolue du mobile. C'est pourquoi, sur l'exemple du plomb dix mille fois plus pesant que l'air et de l'ébène mille fois plus pesant seulement, Salviati déclarait que la résistance de l'air retire au plomb un degré de vitesse sur dix mille, à l'ébène un degré sur mille. Il s'agit bien d'évaluations *relatives* et c'est très précisément ce que Mersenne n'a pas entendu.
A sa décharge, il faut ajouter que, dans son exposé, Salviati passe sans le dire

des diminutions relatives d'accélérations aux diminutions relatives de vitesses, ce qui n'est juste que par rapport à la variable temps et non pas par rapport à la variable espace parcouru. Mersenne a quelque excuse de ne pas avoir compris que le mot « vitesse » employé par Salviati recouvre tous les aspects de variation que celui-ci voit dans le mouvement, c'est-à-dire aussi bien ce que nous appelons strictement le vitesse que la variation de cette vitesse. C'est cette confusion des sens qui se trouve derrière le mot « vitesse » à la ligne 15.

P. 73 [*60*]

l. 1-3. Mersenne, en précisant, « chute de dix-mille pieds », ne traduit pas exactement Salviati, lequel prend la précaution d'en rester à des évaluations *relatives* et affirme exactement ceci : par rapport au mouvement de chute dans le vide, en l'absence de toute résistance, l'air provoque pour le plomb « un ralentissement » de 1 pour 10.000 et pour l'ébène de 10 pour 10.000. Mais il est vrai que Salviati passe du « ralentissement » sur la vitesse à la diminution des distances parcourues, ce qui n'est pas rigoureusement juste. Ce ne peut être vrai que *grosso modo* sur des durées de chute peu élevées, comme c'est le cas pour l'exemple dont il va être question : cf. la note suivante.

l. 4-6. Sur deux cents brasses (exemple donné par Salviati), c'est-à-dire environ 100 mètres de chute, soit à peu près 4 sec. 1/2 de durée de chute libre, la condition évoquée ci-dessus est convenablement remplie. Elle ne l'est pas pour la chute de dix mille pieds considérée par Mersenne (environ 6.000 brasses).
D'autre part, en maintenant pour le plomb l'avance de quatre doigts sur l'ébène, indiquée par Salviati, pour une chute de 200 brasses, Mersenne ne se préoccupe guère de conserver les rapports qui sont essentiels pour Salviati.

l. 8. Salviati précisait (D[1], p. 76 ; D[2], p. 120) qu'il s'agit de la vessie *gonflée.*

l. 11. Salviati rappelait que le « ralentissement » de l'ébène par rapport à la chute libre est de 1 pour 1.000, c'est-à-dire négligeable pour une chute du haut d'une tour. Et il pouvait ainsi ne considérer que le rapport de 1 à 4 pour la vessie.

l. 19-20. Ce n'est pas par hasard que Salviati divise en gros par 20 la hauteur prise pour exemple dans le cas de la chute dans l'air. Dans l'eau, le « ralentissement » est rapide et il faut raisonner sur des intervalles beaucoup plus petits.

l. 25. Salviati dit (D[1], p. 77 ; D[2], p. 120) : « non en comparant les différentes résistances des milieux ». En transcrivant « pourvu que l'on ne considère pas les diverses resistances », Mersenne trahit la pensée, mais c'est dans la logique de l'insuffisance de compréhension relevée depuis le début.

P. 74 [*61*]

l. 1. Mersenne suit assez fidèlement le texte de Salviati (D[1], pp. 77-78 ; D[2], pp. 120-121) tout au cours de cette page. Toutefois, dès cette première ligne, une remarque s'impose : Salviati dit « si nous *supposons*, par exemple, que l'étain est mille fois plus pesant que l'air et dix fois plus pesant que l'eau... », c'est-à-dire qu'il ne présente pas les chiffres dans une autre perspective que celle d'une illustration numérique et comparative. Mersenne prend ces chiffres en rigueur.

Il est aisé de constater que si l'on adoptait ce point de vue de Mersenne, il y aurait contradiction entre les densités données plus haut pour le plomb par rapport à l'air et à l'eau et les densités de l'étain, car les rapports de ces densités ne seraient pas égaux comme ils devraient l'être (égaux à la densité de l'air par rapport à l'eau).

l. 4. Il est certain que la phrase est ici très exactement la même que celle de Salviati et que cette phrase tombe sous les critiques déjà formulées plus haut : on ne saurait passer de la réduction des accélérations à la réduction des vitesses sans préciser par rapport à quelle variable on se situe.

l. 14. Salviati parle d'une boule de chêne, bois un peu plus lourd que l'eau. La remarque « comme sont plusieurs espèces de bois » renvoie peut-être aux études de Mersenne sur différentes variétés de bois du point de vue du son et de la densité : cf. *Harmonie Universelle,* livre III, Proposition XIII, pp. 182-183.

l. 15. La drachme équivaut à quelques grammes (de 4 à 6 selon le système de référence).

P. 74 [*62*]

l. 4. Il s'agit, bien entendu, de corps dont le poids spécifique est supérieur à celui de l'eau. Salviati le précisait explicitement et ajoutait : « par là-même des centaines de fois plus lourds que l'air » (D^1, p. 77 ; D^4, p. 121), phrase qui justifiait la suite, à savoir la possibilité de négliger « sans erreur notable » le ralentissement dû à l'air lorsqu'on le compare à celui dû à l'eau.

Mersenne conserve seulement « sans erreur notable », parce que l'exemple traité à la page précédente lui paraît une référence suffisante.

l. 6. Il s'agit de ce que Salviati désigne comme vitesse et pesanteur *absolues.*

l. 9-12. Salviati est plus clair : « entre leur vitesse dans l'air et leur vitesse dans l'eau il existe même rapport qu'entre leur gravité totale et l'excès de celle-ci sur la gravité de l'eau » (D^1, p. 78 *ad lim. ;* D^4, p. 121).

l. 13-19. Salviati prenait plus haut la densité de l'ivoire par rapport à l'eau égale à 2. Il la prend ici égale à 20/17. Rien ne permet de dire si cette dernière est à prendre plus en rigueur que la précédente. Il est curieux que Mersenne suive sans sourciller.

l. 23 sq. Mersenne ajoute ici une « Remarque » de son cru dont le rapport avec ce qui précède n'apparaît pas immédiatement. Pour comprendre ce rapport, il faut savoir que dans les *Nouvelles Observations,* I, à la fin de l'*Harmonie,* Mersenne affirmait sa préférence pour la loi de la chute réglée par la « raison doublée de temps », en se référant à des résultats d'observations et n'envisageait donc nullement la chute dans le vide. Il est donc certain que le texte des *Discorsi,* appliquant la « raison doublée » à la chute dans le vide considérée comme mouvement absolu, puis justifiant dans quelles conditions il en est à peu près de même dans l'air, amène Mersenne à réfléchir sur sa propre position.

Mais la « Remarque » qui suit traduit davantage une certaine perplexité qu'une assurance en ce qui concerne le mouvement que Galilée appelle absolu. Il

semble que le « encore » de Mersenne ne peut pas s'interpréter comme signifiant le caractère retardataire d'une opinion empruntant à Aristote, mais qu'il manifeste la nécessité ressentie par l'auteur de mentionner d'autres opinions contemporaines et différentes de celle de Galilée.
La référence à Aristote est, avec nos normes actuelles, *Physique* IV, 8, 215 b, 12 sq.

P. 74 [*63*]

l. 1-4. Dans les *Nouvelles Observations,* I, l'argument de Mersenne pour préférer la « raison doublée des temps » à la proportion en moyenne et extrême raison, proposée par Wendelin, consiste dans le fait que la chute jusqu'au centre de la Terre serait beaucoup trop rapide avec cette dernière règle. Au moment de situer les diverses opinions dont il veut faire mention, Mersenne a donc évidemment dans la tête ce qu'il a considéré comme un test, à savoir la durée de parcours sur une distance aussi grande que le rayon de la Terre.
La vitesse quasi infinie du mouvement dans le vide est bien chez Aristote une conséquence de l'hypothèse du vide, mais destinée par son absurdité à ruiner l'hypothèse. Mersenne semble faire allusion ici à une opinion qui consiste à détacher l'argument aristotélicien de son contexte et à admettre que le mouvement *absolu,* en l'absence de toute résistance d'un milieu, est effectivement quasi instantané comme « celui de la lumière ». Rappelons à ce propos que Mersenne souscrivait plus haut, p. 28, à l'opinion de Descartes concernant la vitesse extrêmement grande de la lumière, mais il ne s'agissait pas d'un mouvement dans le vide. Et il est possible que Mersenne, en évoquant ici la vitesse de la lumière, veuille glisser un argument favorable aux « tenants » de la position ci-dessous évoquée, à savoir : si nous avons avec la lumière l'exemple d'un mouvement quasi instantané dans tout milieu diaphane, *a fortiori* le mouvement absolu dans le vide quasi instantané est possible et non absurde.
Mais quels sont les « tenants » en question ? Il est impossible de préciser. Peut-être s'agit-il de Morin ou d'un autre des défenseurs de la physique péripatéticienne dont Paris n'est pas dépourvu. Dans une correspondance ultérieure (Descartes à Mersenne, 16 octobre 1639, *A-T*), Mydorge apparaît professer « l'infinie vitesse », mais on ne peut pas déterminer si cette profession de foi était déjà la sienne au moment où Mersenne rédigeait ce paragraphe des *Nouvelles Pensées.* (*A-T* II, p. 592, l. 22).

l. 5-7. Cette phrase de Mersenne éclaire quelque peu le débat. Face au mouvement *absolu* de Galilée, lequel est le même pour tous les corps, Mersenne se rappelle qu'il a déjà rencontré depuis longtemps des opinions du même genre et peut-être les comprend-il mieux : si le mouvement dans le vide est quasi instantané, il est le même pour tous les corps et on ne saurait le considérer comme varié, il est d'*égale vitesse* en lui-même et d'un corps à l'autre. Cette uniformité, cette égale vitesse, pour le mouvement dans le vide, Descartes les avait déclarées dans sa lettre à Mersenne du 13 janvier 1631 (*C.M.*, III, p. 24, en ajoutant : En quelque façon qu'on conçoive le vide, il est certain qu'une pierre qui s'y meut doit aller plus ou moins vite selon qu'elle aura été poussée avec plus ou moins de force, c'est-à-dire que Descartes pensait au mouvement inertial : uniforme pour de toutes autres raisons que la quasi-instantanéité, de vitesse déterminée suivant la « force » du jet. C'est-à-dire encore que pour Descartes et quoi qu'il en dise, la « façon de concevoir le vide » n'était pas indifférente. Il s'en expliquera mieux plus tard. Le 15 novembre 1638, à Mersenne : « Mon opinion n'est pas qu'un cors, étant poussé, ne puisse continuer à se mouvoir dans le vuide..., au contraire je tiens qu'il n'y peut jamais cesser de se mouvoir quand il a une fois commencé, mais bien qu'un cors n'aura aucune pesanteur dans ce vuide, c'est à dire aucune inclination a se mouvoir vers en bas plutost que vers les autres costez » (*A-T*, II, p. 442, l. 11-20). Et le 13 novembre 1639, à Mersenne encore : « Vous avez tres bonne raison de maintenir que, dans le vuide mesme, s'il est possible, une pierre iroit plus lentement ou plus viste, selon qu'elle auroit esté mue lentement ou viste... » (*ibid.*, p. 618, l. 25 - p. 619, l. 1), et plus loin : « Je croy bien que dans le vuide, s'il estoit possible, la moindre force pourrait mouvoir les plus grands cors, aussi bien que les plus petits, mais non de mesme vitesse. Car la mesme force feroit mouvoir une pierre double en grosseur, de la moitié moins viste que la simple » (*ibid.*, p. 622, l. 27 - p. 623, l. 3). Ces explications tardives de Descartes — tardives par rapport aux questions que Mersenne se pose au moment où il écrit les *Nouvelles Pensées* — permettent de comprendre ce que nous avons appelé plus haut la perplexité du Minime.

l. 8-14. En attendant les explications de Descartes, Mersenne n'a que le « sens commun » à opposer à ceux qui jouent avec le mouvement dans le vide et en tirent des propositions paradoxales. Mais ce n'en est pas fini des embarras. Les uns disent que le principe du « sens commun », selon lequel un missile va d'autant plus vite qu'il est lancé plus violemment, n'est véritable que dans le vide (parce que dans un milieu dense, la résistance croît avec la vitesse). D'autres aristotéliciens de stricte observance renvoient tous leurs interlocuteurs dos à dos en reprenant la vieille affirmation que dans le vide il ne peut y avoir aucun mouvement.
Ainsi la « Remarque » de Mersenne, qui se veut information objective des opinions différentes relativement à ce mouvement *absolu* qui est au cœur de l'élaboration de Galilée, se présente comme l'aveu d'une situation désespérée, encadrée par des extrêmes (mouvement quasi instantané et mouvement impossible) entre lesquels il n'y a que paradoxe et imbroglio.

Article XV (D^1, pp. 78-81 ; D^2, pp. 121-124)

l. 19. « Absolument » est ici de Mersenne. Salviati ne l'emploie que plus loin et s'exprime d'abord en termes plus courants en disant : « Si l'air possède la légèreté au lieu de la gravité ? »

l. 21-22. Aristote lui-même a conclu que l'air est pesant en comparant les poids de vessies gonflées et dégonflées (*Traité du Ciel*, IV, 4, 311 b, 9-10) et Salviati estime que l'expérience d'Aristote est bonne.

P. 74 [*64*]

l. 1-5. Depuis la ligne 22 de la page précédente, Mersenne suit d'assez près Sagredo (D^1, p. 79 ; D^2, p. 122), mais supprime ce qui motive sa déclaration. A savoir le doute émis par Simplicio sur l'interprétation de l'expérience d'Aristote en faveur de la pesanteur de l'air : l'outre ou la vessie gonflée pèse peut-être davantage, non pas à cause de l'air qu'elle contient, mais à cause des vapeurs qui s'y mêlent dans nos « basses régions » terrestres. A quoi Salviati faisait une réponse subtile, mais fine : le fait de considérer que l'outre gonflée, qui pèse davantage que dégonflée, est remplie par un mélange, n'autorise pas à attribuer l'augmentation de poids à un seul des composants de ce mélange (les vapeurs) et à éliminer le rôle de l'autre, c'est-à-dire de l'air pur, de l'air *élément aristotélicien*. Et c'est à Sagredo que Salviati laissait l'exclamation du

bon sens : quoi qu'il en soit de la nature de l'air, qu'il soit un élément ou quelque chose d'inséparable des « vapeurs » émises par la Terre, c'est dans cet air qu'il nous faut vivre et faire de la mécanique, et il n'est pas douteux que l'outre gonflée démontre, par son augmentation de poids, la pesanteur de ce qu'on y a introduit par compression.
Mais Mersenne omet encore un point important. Salviati (D[1], pp. 79-80 : D[2], pp. 122-123) conclut de manière précise contre l'existence de la légèreté en tant que propriété absolue et positive. L'outre gonflée devrait, dans l'hypothèse de cette existence, être plus légère et s'élever vers le haut, ce que l'expérience contredit.

l. 6 sq. Mersenne transcrit à partir de là le processus expérimental proposé par Salviati, mais il ne le fait pas de manière suffisamment claire.

1° Salviati explique comment, dans une bouteille munie d'une soupape dans son goulot, il introduit de l'air au moyen d'une seringue. Ceci jusqu'à comprimer dans la bouteille trois à quatre fois le même volume d'air. Mais avec impossibilité de fixer de manière précise cette compression.

2° D'où la nécessité d'opérer expérimentalement comme suit : prendre la bouteille contenant l'air comprimé, la peser, faire détendre l'air et mesurer à la fois le volume d'air sortant et la diminution de poids.

l. 17-21. C'est Mersenne qui ajoute ici une indication sur la comparaison des poids entre la bouteille contenant de l'air à l'état naturel et la bouteille contenant de l'air comprimé. Les chiffres qu'il propose proviennent-ils d'une expérience de sa part ? On peut en douter. La capacité d'une bouteille de verre courante pesant 1 livre est de l'ordre de 1 litre et 1/4 d'once française est pour Mersenne, d'après ce qu'il précise *infra* p. 67, le poids de 12 litres d'air environ (en réalité 6 litres). Il est difficile de créditer Mersenne d'une expérience qui exigerait de toute manière une compression beaucoup plus considérable que celle envisagée par Salviati. Il convient de penser plutôt à une illustration numérique donnée *grosso modo*.

P. 75 [*65*]

l. 6. La ponctuation est non moins défectueuse que l'expression. Le lecteur doit comprendre que l'air que l'on libère, à l'aide du fil de fer appuyant sur la soupape, chasse de la deuxième bouteille un *volume* d'eau égal à son propre volume. Il est évident que l'expérience est en réalité plus complexe à décrire, car l'expulsion de l'eau suppose une surpression de la part de l'air telle qu'il est difficile de dire en fin d'expérience si le volume expulsé correspond bien à un volume d'air à la pression atmosphérique. D'autre part, à supposer que cette correspondance soit exacte, en employant une deuxième bouteille comme cela est indiqué, le maximum de volume expulsé est le volume de cette bouteille ; d'où l'obligation de prendre ce volume assez grand si l'on veut pouvoir juger (comme Salviati le demandait) de l'air comprimé dans la première bouteille dans le rapport de 4 à 1. En fait, il faudrait que la deuxième bouteille soit quatre fois plus grande que la première.
Mais on ne peut exiger de Mersenne qu'il comprenne et exprime ce que Salviati lui-même néglige.

l. 11. Salviati annonçait sa deuxième méthode expérimentale comme étant « plus expéditive ». Mersenne dit « plus aysé », et il se trouve qu'il a raison. Car l'expérience ainsi conduite n'a pas seulement l'avantage de ne demander qu'une bouteille et d'être plus rapide, elle est aussi plus exacte. Elle permet de savoir au juste de combien on comprime l'air contenu dans la bouteille et surtout elle assure que la diminution de poids observée après décompression, correspond exactement au volume d'air égal au volume d'eau introduit.

l. 18. Mersenne n'est pas très bien inspiré en plaçant ici l'usage de la seringue que Salviati mentionnait pour le premier processus expérimental. Pour injecter de l'eau sans qu'il sorte d'air, il est évident que la seringue fixée au goulot n'est pas un dispositif sûr. Ayant conscience des pertes possibles, Salviati se gardait bien de se référer à ce dispositif, à cause duquel d'ailleurs, dans le premier processus, il disait impossible de savoir l'état de compression en fonction du nombre de coups de seringue.

P. 75 [*66*]

l. 1-7. Mersenne montre qu'il n'a rien compris à l'exposé de Salviati. Celui-ci indique très précisément qu'il y a deux pesées à faire :

1° La bouteille avec l'air et l'eau qui le comprime après injection aussi importante que possible ;

2° La bouteille allégée après ouverture de la soupape et détente de l'air, mais toujours avec la même eau.

C'est la différence qui donne le poids du volume d'air naturel égal au volume de l'eau injectée (cf. D[3], pp. 685-689).

l. 8-18. Les remarques ajoutées ici par Mersenne concernant la technique opératoire en fonction de la précision à atteindre, ne sont pas sans intérêt. Salviati (D[1], p. 79 ; D[2], p. 123) disait seulement qu'il fallait opérer avec un flacon de « grande capacité ». Mersenne a raison de demander qu'il soit aussi le plus léger possible, et de noter pourquoi : à savoir qu'avec « les balances en usage », plus la charge totale sur le fléau augmente, moins la balance est sensible. Toutefois, n'ayant pas compris exactement le mode opératoire, Mersenne ne voit pas que de toute manière on met sur la balance le flacon *et* une quantité d'eau qui sera évidemment d'autant plus importante que la capacité du flacon est grande. De telle sorte qu'en définitive la condition qu'il énonce pour sauvegarder la sensibilité est illusoire.

l. 19-24. Ici aussi les remarques de Mersenne sont intéressantes, mais dire que Galilée « use de grains de sable » pour mesurer une différence de poids défigure quelque peu, pour le lecteur, le mode opératoire. En réalité, Galilée use de sable pour faire le poids dans la première pesée *supra*, et c'est sur ce sable qu'il effectue un prélèvement pour rétablir l'équilibre dans la deuxième pesée. Naturellement, il faut ensuite peser ce prélèvement, mais la méthode est précise. Le lecteur aurait bien tort de croire que l'on doit avoir égard à un certain nombre de « grains » de sable.

Commentant les expériences de Galilée, Descartes écrira : « Sa façon de peser l'air n'est pas mauvaise, si tant est que la pesanteur en soit si notable qu'on la puisse appercevoir par ce moyen ; mais j'en doute » (lettre citée, *A-T*, II, p. 385, l. 12-14).

l. 25. Salviati (D[1], p. 81 ; D[2] p. 124) ne dit pas que l'expérience donne 400 pour densité de l'eau par rapport à l'air, mais il situe un ordre de grandeur par rapport à ce que donnait Aristote.

P. 75 [*67*]

l. 1-8. C'est en effet dans les *Nouvelles Observations,* I, p. 3, à la fin de l'*Harmonie,* que Mersenne indiquait la méthode qu'il imaginait pour mesurer la pesanteur de l'air et le résultat auquel il parvenait, à savoir que l'eau pèse 1.870 fois plus que l'air. Il est curieux de constater qu'ici Mersenne corrige, sans prévenir pour quelle raison, en parlant de 1.700 au lieu de 1.870.
La méthode de Mersenne consiste à chercher un corps qui descende dans l'air avec la même vitesse qu'un autre dans l'eau, et à raisonner ainsi : la pesanteur du premier corps par rapport à l'air est la même que celle du deuxième par rapport à l'eau. D'où la densité de l'air par rapport à l'eau quand on connaît les pesanteurs des deux corps. Sans discuter le fond du raisonnement, il faut constater que la recherche expérimentale proposée doit normalement conduire à des tâtonnements et ne saurait donc satisfaire à cette exigence de sensibilité que Mersenne affichait plus haut.
Précisons que la densité réelle de l'eau par rapport à l'air est 800 et donc plus proche de l'évaluation de Galilée que de celle de Mersenne.

l. 11 sq. Mersenne ne va pas apporter en réalité le résultat d'une expérience nouvelle à opposer à Galilée, mais il va essayer de confronter des conséquences qu'il croit pouvoir tirer du texte des *Discorsi* avec quelques-unes des données expérimentales déjà utilisées dans l'*Harmonie Universelle* et les *Nouvelles Observations.*

P. 75 [*68*]

l. 6-12 L' « experience perpetuelle », ce sont les données expérimentales que nous venons de rappeler : 12 pieds de chute dans l'eau et 48 dans l'air en 2 secondes sont bien les évaluations que Mersenne donnait dans les *Nouvelles Observations* (I, p. 3) pour la première, et dans le livre II de l'*Harmonie* (p. 126) pour la seconde.

l. 13-17. Mersenne semble prendre plaisir à embrouiller son lecteur. La diminution dans le rapport 3/4 résulte des données expérimentales qui sont propres à Mersenne et qu'il vient de rappeler. La diminution dans le rapport 1/12 est celle qui résulte du raisonnement de Galilée, tel qu'il a été discuté plus haut. Mersenne serait bien inspiré de s'exprimer clairement en disant : « au lieu que *pour Galilée* elle ne lui devrait... », ceci afin de bien marquer qu'il note ainsi une contradiction.

l. 18. Mersenne, retranchant 12 de 48, devrait évidemment mettre 36.

l. 19-21. Ici Mersenne oublie qu'il parlait de rapports et passant à des diminutions de distances parcourues écrit une phrase qui, au pied de la lettre, attribue à Galilée une diminution relative due à la résistance de l'eau de 1/48. Il est entraîné à cela par le mot *pied* et les expressions employées par lui plus haut, lignes 3 et 4. Ainsi, la seconde manière par laquelle Mersenne croit exprimer une contradiction entre ses propres données expérimentales et les données de Galilée est encore moins correcte que la précédente.

l. 21-27. Mersenne revient à l'évaluation qu'il donnait page 67, ligne 22, au ralentissement du plomb dans l'air, évaluation qu'il obtenait en appliquant les principes de Galilée. Il oublie comment il a lui-même calculé en multipliant

1/12 par 1/400. Et considérant le rapport 1/12 sous son aspect de ralentissement du plomb dans l'eau, il lui substitue le rapport 3/4 qu'il estime fondé sur l'expérience. Comment s'étonner que la valeur de la densité de l'air par rapport à l'eau, qui résulte de cette démarche inverse, soit différente de celle de Galilée et neuf fois plus faible, dans le rapport même de 3/4 à 1/12 ?

P. 76 [*69*]

l. 2-4. Les explications précédentes nous permettent d'apprécier à sa juste valeur l'effort de Mersenne pour ne pas « dissimuler » à son lecteur les erreurs de Galilée. La volonté affichée par Mersenne dès le début des *Nouvelles Pensées* de relever ce qui est « contre l'expérience, afin que nul ne soit préoccupé d'aucune erreur » (p. 1), trouve donc ici une application malheureuse. Il est difficile de faire le partage entre le souci légitime de la conformité avec l'expérience et le désir de contredire Galilée en recourant à des « manipulations » numériques plus ou moins conscientes et de ce fait plus ou moins honnêtes, manipulations d'ailleurs aberrantes.

Article XVI (D^1, pp. 81-83 ; D^2, pp. 124-127)

l. 12 sq. Mersenne condense le dialogue entre Simplicio et Salviati et entremêle leurs dires. C'est Simplicio qui se demande si le volume d'air « qui paraît peser, mettons 4 drachmes de sable », les pèse réellement ; et c'est Salviati qui développe l'argument en disant qu'en effet lorsque l'air comprimé « est remis en liberté dans son élément » il ne pèse plus rien, contrairement au sable, donc qu'il faudrait peser dans le vide « où les corps graves manifestent leur propriété sans aucune altération ». Simplicio acquiesce, mais déclare que c'est impossible (D^1, pp. 81-82 ; D^2, pp. 124-125).

P. 76 [*70*]

l. 1-2. Salviati répond en effet à Simplicio que l'impossible est déjà accompli, car la pesée de l'air effectuée dans les expériences critiquées par lui a déjà été, en fait, une pesée dans le vide.

l. 3-6. La transcription du raisonnement de Salviati est approximative. Ce raisonnement consiste plus précisément à dire que l'air comprimé dans la bouteille (dans le cas du premier mode opératoire) ne modifie rien à la réaction de l'air ambiant (puisqu'il n'y a pas changement de volume de la bouteille, et c'est ce que Mersenne exprime en disant qu'il n'y a pas « impression » sur l'air extérieur), et par conséquent que cet air « ne s'immerge pas dans le milieu ambiant, puisqu'il n'occupe aucune place ». Peser la bouteille revient *pour le contenu* de cette bouteille à peser dans le vide (D^1, pp. 82-83 ; D^4, pp. 125-126).

l. 7-11. Mersenne retient une explication effectivement donnée par Salviati et qui ne vaut rien. Car le raisonnement ci-dessus est indépendant de *la nature* du contenu de la bouteille et subsiste si au lieu de comprimer de l'air à l'intérieur on y introduit une pierre. Salviati est donc pris en défaut et il serait aisé de lui faire remarquer que dans le cas d'une pierre, il ne saurait prétendre faire appel aux vides intermoléculaires que l'on peut imaginer au moment où cette pierre est introduite dans l'air naturel de la bouteille. Mersenne manque l'occasion d'une objection pertinente.

l. 12-14. Mersenne comprend mal Salviati. Celui-ci, très conscient du fait que les différences de pesées donnent le poids *absolu* de l'air comprimé sous la forme d'un poids *relatif* d'une certaine quantité de sable, dit plus clairement : « L'air pesé est un peu moins lourd que son contrepoids de sable. » En disant que les grains de sable pèsent « moins qu'il ne faut », Mersenne trahit donc son incompréhension ; il croit qu'il faudrait rechercher le poids *absolu* du sable pour avoir celui de l'air pesé et sa phrase suggère au lecteur une conclusion directement inverse à celle de Salviati.

l. 14-18. Remarque de Mersenne liée à l'affirmation de Salviati faite plus haut (D[1], p. 80 ; D[2], p. 123) concernant la possibilité de refouler dans un flacon trois à quatre fois son volume d'air. Ici Mersenne tire de manière pertinente la conséquence logique de l'imagination proposée concernant les vides intermoléculaires.

l. 18-22. Mersenne comprend, en définitive, que l'air comprimé pèse *absolument* autant que s'il était à l'état naturel parce que la compression consiste simplement à supprimer du vide. C'est encore là une conséquence logique de ce qui précède, mais ce n'était pas ainsi que Salviati tentait besogneusement d'expliquer en quoi la différence des pesées d'une bouteille permet d'atteindre le poids absolu du contenu.

l. 23. Les « plusieurs autres manières de peser l'air » sont en réalité de Mersenne. Cf. *Harmonie Universelle*, Livre I, Prop. XVII, p. 32, Prop. XXX, corollaire I, p. 68 et aussi *Livre de l'Utilité de l'Harmonie*, Prop. I, pp. 2-3. En fait, Mersenne fait ici une référence discrète à son œuvre propre.

P. 76 [*71*]

Article XVII (D[1], pp. 84-88 ; D[2], pp. 128-131)

l. 5 sq. L'éloge de Mersenne est bien venu, mais il ne rapporte que mal et partiellement les attendus de Galilée. Selon Salviati, les inconvénients de la chute libre sont doubles lorsqu'on se sert de deux mobiles ayant des poids très différents.

1° Si la hauteur est grande, le mobile le plus léger reçoit de la part du milieu à « ouvrir et repousser latéralement » une résistance beaucoup plus grande que le mobile le plus lourd : il reste donc sensiblement en arrière ;

2° Si la hauteur est faible, on ne remarquera pas la différence qui sera alors imperceptible.

D'où l'idée de répéter plusieurs fois une courte descente pour obtenir un temps aisément observable (D[1], p. 84 ; D[2], p. 128).

l. 15. Le choix du plan incliné est envisagé par Salviati parce qu'il permet d'observer des mouvements lents pour lesquels le facteur résistance du milieu est faible par rapport à la gravité.

l. 16. Salviati dit : « peu élevé au-dessus de l'horizontale ». Mersenne ne prend pas garde à cette précision concernant une faible inclinaison.

l. 17-19. Il subsiste en effet un phénomène de frottement dû au contact des mobiles avec le plan. La raison avancée ici par Mersenne traduit mal le phénomène précis invoqué par Salviati.

l. 20-21. Galilée parle de fils longs de 4 à 5 brasses.

P. 76 [72]

l. 2-4. Salviati prend soin d'indiquer qu'il lâche les deux boules *en même temps,* ce qui est essentiel.

l. 4-6. Le texte italien parle d'une égalité de période entre le corps lourd et le corps léger, telle que le premier, sur cent vibrations, comme sur mille, n'accomplira pas ses allées et retours avec la plus petite avance temporelle.

l. 8-10. La ponctuation est défectueuse : une virgule devrait remplacer les deux points. Au lieu de « autant que celuy », mieux vaudrait « autant que ceux », puisqu'il y a pluriel au début de la phrase concernant les « tours et retours ».

l. 11. Salviati indique pour le liège 5 à 6° et pour le plomb 50 à 60° d'arcs traversés en des temps égaux, mais c'est afin de bien mettre en évidence que si la résistance de l'air se manifeste ainsi plus forte pour le liège que pour le plomb, il n'y a pas de conséquence sur la période de l'oscillation. Consulter sur ce point A. Mieli, *Il tricentenario dei Discorsi,* art. cit., pp. 234-238.

l. 12 sq. Simplicio déclarait pourtant : la vitesse du plomb n'est-elle pas plus grande ? Pour lui répondre, Salviati proposait d'écarter le liège de 30° par rapport à la verticale et le plomb de 2°, en affirmant que les arcs de 60° comme de 4° sont parcourus là encore dans le même temps. Salviati insistait donc sur le fait que les vitesses linéaires peuvent être très différentes, mais que cela n'empêche pas l'égalité des périodes.

l. 16-18. Salviati concluait : « ainsi, à des moments différents, tantôt le plomb, tantôt le liège sera plus rapide. Mais si les mêmes mobiles passent en des temps égaux des arcs égaux, on pourra dire alors certainement que leurs vitesses sont égales » (D^1, p. 86 ; D^4, p. 130 *ad lim.*).

l. 19. Mersenne fait appel à ses propres observations sur les pendules (cf. *Harmonie Universelle,* Livre II, prop. XIII à XVI, pp. 131 sq.).

l. 21 sq. Mersenne contredit ici l'affirmation de Galilée selon laquelle toutes les oscillations du pendule sont isochrones, que l'arc décrit soit de 90, 50, 20, 10 ou 4° (D^1, p. 85 ; D^2, p. 129 *in fine*), et il a raison de penser que l'isochronisme n'est pas réalisé quelle que soit l'amplitude.

P. 77 [73]

l. 1-4. Il est ici indéniable que Mersenne marque un avantage et que l'expérience qu'il décrit est digne d'un musicien habitué à distinguer les sons. Mais il faut certainement une oreille exercée pour constater précisément au son que les deux pendules de même longueur, lâchés à des hauteurs différentes (90° et 15°) en même temps, frappent la planchette (ais) placée à la verticale du point de suspension à des instants distincts.
Mersenne n'est pas pris au dépourvu par le problème des pendules. C'est pour lui une vieille connaissance, et dans l'*Harmonie* il en parlait plusieurs fois : notamment *Livre II des Mouvements,* Prop. XV, et au *Livre des Instruments,* I, Prop. XIV et XX.

l. 5-14. Ces évaluations de Mersenne se trouvaient dans la Prop. XIX du *Livre I des Instruments*, p. 46, et l'on ne saurait douter qu'elles provenaient d'observations de sa part.
Ici Mersenne ajoute cependant quelque chose. A savoir qu'il pense que l'entretien de l'amplitude pour le pendule qui s'écarte le plus de la verticale permettrait de multiplier presque par 4 l'écart observé entre les rythmes des deux pendules. Ce qui justifie le « sensiblement plus longtemps » de la page précédente (72), l. 22.

l. 15-16. Cf. *infra*, pp. 84-87.

l. 20-21. Salviati remarquait que l'action du milieu ralentit davantage les vibrations du liège (sans modifier leur fréquence). Mersenne attribue à la même cause le moindre nombre d'oscillations de la boule de liège.

l. 23. Cf. *infra*, pp. 98-104.

P. 77 [*74*]

Article XVIII (D^1, pp. 88-91 ; D^2, pp. 131-135)

l. 6 sq. Constatant, en accord avec la conclusion de Salviati, que les boules de plomb et de liège conservaient des vitesses égales sur des arcs égaux, Sagredo concluait que « la gravité intérieure des mobiles ne contribue en aucune façon à diversifier leurs vitesses », et demandait à quel facteur rapporter les inégalités évidentes de mouvements que l'on observe avec les corps de même poids spécifique (D^1, pp. 87-88 ; D^4, p. 131).
Salviati va répondre en considérant des corps identiques par la matière et par la forme, mais non par la taille. C'est ce que ne précise pas Mersenne.

l. 6. Salviati parle d'aspérités et de creux.

l. 10 sq. Le texte italien mentionne également le vent produit par la rotation d'un solide de forme ronde.

l. 12-13. Salviati déclare que même les corps les plus arrondis font entendre un bruissement au cours de leur déplacement rapide dans l'air ; mais ajoute que « ce bruissement devient sifflement et ronflement si quelque creux ou proéminence plus importante marque leur surface » (D^1, p. 88 ; D^4, p. 132).
Dans la phrase de Mersenne « ce qui n'arrive pas aux corps polis » se rapporte au fait « des sons plus ou moins aigüs » et non pas au fait pur et simple de « faire des bruits ». On peut s'y tromper, à lecture rapide. La ponctuation est ici encore défectueuse.

l. 15-16. Précision absente du texte italien.

l. 17-20. La formulation de Salviati est plus claire et semble paradoxale à Simplicio : les aspérités des corps solides diminueront la vitesse de leur chute en heurtant le milieu, « d'autant plus que la surface sera plus importante, ce qui est le cas des solides plus petits comparés aux plus grands » (D^1, p. 88 *in fine* ; D^4, p. 132).
Mersenne note bien que la résistance au mouvement croît avec la surface du corps et que celle-ci peut croître relativement par rapport au volume, mais il ne retient pas l'affirmation paradoxale selon laquelle cette croissance relative est liée à la diminution des dimensions du corps. Il se contente des chiffres qui vont être donnés page 75.

l. 21-22. Ajout de Mersenne.

P. 77 [75]

l. 1 sq. Salviati énonçait d'abord le principe : dans le cas de solides *semblables*, le rapport des volumes est plus grand que le rapport des surfaces : autrement dit, le volume (donc le poids) diminue beaucoup plus fortement que la surface. Salviati illustre le principe sur un dé dont il ne précise pas la matière. Mersenne reprend les chiffres du texte italien.

l. 2-3. Il faut comprendre : 2 pouces de long pour chaque arête, donc 4 pouces carrés pour chaque face.

l. 12-13. Par solidité, Mersenne semble vouloir rendre à la fois l'idée de volume et celle de poids (p. 76, l. 14, il parle de solidité ou pesanteur), que Salviati considère comme équivalentes dans la perspective où il s'est placé (corps de même espèce).

l. 24-25. Salviati dit : « des centaines et des centaines de fois », et ajoute que ce phénomène se produit pour tous les solides semblables dont les volumes sont en proportion sesquialtère des surfaces (D^1, p. 90 *in fine ;* D^2, p. 134). Il explique plus loin cette proportion (D^1, p. 91 ; D^2, p. 135).

l. 25-27. Remarque de Mersenne qui constitue un passage à la limite frappant, mais trompeur. La surface d'un grain de la poussière impalpable est sans doute par rapport à celle d'un grain de sable dans un rapport beaucoup plus grand que celui des « solidités ». Mais elle est néanmoins fort petite.

P. 77 [76]

l. 1-5. Telle est la conclusion que Simplicio refusait d'abord d'admettre (D^1, p. 89 ; D^2, p. 132 *in fine*).

l. 6-7. Remarque de Mersenne qui est appelée par la mention du sable et de la poussière qui avait été ajoutée par lui, *supra*, p. 75, l. 22-23. Mersenne ne semble pas voir la difficulté qui réside dans cette propriété de la sphère que Sagredo énonce (D^1, p. 92 ; D^2, p. 136), à savoir que la sphère a la plus petite surface pour un volume donné. Cette propriété complique le raisonnement qui est ici en question lorsqu'on passe d'un cube d'un certain volume à une boule de volume plus petit. Le rapport des volumes n'est plus petit que le rapport des surfaces qu'à l'aide d'évaluations que Mersenne est évidemment incapable de faire.

l. 7 sq. Mersenne revient sur les données établies plus haut et sur des faits mentionnés par Salviati, qu'il avait alors passés sous silence.

l. 14 sq. Sagredo demandait à Salviati pourquoi, de deux corps de même matière, les plus grands pouvaient descendre dans un milieu donné en moins d'une seconde sur une distance que les plus petits ne parcourraient ni en une heure, ni en vingt : et il prenait l'exemple des pierres et du sable fin ne descendant que de deux brasses en une heure à travers une eau trouble (D^1, p. 88 *ad lim. ;* D^2, p. 131 *in fine*).
En mentionnant la poudre d'émeri et d'étain qui flotte, Mersenne semble vouloir illustrer par l'expérience son affirmation de la page 74, lignes 21-22.

l. 22 sq. Cf. *supra*, pp. [*36*] sq. et notes *ad loc.* (D^1, p. 53 ; D^2, p. 97).

P. 78 [77]

l. 1-2. Mersenne suit Salviati qui remarquait en effet que les feuilles d'or dont les artisans se servent pour recouvrir les cylindres d'argent sont « si minces qu'elles flottent *presque* dans l'air » (D^1, p. 53 ; D^2, p. 97). Mersenne s'imagine que si l'on pouvait détacher la surface dorée et le fil d'argent (« réduit à la finesse d'un cheveu de femme » après l'étirement), on aurait un corps tellement mince qu'il « nagerait dans l'air, sans y pouvoir descendre ».

l. 3-11. A défaut d'expérience à partir d'une feuille retirée sur un fil étiré, Mersenne se propose de faire le calcul de la surface que devrait avoir un corps pour flotter dans l'air. Mais il ne s'exprime pas très clairement. Il semble prendre une feuille d'or qui flotte sur l'eau, et supposer qu'on puisse étendre *cette* feuille de manière à lui donner une surface 100 fois plus grande. De sorte que si l'air pèse 100 fois moins que l'eau, la feuille étendue reçoit la même poussée d'Archimède que la première sur l'eau. A la page précédente, page 76, lignes 22-23, Mersenne parle bien de feuilles d'or qui flottent sur l'eau et que l'on peut « quasi prendre pour de simples surfaces », c'est-à-dire qu'il pense *surface* là où la poussée d'Archimède demande à penser *volume.* C'est évidemment là un raisonnement fallacieux et la remarque de Mersenne n'a aucune valeur.

l. 13 sq. Mersenne revient à l'explication de Salviati signalée *supra* dans la note page 75, lignes 24-25, au sujet de la proportion des volumes aux surfaces et il le fait avec une emphase quelque peu déplacée : « un Problème de Géométrie en faveur des surfaces ». Cela se réduit en réalité à quelque chose de bien élémentaire, mais sur quoi il va revenir parce qu'il est surpris par le terme de sesquialtère.

P. 78 [78]

l. 1 sq. Mersenne explicite le vocabulaire mathématique courant pour son temps et pour son milieu. Le mot « raison » est entendu comme le mot « rapport » dans le langage qui est encore classique de nos jours. Le verbe « oster » s'applique à la composition d'un rapport *inverse.* Pour en rester aux exemples donnés, oster la raison double à la raison triple, c'est composer le rapport 3 avec l'inverse du rapport 2. A étant le triple de B et B la moitié de C (rapport inverse de 2), A est les 3/2 de C. Pour Mersenne comme pour ses contemporains français, c'est là la raison sesquialtère. Ce n'est pas ce qu'il faut appliquer dans le rapport des volumes aux surfaces. Un volume est le cube de la dimension linéaire et celle-ci la racine carrée de la surface, de sorte que de la surface au volume le rapport à considérer est le cube de la racine carrée, ce qui s'exprimera par la *puissance* 3/2 lorsqu'à la fin du XVIIe siècle on introduira l'usage des puissances fractionnaires (Wallis, Leibniz). En attendant cette notation suggestive, Mersenne a raison de noter combien le vocabulaire de Galilée est surprenant, tout en reconnaissant que ce vocabulaire correspond à un usage chez Archimède.

P. 78 [79]

l. 1-6. « Pour éviter l'obscurité », Mersenne propose cependant une mauvaise solution parce que le mot « raison double » a en définitive dans sa bouche *deux sens,* le sens de multiplication par 2 et le sens de produit par soi-même ou de *carré.* Mais sans doute s'aperçoit-il de l'ambiguïté de son expression « raison double ou doublée » de la ligne 2, et c'est pourquoi il développe le paragraphe suivant sans toutefois mettre suffisamment l'accent sur la distinction qu'il adopte entre raison double (= rapport 2) et raison doublée (= composition de 2 raisons égales = carré puissance 2).

P. 78 [*80*]

l. 3-4. Mersenne a donc voulu éviter ici au lecteur une méprise fâcheuse et défavorable à Galilée. Mais le fait de le signaler entre évidemment dans le souci de l'auteur de paraître objectif.

Article XIX (D[1], pp. 92-94 ; D[2], pp. 135-138)

l. 7-10. Le titre de l'article reprend, mais sans suivre de près le texte italien, une demande de Sagredo : « Si la résistance du milieu peut suffire à mettre un terme à l'accélération de corps très pesants, très volumineux et de forme sphérique ? » (D[1], p. 92 ; D[4], pp. 135-136). L'interlocuteur de Salviati présente, immédiatement après cette « première difficulté », une seconde difficulté qui a trait aux vibrations des pendules, problème évoqué par Mersenne à l'article XX suivant.

l. 11. Sagredo déclare considérer la forme sphérique, afin de « choisir le volume compris sous la plus petite surface et par conséquent le moins susceptible d'être ralenti ». Ce choix s'inscrit dans une certaine continuité de recherche à laquelle Mersenne n'est pas sensible. Si à volume donné, la sphère est la forme qui donne la plus petite surface, résoudre le problème du ralentissement par la résistance du milieu jusqu'à annulation de l'accélération pour les corps sphériques, c'est assurer la possibilité du phénomène, *a fortiori,* pour les corps ayant d'autres formes.
De plus, en associant la propriété si longuement étudiée à l'article XVIII précédent et la propriété de la sphère ci-dessus énoncée, il est aisé de formuler ceci : plus un corps est grand, moins sa surface est grande relativement à son volume, et à volume donné la forme sphérique donne le minimum de surface. On peut donc se demander si en prenant des boules de plus en plus grandes, on ne diminue pas la résistance au mouvement au point de rendre impossible le ralentissement cherché.

l. 11-20. Salviati dit mieux et plus brièvement : « Il n'y a pas de sphère si grande ni de matière si pesante, dont la résistance du milieu, fût-il le plus ténu, ne réduise l'accélération et ne finisse par rendre le mouvement uniforme » (D[1], p. 93 *ad lim. ;* D[4], p. 136). Salviati parlera, dans la Quatrième Journée, d'une boule de fer ou de plomb (D[1], p. 249 ; D[2], p. 279).

l. 20-24. Salviati considère un boulet d'artillerie ayant atteint dix degrés de vitesse après une chute dans l'air de 4 brasses et qui rencontre alors un plan d'eau. Il dit que dans l'hypothèse où un corps qui tombe dans un milieu quelconque serait capable *d'acquérir* n'importe quel degré de vitesse, c'est-à-dire aurait toujours une *accélération positive,* le boulet d'artillerie en question devrait (à moins que le choc sur l'eau n'annule complètement son mouvement) pénétrer et, sinon augmenter sa vitesse, du moins la conserver. Autrement dit, Salviati distingue bien le phénomène du choc, qui retranche sur la *vitesse acquise,* et ce qui fait suite, à savoir dans l'hypothèse considérée un mouvement au moins uniforme, sinon à accélération positive. Or, ajoute-t-il, l'expérience prouve que la chute du boulet dans l'eau est si ralentie qu'au bout de quelques brasses seulement « il heurte légèrement le fond », ce qui signifie que sa vitesse n'a cessé de décroître. Nous dirions aujourd'hui : son accélération est devenue *négative*. L'expérience contredit donc l'hypothèse.

Tel est le raisonnement que Mersenne ne comprend pas. Ici, dans le début de sa transcription, il fait dire à Salviati que « l'eau prive incontinent la balle de plomb de la vitesse acquise en tombant de 4 ou 5 toises », alors que celui-ci prenant un boulet et 4 ou 5 brasses — données plus favorables à l'action de la résistance de l'eau — se plaçait explicitement dans le cas où la vitesse acquise n'est pas complètement annulée. Le mot « incontinent », qui est de Mersenne, prouve qu'il a seulement conscience du phénomène de choc.

P. 79 [*81*]

l. 3. Par « semblable vitesse », il faut entendre : une vitesse égale à celle que l'eau a ôtée au boulet dans le choc.

l. 4-6. Mersenne ne prête aucune attention à l'expérience relatée dans la note *supra*, page 80, lignes 20-24, et sur laquelle Salviati fonde sa contradiction. Il ne retient qu'un argument d'allure paradoxale ajouté par Salviati et le transcrit mal.

Salviati ajoute en effet : « Car pourquoi l'eau laisserait-elle le boulet prendre de la vitesse sur 1000 brasses pour la lui retirer *ensuite* sur 4 brasses ? » (D^1, p. 93 ; D^4, p. 137). C'est-à-dire que celui qui se refuserait à tirer comme Salviati, et immédiatement, la leçon de l'expérience serait contraint à le faire un peu plus tard. Car l'hypothèse à laquelle il s'accroche doit l'amener inéluctablement à conclure que le boulet retrouve sur un certain parcours, peut-être très grand, la vitesse qu'il avait au moment de son choc sur l'eau, ce qui reproduit les conditions de ce choc et doit entraîner une chute de vitesse analogue. Il est impossible de sauver de cette contradiction l'hypothèse d'un comportement uniforme (accélération $\geqslant o$) du milieu.

Mersenne croit donner de la formule de Salviati une expression équivalente, mais il s'en faut de beaucoup puisqu'il y manque l'essentiel, à savoir la reproduction du phénomène de choc à une certaine distance du début.

C'est sur cette reproduction que Salviati pourrait être attaqué, mais encore faut-il pour cela saisir l'importance de cet élément dans son argumentation.

l. 7-10. Salviati parle de « l'énorme impeto » du boulet affaibli par la traversée de quelques brasses d'eau.

l. 10-12. Exemple propre à Mersenne.

l. 13 sq. Il ne s'agit pas en vérité d'une « autre preuve », mais d'une autre expérience que Salviati avouera ne pas avoir faite, dans la Quatrième Journée (D^1, p. 249 ; D^2, p. 279). C'est un cas typique d'expérience imaginée. Mersenne la transcrit à peu près correctement, mais ne va pas l'interpréter avec précision.

l. 17. Le texte italien parle de 5 à 6 brasses au-dessus du sol.

l. 18-20. Mersenne a bien compris que l'expérience a pour but de montrer que l'air est capable de « rompre » la vitesse du projectile, mais en parlant de la « balle qui descend de la tour », il devrait redire qu'il s'agit d'un projectile tiré vers le bas. C'est l'identité des conditions de mouvement initiales qui donne valeur à la comparaison des tirs sur des hauteurs différentes et permet d'affirmer le ralentissement dû à la résistance de l'air.

Le qualificatif d' « étrange » est de Mersenne. Dans la Quatrième Journée (D[1], p. 249 ; D[2], p. 279), Salviati dira que la vitesse des projectiles tirés par les armes à feu est « surnaturelle ».

l. 21-25. C'est Salviati qui affirme que le boulet tiré contre une muraille par une couleuvrine à une distance de 20 brasses fait plus de dégâts que le même boulet tombant verticalement d'une hauteur si grande soit-elle. Sagredo n'y croit pas et évoque un boulet tombant depuis la lune (D[1], p. 94 ; D[2], p. 137). Mersenne combine les deux données du dialogue, mais le mot « apparence » qu'il emploie pour appuyer l'opinion de Salviati n'est pas conforme à l'esprit de la réponse de celui-ci à Sagredo, à savoir que pour les choses qui sont hors de portée de l'expérience, on peut avancer ce que l'on veut. Les deux pages qui suivent vont cependant essayer de situer ce qui est expérimentable et c'est peut-être en raison de cela que Mersenne tire la conclusion d' « apparence » en faveur de l'affirmation de Salviati contre Sagredo.

P. 79 [*82-83*]

Les deux pages suivantes de Mersenne sont très confuses et l'on ne peut en saisir la trame qu'en se référant de près au texte de Salviati. Celui-ci, se fondant sur l'oscillation d'un pendule lourd « qui remonte à peu près d'autant qu'il est descendu », posait comme très vraisemblable le principe qui sera plus tard illustré par Huygens, à savoir : « un corps grave tombant d'une certaine hauteur possède à son arrivée le même *impeto* qui suffirait à l'élever à ladite hauteur » — ceci bien entendu dans le vide (cf. D[1], p. 94 ; D[2], p. 138). Dès lors, Salviati imaginait l'expérience consistant à faire, dans l'air, un tir vertical vers le haut avec une pièce d'artillerie et à comparer l'effet du projectile à la retombée avec l'effet du tir de blanc en blanc, ou de but en blanc à courte distance. Ce dernier est caractéristique de l'*impeto* de départ pour le tir vertical. Si l'expérience prouve que le premier de ces effets est inférieur au second, elle aura démontré que la résistance de l'air a absorbé de l'*impeto* au cours du mouvement ascendant et descendant du boulet (D[1], *ibid.;* D[2], *ibid.*).
Il est bien clair que Mersenne n'a pas compris ce raisonnement qui se passe parfaitement d'évaluations chiffrées et consiste essentiellement à substituer à une égalité théorique une différence dans un certain sens.
Du long discours où Mersenne embrouille son lecteur, on peut cependant sauver quelques lambeaux raisonnables :

1° De ses expériences comme des informations qu'il a recueillies concernant les tirs d'armes à feu, Mersenne a retenu quelques données : la vitesse de la balle d'arquebuse à la sortie de l'arme est de l'ordre de 70 toises/seconde ; en tir vertical vers le haut, la balle d'arquebuse met à peu près 12 secondes à retomber (moitié de la durée complète de l'expérience) et le boulet de canon à peu près deux fois plus, soit 24 secondes.

2° La connaissance de la vitesse de 70 toises/seconde pour la sortie de l'arquebuse permet de situer la difficulté de la question posée par Sagredo. Les tables de la Chute de l'*Harmonie Universelle* permettent à Mersenne de calculer que la balle d'arquebuse pourrait bien, théoriquement, acquérir en chute libre une vitesse supérieure à 70 toises/seconde et cela assez rapidement « quasi dans un moment » et « supposé que l'air n'empêche pas » (p. 83, l. 10-11). Il suffirait en effet de 21 secondes pour que la vitesse moyenne dans la dernière seconde atteigne théoriquement 82 toises/seconde $[2 \times (2 \times 20 + 1)]$, mais cela supposerait la disposition d'une hauteur de chute de $2 \times 21^2 = 2 \times 441$ toises (ici Mersenne se trompe en oubliant le coefficient 2) et l'on n'a pas de « si grande hauteur dont on puisse laisser choir » pour expérimenter correctement, pour voir si effectivement une chute dans l'air permet d'atteindre ou de dépasser la vitesse du tir de blanc en blanc, à la sortie de l'arme.

3° Le tir vertical au canon permet d'escompter sur une retombée de 24 secondes, donc de combler la difficulté expérimentale ci-dessus. Cette durée, double de celle de l'arquebuse, situe un *impeto* de départ beaucoup plus important pour le canon que pour l'arquebuse (p. 83, l. 22-23), et donnerait, en l'absence de la résistance de l'air une vitesse de 94 toises/seconde $[2 \times (2 \times 23 + 1)]$ dans la dernière seconde de chute libre. Cette vitesse serait, d'après le principe de Salviati, la vitesse « au premier moment de la projection » (p. 84, l. 7), mais si l'on doute de la validité de ce principe, il reste qu'on peut « expérimenter combien le boulet entre dans la terre » (p. 83, l. 25-27) et estimer par là combien la résistance de l'air a enlevé de vitesse par rapport à 94 toises/seconde.

4° Seulement cela n'apprend pas si le boulet est ou non capable de retrouver en chute la vitesse de projection initiale. Dans le cas de l'arquebuse où la retombée libre de 12 secondes ne conférerait à la balle que 46 toises/seconde dans la dernière seconde, il y a, contre Salviati, un grand décalage par rapport à la vitesse de projection (70 t/sec.) (p. 83, l. 5-11). Et on peut penser qu' « apparemment » il n'y a pas à attendre avec le tir au canon une situation plus favorable. C'est-à-dire que le décalage entre la vitesse théorique en fin de retombée libre et la vitesse de projection interdit de penser qu'on puisse jamais rejoindre celle-ci (p. 84, l. 1-3).

Tel est le sens raisonnable que l'on peut donner aux propos de Mersenne en recomposant complètement son exposé. Mais la recomposition exigée témoigne du fait que Mersenne n'avait de ce sens raisonnable qu'une conscience très confuse.

En ce qui concerne les expériences de Mersenne sur le tir à la verticale, voir les indications générales fournies en *C.M.*, V, Appendice IV, pp. 618-622.

Nous nous limiterons ici à quelques données. Le problème du tir à la verticale, sur lequel Mersenne n'a cessé de revenir, semble avoir son origine vers 1631-1632 (correspondance avec Rey : cf. par exemple *C.M.*, III, p. 247 et renvois *ad loc.*). Mersenne entretient également Descartes sur cette matière en 1634 (cf. *A-T*, I, pp. 287 et 293) ; plus tard, Mersenne professe que si l'on tire verticalement et *si les missiles retombent* (cf. plus bas), ils ne mettent pas plus de temps à descendre qu'à monter (*C.M.*, V, pp. 581 et 583). C'est en se fondant sur cette supposition que, dans l'*Harmonie Universelle*, il avance des données chiffrées (que l'on retrouve en partie ici) sur une balle d'arquebuse tirée verticalement en l'air (cf. *Livre III des Mouvemens*, Prop. XXIII, p. 222 et renvoi aux tables de chute du livre II, Prop. V, pp. 100 sq.). Sur les expériences de balistique auxquelles Mersenne a assisté, cf. sa lettre à Gassendi du 17 novembre 1635 (*C.M.*, V, pp. 484 et 488) et la lettre de Doni à Mersenne de mai 1636 (*C.M.*, VI, éclaicis[ts], pp. 85-86) ainsi que les analyses de Mersenne dans le livre *De l'utilité de l'Harmonie*, Prop. VI et VIII, pp. 37-44. Varignon, dans un ouvrage publié en 1690 et intitulé : *Nouvelles conjectures sur la pesanteur*, nous propose une gravure représentant un canon flanqué de deux observateurs, dont l'un est Mersenne, qui regardent vers le haut avec l'inscription : « Retombera-t-il ? » (Cf. R. Lenoble, *Mersenne et la naissance du mécanisme*, *op. cit.*, p. 475, et *C.M.*, VII, pp. 371-372). Il semble en effet que Mersenne ait eu un doute sur le fait qu'un boulet tiré exactement à la verticale puisse retomber. La retombée lui paraît certaine lorsque le tir n'est pas exactement vertical.

P. 79 [*84*]

Article XX (D[1], pp. 95-97 ; D[2], pp. 139-141)

l. 14-15. Mersenne, poursuivant la lecture des *Discorsi,* transcrit en omettant, une fois de plus, des données qui sont ici d'importance. Salviati commençait en effet par rapporter que l'Académicien avait démontré l'égalité des durées de descente le long des cordes qui sous-tendent des arcs quelconques du même cercle, « étant seulement entendu que toutes ces cordes aboutissent au point le plus bas du cercle » (D[1], p. 96 ; D[4], p. 139), démonstration qui se trouve dans la Troisième Journée, Théorème VI (D[1], pp. 180 sq. ; D[2], pp. 221 sq.). Voir *infra, Nouvelles Pensées,* livre IV, prop. IV, pp. 197 sq.
Puis Salviati rappelait que l'expérience lui paraissait fonder l'isochronisme du parcours des *arcs.* Mersenne, semblant oublier sa propre critique à cet égard (cf. *supra,* p. 72, l. 20 sq.), parle d'entrée de jeu comme si cette expérience permettait de fonder à bon droit, de « supposer » (le mot étant à entendre dans le sens étymologique), et il n'accorde pas d'attention à la *démonstration* relative aux descentes le long des cordes des arcs.

l. 21 sq. Salviati (D[1], p. 96 ; D[2], p. 139) énonce en effet qu'il estime le cercle être la courbe de plus rapide descente, c'est-à-dire brachystochrone, ce qui est erroné. Il présente cette propriété comme « remarquable » puisqu'au premier abord, chaque corde étant plus courte que l'arc qu'elle sous-tend, on devrait *a priori* avoir une durée de descente plus petite le long de la corde Problème repris dans la Troisième Journée, Théorème XXII (D[1], pp. 231 sq. ; D[2], pp. 263 sq.). Mersenne transcrit sans commentaire, ce qui est étonnant. (Sur l'isochronisme des oscillations pendulaires, cf. D[3], pp. 694-705.)

P. 80 [*85*]

l. 6-13. La seule addition que le texte de Salviati suggère à Mersenne concerne la nécessité de préciser l'exclusion de la résistance de l'air, afin d'assurer la perpétuité du mouvement du pendule. C'est ici que Mersenne se souvient de ce sur quoi Salviati fondait le principe discuté plus haut (cf. *supra,* la note aux pp. 82, 83, 84).

l. 14-21. Salviati dit mieux : que les temps d'oscillation des mobiles suspendus à des fils de différentes longueurs ont entre eux même proportion que les racines carrées des longueurs de ces fils ; ou encore que les longueurs sont entre elles comme les carrés des temps (D[1], p. 96 ; D[2], p. 139 *in fine*).
Il est curieux que Mersenne, qui indique la proportion en question dans l'*Harmonie Universelle,* Livre I des Instruments, prop. XX, pp. 46-47, ne revendique rien pour lui-même dans la présente occasion (cf. *infra,* les notes des pp. 88-89). Mersenne renvoie à cet endroit le lecteur au *Livre II du Mouvement,* prop. XV, pp. 135-137.

l. 21-25. C'est à Sagredo que Salviati laisse le plaisir d'imaginer le moyen de déterminer la longueur d'un long pendule « quand bien même son point de suspension serait invisible » (D[1], p. 96 *in fine ;* D[4], p. 140 *ad lim.*), mais c'est Salviati qui évoque dans sa réponse l'application aux lampadaires d'église. Mersenne, évidemment séduit par l'application, néglige de noter exactement le mode opératoire de Sagredo qui consiste à comparer les oscillations du grand pendule avec celles d'un pendule donné en longueur. Il en tiendra compte seulement dans l'exemple fourni plus loin.

P. 80 [*86*]

l. 3 sq. Exemple propre à Mersenne : Notre-Dame est à Mersenne ce que la cathédrale de Pise est à Galilée. Rien ne permet de dire si l'exemple numérique — à travers lequel Mersenne montre qu'il a compris le processus proposé par Sagredo — et qu'il reprendra d'une autre manière p. 87, correspond à des observations effectives à Notre-Dame, ou bien s'il s'agit d'un exemple imaginé.

Dans la préface au lecteur de *L'usage du quadran, op. cit.*, le libraire retient comme grande utilité de ce livre « la manière de connoistre la hauteur de toutes les voûtes des Églises sans les mesurer autrement que par le seul mouvement des lampes penduës ausdites voûtes », et il s'adresse à l'Autheur du traité en lui suggérant d'apporter des compléments en vue d'une autre édition « dans laquelle on trouvera plusieurs autres usages de cet Horloge » (pp. 1 et 5, non paginées).

l. 17 sq. Mersenne reproduit ici l'exemple que donne Sagredo avec les mêmes valeurs numériques.

P. 80 [*87*]

Cette page est paginée par erreur 78 sur l'original.

l. 3 sq. Mersenne reprend son exemple numérique de la page précédente : il semble s'être aperçu que sa première présentation a l'inconvénient de laisser entendre la nécessité d'une mesure des oscillations des pendules, alors qu'il s'agit seulement d'avoir le *rapport* des oscillations dans un temps quelconque. Ici ce rapport est de 9 à 54, donc de 1 à 6 (comme le rapport de la page précédente), mais Mersenne calcule avec 9 et 54 sans simplifier, comme s'il n'avait pas encore bien compris que c'est le rapport seul qui importe.

P. 80-81 [*88-89*]

Conscient du caractère quelque peu confus de son discours, Mersenne veut se faire « mieux entendre » en utilisant une figure et il reproduit naturellement celle qu'il avait déjà donnée dans la 7e Addition aux *Mechaniques de Galilée* (cf. éd. Rochot, p. 70), qui est aussi celle de l'*Harmonie Universelle,* Livre III des mouvemens et du son des cordes, Prop. XXIII, p. 221.

Il est notable que dans la 7e Addition (éd. Rochot, p. 69) Mersenne écrivait déjà que le poids B descend *quasi en même temps* de B en E par le quart du cercle B C E, qu'il descendra de C ou de D au même E, c'est-à-dire qu'il connaissait l'isochronisme approximatif des oscillations, quelle que soit l'amplitude. Comme on l'a vu plus haut, c'est sur ce point que sa connaissance propre s'est améliorée.

Il est encore davantage notable que dans la 7e Addition (éd. Rochot, p. 68) Mersenne signalait déjà, en l'attribuant à Galilée mais sans donner la référence précise (*Dialogo, Ed. Naz,* VII, p. 256), la propriété d'isochronisme des descentes le long des cordes B E, C E, D E. Il ajoutait que cette « spéculation de Galilée est excellente *si elle est véritable* ». Il se dispense ici d'une appréciation, probablement parce qu'il se propose de revenir sur la question : sur l'exemplaire de main de l'*Harmonie Universelle,* il note en marge, p. 223, que Florimond de Beaune a donné une démonstration.

Enfin, dans la 7e Addition, Mersenne transcrivait la règle de proportionnalité de la longueur du pendule au carré de la période d'oscillation sans mentionner Galilée, ni aucun autre auteur. Il commettait une erreur dans l'exemple numérique donné pour illustrer, mais cette erreur doit être considérée comme accidentelle et due au langage défectueux des « raisons sous-doublées ». Puis Mersenne reprenait l'énoncé dans la Prop. XX du Livre I des Instruments de l'*Harmonie* et il semble bien qu'il s'agisse d'une propriété entrevue par lui de manière indépendante. Il est curieux qu'ici il ne profite pas de l'occasion pour revendiquer quelque chose à son compte. Dans le Livre IV auquel il renvoie à la ligne 17 de la page 89, il signalera à nouveau (cf. *infra,* p. 197) la 7e Addition. Mais il est probable que l'on se trouve dans un cas où Mersenne n'est pas très sûr de lui. La raison qui semble le guider dans les textes ci-dessus cités est que les hauteurs de chute sont en raison doublée des temps et que l'on doit donc retrouver cette règle pour les pendules lâchés à l'horizontale du point de suspension. Il n'y a là qu'intuition confuse. Dans la mesure même où Mersenne sait que l'isochronisme des oscillations du pendule est plus exacte pour de faibles amplitudes, il sait que l'amplitude de 90° est inapte à fonder un raisonnement sûr pour la propriété envisagée.

D'où la réserve, en définitive.

P. 81 [*90*]

Article XXI (D[1], pp. 98-99 ; D[2], pp. 141-143)

l. 6-15. Comme à son habitude, Mersenne résume à l'extrême. Salviati se plaisait à mettre en évidence deux points surprenants :

1° Essayer d'augmenter ou de diminuer la fréquence des oscillations d'un pendule est « peine perdue ». *Quoi qu'on fasse,* cette fréquence est ce qu'elle est.

2° Par contre, il est extrêmement facile d'augmenter l'amplitude, un souffle suffit, à condition qu'il soit répété assez longtemps et dans le bon sens chaque fois que le pendule passe à la position verticale, c'est-à-dire avec la même fréquence que les oscillations elles-mêmes et à un endroit adéquat. Sur ce, Sagredo évoquait l'usage des sonneurs de cloche qui renouvellent de petites impulsions de la même manière. Mais Sagredo n'assimilait pas ces impulsions aux souffles précédents. Tandis que Mersenne, en télescopant le dialogue, ne craint pas d'énoncer l'invraisemblable : faire sonner les grosses cloches en soufflant dessus.

l. 16-18. Mersenne revient au premier point souligné par Salviati et énoncé dans la note ci-dessus.

l. 19-23. Mersenne introduit ici par rapport au texte de Salviati une précision qui témoigne de son expérience musicale et qui correspond à des affirmations maintes fois énoncées dans l'*Harmonie Universelle.*

Mais il est notable que dans les passages en question, Mersenne rapporte la fréquence déterminée d'une corde fixée par les deux bouts au fait de constituer en quelque sorte un double pendule ; la tension opérée par l'une des moitiés de la corde sur l'autre moitié jouant le rôle de la pesanteur pour le mouvement pendulaire de cette moitié. Cette manière de voir apparaît encore ici dans l'emploi du mot « tours », spécifique du pendule, comme équivalent de « tremblements » de la corde. Dans le même ordre d'idées, la densité linéaire compte certainement parmi les « autres qualités » qui sont aux yeux de Mersenne caractéristiques pour la fixation de la période de « tremblements ».

Il est aussi notable que Mersenne ne fait pas mention dans le titre de l'article du « merveilleux problème de la corde de la cithare ou de l'épinette », consistant d'après Salviati (D[1], p. 98 ; D[4], p. 141 *in fine*) en ce que les cordes non touchées qui sont à l'octave ou la quinte de la corde touchée sont susceptibles de vibrer aussi. Sans doute estime-t-il que ce merveilleux problème est trop complexe pour l'instant.

P. 81 [*91*]

l. 1-7. Mersenne suit Salviati (D[1], p. 98 *in fine ;* D[2], p. 142). A la ligne 5, l'incise « que l'on touche » vise évidemment l'instrument et non les autres cordes qui précisément vibrent sans avoir été touchées.

A la ligne 6, Mersenne ne transcrit pas Salviati qui affirme que les amplitudes de vibrations des cordes mises en mouvement deviennent égales à celles de la corde motrice. Mais il ajoute une note propre, relative à la durée du phénomène. C'est plus bas (l. 15-16) qu'il évoque la similitude envisagée par Salviati.

l. 8-16. Mersenne explicite davantage que Salviati le phénomène d'amplification lorsque les cordes sont à l'unisson.

l. 17-20. Détails propres à Mersenne et qui ne cadrent pas tout à fait avec ceux de Salviati, qui envisageait des fils de soie et autres objets suspendus *au corps de l'instrument*. Mersenne ne considère que la mise en évidence de la vibration de la corde non touchée et la transmission par l'air.

l. 22-26. Salviati précisait que le verre vide doit avoir les parois minces et polies, et ajoutait que ce verre peut « trembler et résonner de façon audible » (D[1], p. 99 ; D[2], p. 142).

P. 81 [*92*]

l. 1-6. Tout en suivant Salviati, Mersenne ne rend pas tout à fait compte de la progression qui est bien manifeste dans le texte des *Discorsi.* Le verre vide qui se met à résonner fait penser à mettre en évidence les vibrations en plaçant de l'eau soit à l'intérieur, soit à l'extérieur ou encore en mettant le verre dans un récipient très large où il est entouré d'eau, « presque immergé », dit Salviati. Mersenne transforme et imagine un verre à pied, dont la « patte » seule plonge dans l'eau et émet des vibrations à la surface de cette eau. Il est peu probable qu'il en ait fait l'expérience. Pour si fort que soit l'ébranlement dû au frottement du doigt sur le bord du verre, il est certain que les vibrations du pied, quand pied il y a, sont moins fortes que les vibrations des parois du verre lui-même.

l. 7-13. D'ailleurs, Mersenne avoue ici n'avoir vu « l'effet notable » signalé par Salviati (D[1], p. 99 ; D[2], p. 143) et explicité par Sagredo (D[1], p. 100 ; D[2], p. 144), effet qui se produit lorsqu'en frottant plus fortement le bord du verre le son monte à l'octave. Sagredo explique qu'on voit surgir sur l'eau des ondes plus petites qui avec une infinie netteté partagent en deux les précédentes, c'est-à-dire s'intercalent exactement. L'expression de Mersenne, selon laquelle chaque onde *se fend* en deux, est ambiguë et ne permet pas de savoir s'il a bien compris. Toutefois, son approbation de la conclusion, à savoir que la raison de l'octave est de 1 à 2, incline vers une interprétation favorable. L'observation en question plaît tant à Mersenne qu'il l'a recopie dans son exemplaire de main de l'*Harmonie, Traitez des consonances*, livre I, prop. XI, p. 46.

Article XXII (D[1], pp. 100-103 ; D[2], pp. 143-146)

l. 22. Sagredo estimait que l'explication courante des rapports de consonance n'est pas satisfaisante. Le « on » de Mersenne, ce sont « les auteurs de savants ouvrages de musique » critiqués par Sagredo (D[1], p. 100 *ad lim ;* D[2], p. 143).

P. 82 [*93*]

l. 2-11. Le texte italien dit que l'octave est donnée par le rapport de 1 à 2 et la « diapente » ou quinte par le rapport de 2 à 3.
Ici Mersenne est plus précis que Sagredo en détaillant quelle partie de la corde pincée donne l'octave ou la quinte.

l. 12-18. Sagredo estime en effet que ces rapports ne sont pas « sans conteste » ceux de l'octave et de la quinte : il y a plusieurs manières de rendre plus aigu le son d'une corde, et ces manières ne respectent pas précisément tous les rapports indiqués pour l'octave et pour la quinte (D[1], p. 100 ; D[2], p. 143).

l. 19-24. Le texte italien dit : « Il y a trois manières de rendre plus aigu le son d'une corde : la raccourcir d'abord, l'étirer ou plutôt la tendre davantage ensuite, enfin l'amincir » *(ibid.)* et Sagredo ajoute que dans cette perspective, pour monter à l'octave, on peut soit pincer la corde au milieu (longueur 1/2), soit quadrupler la tension, soit diminuer la section de la corde dans le rapport 1/4. Et ainsi la « raison » de l'octave apparaît différente suivant la manière d'opérer. C'est ce que Mersenne a bien compris et va détailler.

P. 82 [*94*]

l. 1 sq. Mersenne transcrit correctement le texte italien, comme nous l'indiquons dans la note précédente.

l. 11-14. Le rapport de l'octave « évalué d'après la tension ou la grosseur de la corde est égal au carré du rapport existant entre les longueurs » (D[1], p. 100 *in fine ;* D[4], pp. 143-144).

l. 17. C'est-à-dire soit par tension, soit par amincissement.

l. 19. Mersenne traduit par « raison double sesquiquarte » l'italien « la proporzione duplan sesquiquarta », c'est-à-dire le rapport de 9 (3^2) sur 4 (2^2).
Mersenne omet de préciser que les opérations s'effectuent sur deux cordes dont l'une, « la corde grave », donne la tonique fondamentale, tandis que l'autre donne le son le plus aigu. Sur ceci, cf. D[4], p. 253, n. 46.

l. 20-25. Les valeurs numériques sont celles qu'avance Sagredo.

l. 25 sq. Mersenne suit le texte des *Discorsi* qui mentionne les « sagaci Filosofi ». « Cecy posé », c'est ce que Sagredo appelle les vérités expérimentales (D[1], p. 101 *ad lim ;* D[2], p. 144).

P. 82 [*95*]

l. 3 sq. Mersenne transcrit fidèlement pour l'essentiel le texte italien.

l. 11-12. La trop grande vitesse dont parle Sagredo est la trop grande *fréquence* des vibrations qui empêche de les compter dans un temps donné.

l. 12-14. Mersenne a bien retenu ici comment Sagredo voit dans l'expérience du verre dont on fait monter le son à l'octave, le moyen de trancher entre les divers rapports que les trois manières ci-dessus évoquées semblent *a priori* proposer pour « la raison » de l'octave.

l. 14 sq. La partie du texte qui suit correspond à l'intervention de Salviati. Celui-ci remarque en réponse à Sagredo tout d'abord que les ondes ne durent qu'aussi longtemps que l'on frotte le verre et qu'ensuite ces ondes ne sont pas stables mais se font et se défont constamment. D'où le souhait exprimé par le porte-parole de Galilée de pouvoir faire produire aux ondes des traces durables, susceptibles d'être étudiées, mesurées et comptées à loisir « pendant des mois et des années » (D[1], p. 101 *in fine ;* D[2], p. 144 *in fine*).

l. 17. Salviati parle d'une observation faite « par hasard », en voulant enlever des taches à la surface d'une plaque de laiton en raclant cette surface.

l. 20-21. Mersenne ne reproduit pas le détail de l'observation. Le ciseau (de fer) racle la plaque de laiton et, au cours de son déplacement rapide, Salviati entend à une ou deux reprises un sifflement très fort et clair. Il n'est pas question de bruit agréable (D[1], p. 102 — paginée par erreur 201 — ; D[2], p. 145).

l. 23. Salviati parle non pas d'ondes, mais de « virgolette sottili » qui sont des traces laissées à la surface du laiton après le passage du fil du ciseau de fer.

P. 82 [*96*]

l. 1. D'après Salviati, le son devient plus aigu si le raclement est plus *rapide* et non pas plus *fort*.

l. 4-5. Cette expression ne se trouve pas dans le texte italien. Mersenne désigne par « extrémité de la lame » la fin du parcours de la lame de fer sur la plaque de laiton ; il interprète par là la remarque de Salviati : « ...si le passage du ciseau avait été plus rapide à la fin qu'au début, on entendait le son devenir plus aigu... » (D[1], p. 102 ; D[4], p. 165).

l. 6. Salviati parle du tremblement du fer (donc du ciseau) dans ses doigts et d'une sorte de « rigore » dans la main. En faisant tenir la plaque de laiton par la main, Mersenne ne se rend pas compte qu'il modifie les conditions de l'expérience dans une mesure telle que le phénomène décrit risque d'être impossible. Sans doute Salviati ne tente aucune explication des traces en forme de petites virgules qui suivent le passage du ciseau, mais en disant qu'il sentait frémir le fer dans sa main lorsqu'un son se produisait au raclement de la surface de laiton, il laisse suffisamment entendre que vibration du fer et stries ou virgules sont liées, comme si la vibration du fer creusait le laiton et le transformait en surface ondulée. Et cela suppose que la plaque de laiton est fermement appuyée sur un support rigide et fixe.

l. 7-9. Mersenne condense de manière imprécise les remarques de Salviati qui compare le souffle émis par nous sans former *aucun son* et la vibration *intense* que nous ressentons lorsque nous utilisons la voix, surtout dans les tons graves et forts.

l. 10-17. Salviati dit très rigoureusement : deux des cordes de l'épinette vibrent successivement à l'unisson de deux des sifflements décrits plus haut, et l'on constate, d'une part, que les deux cordes sont à la quinte musicalement parlant ; d'autre part, que les stries ou petites virgules sur le laiton sont pour un même espace 45 et 30, c'est-à-dire comme 3 à 2, ce qui confirme la « raison » de la quinte musicale (D^1, p. 102 *in fine* ; D^2, p. 145 *in fine*).

l. 18-27. Il est vrai que Salviati a eu besoin des expériences décrites pour s'assurer de la signification des rapports admis par les musiciens, mais Mersenne transforme ce qui n'a été que le résultat d'une exigence intellectuelle en une « contrainte à confesser ». Plus ou moins consciemment, Mersenne se fait le défenseur des musiciens et des musicologues. Là où Salviati dit que la raison première et immédiate dont dépendent les intervalles musicaux est la proportion entre les fréquences des vibrations qui « en se propageant dans l'air viennent frapper le tympan » (D^1, p. 103 ; D^4, p. 146), Mersenne ne craint pas de parler de la « vraie raison des consonances ».

P. 83 [97]

l. 1-10. Cf. *Harmonie universelle, Livre I des Instruments,* prop. XVII et XVIII, pp. 46-50, et *Livre III des Instruments à chordes,* prop. VI à XX, pp. 120-160.
Les « régales » mentionnés ligne 7 sont des petits orgues répandus aux XVIe et XVIIe siècles et comportant un ou plusieurs jeux d'anches. Mersenne désigne plus précisément par ce terme une variété de tuyaux à anches pourvus d'une tige métallique vibrante ou « languette ». On appelle ces tuyaux « régales », ou « voix humaines à raison qu'ils les imitent », ajoute-t-il au *Livre VI des Orgues,* prop. VIII, pp. 323-325, où il nous donne une description détaillée de l'instrument et de son fonctionnement.
En liaison avec la note précédente, on reconnaît ici combien Mersenne est heureux de signaler ce qui eût été épargné à Galilée s'il avait eu connaissance de la Musique à travers l'œuvre du religieux minime français.

l. 11-13. Transcription inexacte : Salviati observe que parmi les trois manières « de rendre un son plus aigu, celle que l'on attribue à l'amincissement de la corde doit plus correctement être rapportée au poids » (D^1, pp. 102-103 ; D^4, pp. 145-146), c'est-à-dire à la diminution de la densité linéaire.

l. 13-23. Le texte de Mersenne est mal ponctué et peu clair. Il faut comprendre que dans le cas des cordes de *même matière,* l'altération du son répond à celle de la *grosseur :* ainsi une corde de laiton ou de boyau, pour donner l'octave grave, devra être quatre fois plus *grosse* que celle qui donne l'octave aigu (l. 13-16). Mais si l'on compare la corde de boyau (donnant l'octave aigu) avec celle de laiton qui doit donner l'octave grave, il faudra que celle-ci soit quatre fois plus *pesante* que celle-là, et Salviati ajoute que, le cas échéant, la corde en métal peut être *plus mince* que la corde en boyau (l. 16-23).

l. 23 sq. Mersenne suit de près le texte italien.

P. 83 [98]

l. 1-8. Salviati souligne plus clairement la conséquence paradoxale de ce fait : « ici la vitesse du mouvement trouve un obstacle plus important dans la gravité du mobile que dans sa grosseur, contrairement à ce qu'on pourrait croire au premier abord ; car il paraît rationnel de penser que la résistance du milieu à la pénétration devrait davantage ralentir la vitesse dans le cas d'un mobile volumineux et léger que dans le cas d'un mobile lourd et petit : en l'occurrence pourtant c'est le contraire qui a lieu » (D^1, p. 103 ; D^4, p. 146).
Commentant l'observation de Galilée sur les clavecins et la remarque que nous venons de citer, Descartes écrira : « Il dit que le son des chordes d'or est plus bas que celuy des chordes de cuivre, à cause que l'or est plus pesant ; mais c'est plutost a cause qu'il est plus mol. Et il se trompe, de dire que la pesanteur d'un cors resiste davantage à la vitesse de son mouvement que sa grosseur » (*lettre citée, A-T,* II, p. 385, l. 19-34).

l. 8 sq. Cf. *Harmonie Universelle, Livre III des Instruments à chordes,* Prop. XIX, pp. 151-156. Dans son exemplaire de main, Mersenne transcrira plus tard presque mot pour mot la note ci-dessus de Descartes (*ibid.,* p. 151). Dans une seconde note manuscrite (p. 152), Mersenne rapporte les données de Galilée reproduites ici *supra,* p. 97, l. 23 sq. et ajoute que selon ses observations, c'est non pas d'un intervalle de quinte qu'il faut parler, mais d'un triton (sur ce terme, cf. *infra,* p. 99, l. 3 sq.).

Article XXIII (D^1, pp. 103-106 ; D^2, pp. 146-149)

l. 15. Le terme « douceur » est propre à Mersenne.

l. 18. Salviati dit plus précisément que, pour se soumettre aux impulsions reçues, la membrane du tympan souffre si elle est sollicitée de deux manières différentes n'ayant aucun élément commun, et qu'au contraire elle n'est pas affectée désagréablement si les deux impulsions sont telles qu'entre des vibrations concordantes s'intercalent des vibrations solitaires.

l. 23. Salviati parle des sons reçus par le *sensorium,* centre de coordination des sensations selon Aristote *(De Anima,* I, 425 a, 14 sq.). L'imagination à laquelle se réfère Mersenne suggère l'influence de Descartes, pour qui la glande pinéale est « le siège de l'imagination et du sens commun » (*Traité de l'homme, A-T,* XI, pp. 176-177), les deux facultés ne différant que par leurs fonctions. Dans les *Regulae,* Descartes faisait du sens commun et de l'imagination *deux sens internes distincts* (Règle XII, *A-T,* X, p. 414). Dans la deuxième des *Méditations métaphysiques,* il identifiera le sens commun avec la *puissance imaginative* (*A-T,* VII, p. 32).
Toutefois, la position de Mersenne témoigne sur ce point, sinon d'une grande originalité, du moins d'un approfondissement certain. Plus intéressé que Descartes par l'étude du phénomène sonore et musical en général et du mécanisme de l'audition en particulier — en raison de son sujet même — l'auteur de l'*Harmonie Universelle* s'interroge plus d'une fois sur ce problème. Au *Livre I de la nature des sons et des mouvements,* Prop. I, p. 1, Mersenne estime que l'ouïe confère à l'impression de l'air « la nature du son, comme l'imagination et l'entendement donnent l'estre aux pensées imaginaires et aux fantosmes, que l'on appelle estres de raison ». Il estime donc que l'imagination et l'entendement agissent ensemble, et cela suffit pour distinguer l'homme des animaux (dépourvus d'entendement) au niveau même de l'audition (voir aussi *Livre I de la voix,* Prop. LII, pp. 79-81). Plus tard, dans la préface de la *Balistique,* l'un

des traités des *Cogitata*, Mersenne complétera son interprétation à l'occasion de l'exposé de la psychologie de Hobbes (cf. R. Lenoble, *Mersenne..., op. cit.*, pp. 306 sq., et 370 sq.).

P. 83 [*99*]

l. 2. Le texte italien parle de deux notes différentes frappant le tympan « sproporzionatamente », c'est dire en dehors de toute proportion ou de tout rapport commensurable, ce qu'illustre l'exemple suivant.

l. 3 sq. Salviati choisit précisément un rapport de longueur entre deux cordes qui est le type même de l'incommensurabilité : celui de la diagonale relativement au côté du carré : « La dissonance est alors semblable à la quarte augmentée ou à la quinte diminuée » (D^1, p. 104 ; D^2, pp. 146-147). Mersenne emploie de préférence le terme de triton, plus général dans le vocabulaire des musicologues, pour désigner une dissonance.

l. 9. L'expression « perpétuel tourment » se trouve dans la bouche de Salviati. Le tympan souffre sans répit tant que se succèdent les impulsions à intervalles de temps variables et toujours différents de zéro.

l. 14 sq. Le principe général de la consonance s'applique aux couples de notes frappant le tympan de manière que les impulsions correspondantes coïncident dans le temps aussi souvent que possible (cf. p. 98, l. 21, *supra*), ce qui requiert que « les stimulations exercées en même temps soient commensurables en nombre » (D^1, p. 104 ; D^4, p. 147).

l. 15. Salviati déclare que l'octave est la première et la plus *agréable* consonance.

l. 17-19. Le texte ne parle pas de la corde la plus grosse et de la plus mince (déliée) ou plus courte, mais de la plus grave et de la plus aiguë.

P. 83 [*100*]

l. 4-6. Plus précisément : dans le cas de la quinte, « un tiers de toutes les vibrations ont lieu ensemble, ce qui signifie que deux vibrations solitaires viennent s'intercaler entre chaque couple de vibrations concordantes ». Sagredo (D^1, p. 106 ; D^2, p. 149) déclare comprendre pourquoi le tympan éprouve un chatouillement qui, en tempérant la douceur par une certaine âcreté, semble à la fois caresser et mordre. C'est ce que Mersenne a compris puisqu'il dit que la quinte est *encore* agréable et qu'il va ajouter un autre exemple où l'oreille est blessée malgré la commensurabilité. Mais à l'usage de son lecteur, Mersenne ne se met pas en frais d'explication, alors même qu'il aurait l'occasion de souligner le complément qu'il apporte avec le deuxième exemple.

l. 7. Par ton, il faut entendre l'intervalle de seconde, c'est-à-dire celui dont le rapport est comme 9 à 8. Entre deux vibrations concordantes, il y a huit vibrations solitaires, ce qui est pénible pour l'oreille. C'est là l'exemple évoqué dans la note ci-dessus.

l. 10 sq. Mersenne reprend approximativement les figures de Galilée (D^1, pp. 104-105 ; D^2, p. 148) et suit d'assez près le texte italien.

l. 13-14. Salviati désigne par A B la « longueur et la dilatation » de la vibration de la corde *grave* et par C D celle de la corde aiguë. En réalité, il s'agit des pulsations et Mersenne se laisse abuser par le langage insuffisant que Salviati corrige dans l'usage réel qu'il en fait. Mais il faut dire ici davantage. Quand Mersenne parle de la « grandeur du tour ou du mouvement », il envisage non seulement l'amplitude de l'oscillation, mais il désigne par « tour » une oscillation simple. Et non pas l'oscillation double ou vibration comme Galilée. Ceci se retrouvera par la suite.

l. 22 sq. Salviati précise bien en effet qu'il y a impulsion de l'air, donc propagation d'une « frappe » jusqu'à l'oreille, à l'extrémité de l'amplitude de l'oscillation, donc, dans le temps, à la fin d'une pulsation simple.

P. 84 [*101*]

l. 7-9. Salviati dit : « une vibration C D sur deux s'achève en même temps qu'une vibration A B » et « les impulsions qui se produisent aux extrémités A et B sont toujours accompagnées par une impulsion en C *ou* en D, et cette impulsion est contamment la même » (D^1, p. 105 ; D^2, pp. 147-148). Il faut éviter ici une traduction littérale du texte italien, le mot de pulsation ayant dans notre vocabulaire moderne un sens précis qu'il convient de préserver alors que manifestement la *pulsazione* n'est qu'un coup ou impulsion.
Mais une autre remarque s'impose. Tandis que Salviati envisage la consonance par multiples de vibrations entières, Mersenne l'envisage par coïncidence, dans le temps, des impulsions correspondantes aux deux sons — comme si les impulsions ou frappes pouvaient être mises en rapport avec la perception par l'ouïe indépendamment de leur insertion dans des séries rythmées. Sans doute le mot de Mersenne : « ce qui n'importe pas », est-il susceptible de recevoir un sens exact, à savoir qu'à partir du moment où il y a des coïncidences d'impulsions, il y a aussi recouvrement de multiples de vibrations entières. Mais il ne semble pas que Mersenne ait bien saisi la différence (cf. *infra*, p. 107).

l. 11-17. Les deux cordes A B et C D vibrent dans le rapport de 3 à 2 qui est la proportion sesquialtère. Ici il n'y a évidemment aucun doute : le schéma géométrique est un graphique cinématique des pulsations en fonction du temps et non pas un graphique des amplitudes de vibration. Mais il faut noter immédiatement un point, capital pour l'analyse des pages suivantes : la « corde A B », que Mersenne dit « grande », est en réalité la représentation du son le plus grave, c'est-à-dire que le graphique met la période d'oscillation la plus grande au-dessus et inverse de ce fait l'ordre des fréquences. C'est la corde C D qui a par rapport à la corde A B la fréquence 3/2 et représente la quinte.

l. 17 sq. Mersenne suit de près le texte italien.

P. 84 [*102*]

l. 10-12. Dans les deux cas, on ne compte pas les premières impulsions ou stimulations (A et C) qui concordent.

l. 13-19. Salviati imagine une division du temps en très petits intervalles égaux (A E représentant cette unité) ; on aura, après deux intervalles de

temps, une stimulation isolée (D), une nouvelle stimulation à la fin du 3e intervalle (B), suivie d'une autre à la fin du 4e intervalle (C) et c'est seulement à la fin du 6e intervalle que l'on aura à nouveau deux stimulations conjuguées (D^1, pp. 105-106 ; D^2, pp. 148-149).
Mersenne ne se soucie ici pas de reproduire fidèlement la démarche de Salviati et emploie des termes vagues (« aussitôt », l. 13-14 ; « après », l. 16), là où Galilée s'efforçait d'être clair.

l. 20 sq. Salviati concluait en disant : « Ici se termine la période ou pour ainsi dire l'anomalie, qui va se répéter. » Mersenne veut faire croire à son lecteur qu'il « explique » autrement et mieux le phénomène. Sa seule « originalité » consiste à partir de la fin de la première période et à appliquer à la seconde période les règles avancées par Galilée. Une telle prolongation de l'expérience a pour but, semble-t-il, de retrouver une impulsion commune en A et en C, c'est-à-dire après un cycle complet (deux périodes) qui nous ramène à la position de départ (cf. *infra*, p. 108).

P. 84 [*103*]

l. 7. Mersenne désigne le milieu de la ligne C D par la lettre F, absente de la figure proposée par les *Discorsi.*

l. 18 sq. Cf. *supra*, p. 102, note à l. 13-19.

P. 84 [*104*]

l. 6-8. Mersenne revient à l'appréciation de Sagredo déjà signalée, mais sans en reprendre le détail : l'intervalle de quinte exerce « sur la membrane du tympan un chatouillement qui, en tempérant la douceur par une certaine acreté, semble à la fois caresser et mordre ». Quant à l'octave, Sagredo parle de « l'aspect finalement par trop doux et dépourvu de brio de cette consonance » (D^1, p. 106 ; D^4, p. 149).
L'usage du quadran, op. cit., donnera à Mersenne l'occasion de reprendre sous une forme plus condensée la substance des analyses précédentes sur la douceur comparée des intervalles de quinte et d'octave (cf. ch. XIV, *Du 7. usage de l'Horloge pour la Musique*, pp. 59-63).

l. 9-11. *L'Harmonie Universelle* comporte en effet un *Traitez des consonances, des dissonances, des genres, des modes et de la composition.* Le livre I des Consonances constitue une étude systématique en 40 propositions et ne compte pas moins de 112 pages. De plus des considérations sur les consonances sont éparses dans de nombreux autres livres de l'*Harmonie* (cf. la table des matières).

P. 85 [*105*]

(Article XXIV (D^1, pp. 106-108 ; D^2, pp. 149-150)

l. 6-8. Cf. *supra*, p. 85, l. 14 sq. et notes *ad loc.*

l. 8-10. Mersenne s'engage dans une voie périlleuse en voulant expliciter de manière plus marquante ce que Salviati énonce seulement sur le cas des trois pendules dont il va être question ci-dessous (et ce sur quoi d'ailleurs il fait erreur comme nous le soulignons *infra*). S'il est bien vrai, en effet, que les longueurs des pendules sont en « raison doublée » des périodes d'oscillation, il faut prendre quelque précaution pour passer aux « sons ». A prendre la phrase de Mersenne au pied de la lettre, il semble qu'il caractérise le son par une période d'oscillation, alors que la suite montre qu'il pense au contraire à la fréquence.

l. 10 sq. Salviati propose l'emploi de trois pendules de longueurs différentes à l'extrémité desquels sont attachées des boules de plomb. Leur longueur est estimée en palmes ou toute autre unité de mesure.

l. 13-16. Salviati ne précise pas quel octave est représenté par la corde la plus longue et la plus courte. L'octave « tardif » dont parle Mersenne est l'octave grave, tandis que « le plus vite tremblement » représente l'octave aigu.

l. 20 sq. Mersenne suit les données numériques de Galilée (D^1, p. 107 *ad lim.;* D^2, p. 149) en prenant trois pendules de longueurs 16, 9, 4. Mais c'est ici seulement, à travers l'expression « la corde du milieu », que le lecteur peut s'apercevoir qu'il y a trois pendules dans la considération de Mersenne.

P. 85 [*106*]

l. 1-2. Salviati dit de manière encore plus explicite que *dans le même temps* le pendule de longueur 16 fait 2 vibrations, celui de 9 fait 3 vibrations, celui de 4 fait 4 vibrations. Cette affirmation repose évidemment sur l'idée de l'inverse proportionnalité des carrés des fréquences aux longueurs, mais elle conclut néanmoins faussement. L'inverse proportionnalité donne en effet 1/4, 1/3, 1/2 pour les fréquences des cordes de longueurs 16, 9, 4, de telle sorte que 2 vibrations de la plus grande correspondent bien dans le temps à 4 vibrations de la plus courte, mais à 8/3 de la moyenne. L'erreur, subtile, remonte au schéma de la page 101 *supra*, où dans le cas de *deux* cordes dont les longueurs étaient comme 9 et 4, et les périodes comme 3 et 2, les fréquences étaient comme 2 et 3, c'est-à-dire que l'on n'avait qu'à *inverser* l'ordre des racines des longueurs. Dans le cas des 3 cordes, inverser l'ordre des racines des longueurs, c'est-à-dire prendre 2, 3, 4 à la place de 4, 3, 2 ne satisfait nullement l'inverse proportionnalité des fréquences à la racine des longueurs. Il faut avoir présente à l'esprit cette erreur commise à la fois par Galilée et par Mersenne pour apprécier tout ce qui suit.

l. 3 sq. Le développement qui suit est propre à Mersenne : il vise, comme celui de Salviati, une expérience avec des pendules, susceptibles de rendre sensible à la vue le résultat de l'analyse des accords musicaux précédemment amorcée (cf. aussi *infra*, l. 20-21). On ne saurait s'étonner de voir Mersenne donner à l'objet de la recherche un caractère plus particulier, en envisageant les trois notes ut, sol, fa, qui constituent un intervalle de quinte (ut - sol) avec un intervalle de quarte (ut - fa).

l. 11-13. Cf. *Harmonie Universelle, Livre I des Consonances,* Prop. XXXVI, pp. 97 s. La division harmonique de l'octave par fa et sol exprime que les rapports dans lesquels ces deux notes se situent dans l'octave sont inverses l'un de l'autre.

l. 14-18. Si l'on prend en effet l'intervalle de quinte à la base, ut - sol, puis l'intervalle de quarte qui suit (sol - ut), les fréquences des trois notes considérées sont proportionnelles à 2, 3 et 4. Mais les longueurs des cordes de pendules correspondants sont comme 1/4, 1/9, 1/16 et ne sont pas comme 16, 9, 4.

l. 19 sq. Mersenne énonce la loi donnée par Salviati plus haut (D^1, p. 96 ; D^2, pp. 139-140).

l. 25 sq. Mersenne reproduit les indications de Galilée (D^1, p. 107 ; D^2, p. 149).

P. 85 [*107*]

l. 1-4. Reprise des données erronées de Galilée. Si les longueurs des pendules sont entre elles comme 16, 9, 4, les temps de vibration sont comme 4, 3, 2 et dans un même temps les nombres de vibrations sont comme 1/4, 1/3, 1/2 ou encore comme 3, 4, 6 et non pas comme 2, 3, 4.

l. 5 sq. Salviati se bornait à dire : « ...après chaque quatrième oscillation du plus long nos trois pendules se rejoindront d'un même côté, d'où ils repartiront pour effectuer à nouveau une période identique » (D^1, p. 107 ; D^4, p. 149 *in fine*). Mersenne développe la description en détaillant d'abord ce qui se passe pour les deux pendules extrêmes qui représentent un intervalle d'octave (l. 7-11), puis en précisant le nombre d'oscillations respectif de chacun de ces pendules avant qu'ils rejoignent d'un même côté le pendule intermédiaire (l. 11-17). Évidemment Mersenne le fait en prenant pour base la série des fréquences 2, 3, 4.

l. 17 sq. L'éclaircissement de Mersenne est à peine nécessaire ; remarquons seulement qu'il ne donne pas au terme « tour » le même sens que Galilée à la période : pour ce dernier (cf. *supra,* texte cité l. 5) la période comporte 2 oscillations complètes du plus grand pendule (donc 3 pour le pendule moyen et 4 pour le pendule le plus petit).
Le « tour » de Mersenne, comme on le voit, *supra,* p. 100, l. 13-14, est une demi-oscillation complète, ou une oscillation simple. On retrouve ici ce qui a déjà été souligné plus haut dans les notes de la page 100. La visualisation à l'aide des pendules ne sert pas beaucoup, en définitive, à Mersenne puisqu'il continue à penser « impulsion » aux limites des oscillations simples et qu'il ne reconnaît pas la vraie consonance dans le retour des pendules à une *même* position d'ensemble.

P. 85 [*108*]

l. 1-4. Cette référence aux considérations antérieures sur l'octave et la quinte (*supra,* pp. 102-104) est imprudente de la part de Mersenne. Elle permet de contrôler un certain flottement dans sa pensée. Dans le cas de l'octave en effet, c'est à la fin de la deuxième période du son *aigu* que se réalise l'accord des deux sons, tandis que dans le cas de la quinte c'est à la fin de la deuxième période du son *grave.*

grave —————————— octave | ——————————....... quinte
aigu ————....... | ——————.............

l. 10. Mersenne veut souligner que l'amplitude des oscillations n'est pas en cause et que quelles que soient les diverses amplitudes des pendules considérés, les mêmes phénomènes s'observent quant à la *rencontre dans le temps* des limites d'oscillations.

l. 14 sq. Mersenne suit la suggestion de Salviati : « Si tout en conservant le même dispositif, on modifie les longueurs des fils, en sorte que leurs oscillations correspondent à celles d'autres intervalles musicaux consonants... après un nombre d'oscillations déterminé, tous les fils (qu'ils soient trois ou quatre) s'accorderont pour rejoindre au même moment le terme de leur vibration... » (D[1], p. 107 ; D[4], pp. 149-150). Mais l'exemple que choisit Mersenne est intéressant puisqu'il consiste à renverser l'ordre de l'exemple précédent. Prendre la quarte dessous et la quinte dessus pour diviser l'octave, c'est-à-dire ut - fa - ut, conduit au système de nombres proportionnels 3, 4, 6 (au lieu de 2, 3, 4 comme précédemment). D'où la coïncidence des « frappes », au sens de Mersenne, à chaque 3e coup du plus long pendule. Mais ici Mersenne ajoute la solution de Galilée, en précisant qu'il s'agit des frappes de même côté. Il faut néanmoins remarquer ce qui suit :
Si l'on prend les longueurs 36, 16, 9, on a 6, 4, 3 pour les périodes et Mersenne commet toujours la même erreur que plus haut en croyant que les fréquences sont celles qu'il désire, à savoir 3, 4, 6. En réalité, elles sont 2, 3, 4.
En définitive, l'erreur de Galilée et de Mersenne se complique avec ce deuxième exemple en aboutissant à un chassé-croisé que le tableau suivant met mieux en évidence.

Longueur des pendules			Fréquences réelles correspondantes			Fréquences prises par Mersenne		
16	9	4	3	4	6	2	3	4
36	16	9	2	3	4	3	4	6

La conséquence de ce chassé-croisé est que la comparaison instituée par Mersenne entre les deux groupes est exactement l'inverse de ce qu'elle devrait être.

l. 23 sq. Il faut donc attendre plus longtemps que dans le premier cas (quinte en dessous quarte au-dessus) pour avoir accord, et ce plus longtemps est exactement représenté par le facteur 3/2. Mersenne ne dénombre pas ici, comme il l'avait fait plus haut, le nombre des vibrations solitaires intercalées, mais se contente d'évoquer ce plus grand nombre auquel il attribue une diminution de l'agrément.

P. 86 [*109*]

l. 1-2. Cette affirmation de Mersenne correspondant aux « douceurs » confirme la troisième colonne du tableau de la note précédente. Mersenne pense les séries de fréquences 2, 3, 4 et 3, 4, 6 dans cet ordre quand on va du premier cas au second, et il évalue la douceur d'après le nombre de battements du *son grave* correspondant à l'accord des trois sons de chaque groupe. La douceur est inversement proportionnelle à ce nombre, elle est une fréquence d'accord évaluée par rapport au son grave.

l. 3-11. Le troisième cas ici considéré est une addition propre à Mersenne qui utilise sa connaissance des rapports musicaux. La quinte divisée en tierce majeure et tierce mineure (ut - mi - sol) donne bien 4, 5, 6 comme série des fréquences, mais ne correspond pas à des pendules comme 16, 25, 36.
La série de fréquences 4, 5, 6 comparée à la précédente 3, 4, 6 ne donne égalité

de douceur que par rapport au *son aigu* puisque dans les deux cas il faut 6 battements de ce son pour avoir accord. En formulant l'affirmation de la ligne 10 Mersenne ne s'aperçoit donc pas du changement qu'il introduit inconsciemment par rapport à la comparaison des douceurs proposées plus haut. Ce changement n'est pas indifférent, puisque l'intervalle divisé était l'octave dans les deux premiers cas et est ici la quinte, c'est-à-dire que le rapport entre son grave et son aigu n'est pas le même.

Mersenne avait déjà traité de la comparaison des douceurs des 3 cas ci-dessus dans le *Livre I des Consonances* de l'*Harmonie Universelle*, Prop. XXXVI, p. 98, et XXXVII, p. 100, suivant des calculs auxquels il n'est pas possible de donner un sens cohérent, mais qui dénotaient son embarras par rapport aux notions de période et de fréquence.

l. 12-23. Mersenne revient au cas de deux cordes dont Galilée disait (D[1], p. 104 *ad lim.* ; D[2], p. 147) que si leurs longueurs sont incommensurables, comme la diagonale du carré et le côté, elles ne s'accordent jamais et que si elles sont commensurables par rapport à des nombres trop grands, elles ne s'accordent que de loin en loin. Mais en parlant du ton et du demi-ton pour illustrer ce dernier cas, Mersenne semble penser encore à une représentation de trois pendules et à l'accord de trois sons séparés par les intervalles nommés. Il est certain en tout cas qu'il ne voit pas la différence essentielle entre accord de 2 sons et accord de 3 sons.

l. 24-26. Mersenne émet un doute quant à l'expérimentation effective chez Galilée, et ceci en raison de l'épreuve qu'il déclare avoir faite lui-même.

P. 86 [*110*]

l. 1-4. L'adjectif « agréable » (l. 1) employé est curieux, mais suggestif. Le dispositif de transposition qui consiste à passer des accords musicaux aux accords des pendules et à visualiser un « agrément » ou une « douceur » n'a rien d'agréable. C'est un supplice pour l'œil de l'observateur que de chercher à saisir les accords. Et l'on peut d'autant mieux imaginer que Mersenne en a fait l'épreuve que nous savons qu'à la suite de Galilée il évaluait faussement les longueurs à donner aux pendules. A tous les points de vue l'expérience suggérée par Galilée ne pouvait que décevoir quiconque s'attacherait à la mettre en œuvre.

P. 87 [*111*]

Livre II

l. 4-14. Mersenne omet complètement les transitions savoureuses de la fin de la 1re Journée et du début de la 2e Journée (D[1], pp. 107-108 ; D[2], pp. 150-151), où Salviati reconnaît que la série des digressions qui se sont greffées successivement sur le sujet d'origine a entraîné si loin que l'on a quelque peine à se rappeler ce sujet, à savoir la résistance des prismes et des cylindres à la rupture par traction longitudinale. Cette omission prive le lecteur français de quelques notes d'une réflexion très précieuse. Sagredo rappelle que c'est principalement au vide que la résistance à la rupture a été rapportée, et Salviati énonce que, quelles que soient les discussions à cet égard, il suffit que ladite résistance soit bien conçue comme une propriété interne. C'est dire, en termes suffisamment clairs, que le premier objet de cette *nouvelle science* annoncée au début de la 1re Journée n'a pas été atteint sous la forme où on aurait pu s'y attendre. *More geometrico,* il n'a pu être donné aucune règle générale permettant de déterminer la résistance à la rupture. Mais dans la mesure même où le dialogue reprend sur ces mises au point, il est évident que la 2e Journée va avoir pour but principal de fixer le statut rationnel de la *nouvelle science,* c'est-à-dire de la résistance des matériaux. Et, à cet égard, la déclaration de Salviati est catégorique : il s'agit de déterminer par des démonstrations précises *le rapport* de la résistance à la rupture par traction transversale à la résistance à la rupture par traction longitudinale. Mersenne n'a rien retenu de la netteté de ce projet mathématique (D^1, pp. 108-109 ; D^2, pp. 151-152).

l. 14. Salviati prend pour exemple une baguette d'acier ou de verre (D^1, p. 108 *in fine ;* D^2, p. 151 *in fine*).

l. 15-17. En parlant de 100 livres dans le cas de la traction transversale, Mersenne ne conserve pas les illustrations numériques de Salviati qui donnent au rapport précédent la valeur de 1/20 (D^1 et D^2 : *ibid*).

P. 87 [*112*]

l. 2 La « prétention » de Galilée n'est pas celle que dit Mersenne. (Cf. la note ci-dessus.)

l. 6. Mersenne énonce bien la condition essentielle de la recherche sur laquelle insiste Galilée, à savoir que l'on raisonnera toujours sur des corps de *même matière* (D^1, p. 109 *ad lim. ;* D^2, p. 152 *ad lim.*).

l. 7. Le verbe *supposer* est à prendre ici encore au sens étymologique : Mersenne considère comme Galilée que le principe du levier est « démontré », et le fondement qu'il constitue n'a rien d'une hypothèse au sens moderne.

l. 8-12. Le principe du levier rappelé ici par Mersenne, Simplicio estimait qu'Aristote avait été le premier à le démontrer dans ses *Problèmes Mécaniques* (850 a 30 sq.). A quoi Salviati répliquait qu'Archimède avait pour sa part apporté une démonstration plus rigoureuse et plus compréhensive dudit principe dans son traité sur l'*Equilibre* (cf. D^3, pp. 715-722).

l. 13-16. En vertu de la méthode déjà appliquée au livre I des *Nouvelles Pensées* (cf. p. 1).

l. 16-20. Cet avertissement, propre à Mersenne, est conforme à la lettre des *Discorsi* mais ne respecte pas l'esprit. Si les premières propositions de Salviati concernent en effet les prismes et cylindres scellés dans des murailles, c'est afin de déterminer des règles générales pour les moments de rupture : il y a unité profonde de l'ensemble des considérations présentées.

P. 87 [*113*]

Article I (D^1, pp. 109-111 ; D^2, pp. 152-154)

l. 1-3. Titre de l'article : dans les *Mechaniques de Galilée,* chapitre IV (éd. Rochot, pp. 30-32), Mersenne parle de l'*un des principes généraux des Mechaniques* et ne souffle mot d'Archimède. Ce qui n'était qu'*un* principe général est devenu ici *le* principe *le plus simple* de *toutes* les Mechaniques. Tout se passe comme si la lecture des *Discorsi* avait fait prendre conscience à Mersenne du caractère privilégié et fondamental de la loi du levier, et cela en référence à Archimède dont la contribution est décomposée en *deux* propositions.

l. 4-11. Les deux propositions d'Archimède sont la « supposition » ou axiome d'équilibre de deux poids égaux suspendus à une balance à bras égaux et la loi du levier proprement dit. Mais en retrouvant à travers le texte des *Discorsi* la référence à Archimède, Mersenne élimine les nuances très importantes que contenait le chapitre III des *Mechaniques* (pp. 27-29) sous l'influence des ouvrages de Commandin et de Luca Valerio. Nuances qui consistent dans le fait de distinguer plusieurs *suppositions* préalables, la deuxième de ces suppositions étant relative à l'existence du *centre de pesanteur*. C'est de cette pluralité de « suppositions » que Salviati se dégage pour ne conserver que l'axiome unique relatif aux poids égaux, et c'est ainsi qu'il pense suivre « une voie un peu différente de celle d'Archimède » (D^1, p. 109 ; D^4, p. 152). Il y a là une nuance nouvelle qui échappe manifestement à Mersenne.

On peut résumer en clair le débat sous-jacent de la manière suivante :

1° Galilée a compris que la deuxième supposition ci-dessus citée, c'est-à-dire le postulat d'existence du centre de gravité, place en tête de l'élaboration une pétition de principe.

2° Il a cru pouvoir présenter une démonstration de la loi du levier à partir de l'unique axiome des poids égaux et sans aucun appel à la notion de centre de pesanteur — ce qui est inexact : sa démonstration ne vaut pas mieux à cet égard que celle d'Archimède.

3° Mersenne prend la nouvelle présentation de Galilée pour identique à celle d'Archimède sans s'embarrasser d'aucune critique et en passant complètement à côté du débat difficile sur les principes.

l. 13-17. L'illustration numérique élémentaire est de Mersenne.

l. 19. Galilée a, en effet, rédigé le *Trattato di Mecaniche* en 1593, traité inédit en italien lorsque parut en français la « traduction » de Mersenne en 1635. Le chapitre IV du texte de Mersenne correspond au passage des *Mecaniche* (ou *Meccaniche*) reproduit en *Ed. Naz,* II, pp. 161-163.

l. 19-22. Les fautes auxquelles fait allusion Mersenne se situent à la fin du chapitre IV des *Mechaniques de Galilée* (fin de la p. 31, début de la p. 32) pour le calcul géométrique qui est repris ici *infra,* p. 116, premières lignes. Ces fautes consistent dans le fait de lettres mises à la place d'autres en ce qui concerne les divers points de la figure et sont assez incohérentes pour qu'il soit difficile de leur assigner une origine précise. La manière dont Mersenne attribue ici le chapitre IV à Galilée lui-même : « ce qu'il a déjà fait voir » (ligne 18), avant même d'avouer « qu'il s'y est coulé des fautes », ne manque donc pas de saveur.

Remarquons en outre que Mersenne recourt à une curieuse méthode pour suppléer l'absence de corrections dans l'édition des *Mechaniques :* il reprend la figure publiée dans ce dernier ouvrage, laquelle correspond à la figure des *Mecaniche* (éd. Rochot, p. 30 ; *Ed. Naz,* II, p. 161) et s'abstient de reproduire celle des *Discorsi* qui en diffère pourtant sensiblement (cf. page suivante). Il demande donc à son lecteur de suivre la démonstration corrigée, et en principe correcte du chapitre IV des *Mechaniques* à travers la transcription de la démonstration des *Discorsi* qui ne fait pas allusion à l'ancienne démonstration des *Mecaniche.* Comme dans sa transposition Mersenne ne manque pas de s'embrouiller (confusion accrue par de fausses corrections indiquées dans l'erratum !), le lecteur des *Nouvelles Pensées* doit faire montre de patience pour démêler cet enchevêtrement.

P. 87 [*114*]

l. 1. Galilée appuie sa démonstration sur un prisme ou un cylindre solide suspendu à un bras de balance.

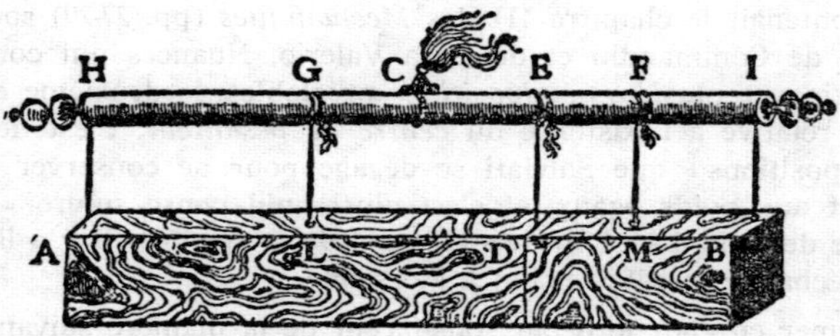

l. 4-8. C'est cette *évidence* qui est trompeuse et à laquelle Mersenne se laisse prendre à la suite de Galilée. Car il ne suffit pas que les deux moitiés du cylindre homogène aient le même poids. L'énoncé suppose que l'on *voit* ces deux poids appliqués au milieu de chacune des parties : l'évidence évoquée n'est en réalité qu'une pétition de principe (D^1, p. 109 *in fine* ; D^2, p. 152 *in fine*).

P. 88 [*115*]

l. 11-15. Nouvelle forme de la pétition de principe susdite. Le point de « suspension » M est vu comme point d'application du poids du cylindre E I, ce qui suppose la notion de *centre de pesanteur* pour le milieu de ce cylindre.

P. 88 [*116*]

l. 1 sq. Les erreurs relevées à la page précédente (l. 14 à 24) et ici (l. 2 à 11) proviennent principalement de l'interversion des lettres H et N due probablement à l'écriture déplorable de Mersenne.

l. 9. La formule « en changeant » transcrit le mot « convertendo » employé par Salviati (D^1, p. 111 ; D^2, p. 153 *in fine*). Sur le sens de cette opération, cf. D^4, p. 251, n. 22.

l. 18. « Cecy posé » ne veut pas dire que ce qui précédait était une condition pour formuler ce qui va suivre. Pour être plus clair, Mersenne devrait dire : « ceci étant, on peut de plus parler en faisant abstraction ou non de la matière ».

P. 88 [*117*]

(Article II (D^1, pp. 111-113 ; D^2, pp. 154-156)

l. 8-10. Le chapitre V des *Mechaniques de Galilée* (éd. Rochot, pp. 32-34) confirmait la loi de l'équilibre du levier droit par la considération des arcs

de cercle décrits par les extrémités, c'est-à-dire par le principe des vitesses virtuelles aristotélicien. Il va sans dire que Mersenne ajoute ici de son cru en disant qu' « il faut se souvenir de cette démonstration ». Galilée n'a évidemment aucun besoin d'une telle référence, ni aucun scrupule à cet égard.
Deux mots, sous la plume de Mersenne, sont ici caractéristiques pour comprendre ses propres hésitations : balance (l. 7) et levier (l. 11). La balance est horizontale, le levier a une position inclinée quelconque. Mersenne a l'impression que de la balance au levier il est nécessaire de marquer une progression logique : mais comme le confirme la suite, il n'a pas bien compris la notion de *moment* chez Galilée.

l. 10 sq. Dans les *Discorsi*, Galilée nous propose deux figures à l'appui de sa démarche (D[1], pp. 112 et 113 ; D[2], pp. 154 et 155). La première a pour but d'illustrer la différence qu'il convient de marquer entre le levier considéré abstraitement, c'est-à-dire « immatériel et sans gravité » et le levier matériel, donc doté de gravité. Salviati insistait bien sur ce point : « quand il s'agira de l'instrument envisagé dans l'abstrait, c'est-à-dire séparé de la gravité inhérente à sa matière, nous dirons que nous le prenons de *façon absolue ;* quand nous ajouterons à la simple figure la matière, et avec celle-ci la gravité, nous désignerons une telle figure réunie à la matière par le terme de *moment* ou *force composée* » (D[1], p. 112 ; D[4], p. 155 ; cf. *infra,* p. 118, note suivante). Mersenne se sert d'une même et unique figure pour transcrire la première partie du discours de Salviati et la démonstration qui suit.

P. 88 [*118*]

l. 8-11. L'affirmation de Mersenne concernant la « diction » de *moment* s'explique lorsqu'on se reporte aux *Mechaniques de Galilée,* chapitre II, Définition II (éd. cit., pp. 26-27). Le moment dont Mersenne dit alors qu'il est une « inclination composée répondant au ῥοπή des Grecs » n'est que le produit du poids par la distance linéaire au point d'appui. Bien qu'il ait ensuite dit (ch. III, 3e supposition et ch. V *in fine*) que, dans les équilibres, ce sont les *distances horizontales* qu'il faut considérer, Mersenne n'a pas saisi la transformation bien facile de langage permettant de rejoindre Galilée.
Il convient néanmoins d'ajouter, à sa décharge, que Galilée ne s'exprime pas avec toute la clarté désirable, puisque, à propos de la question qui est traitée ici, c'est-à-dire lorsqu'on tient compte de la gravité propre du levier, il dit qu'il parlera du *moment* ou *force composée* (cf. *supra,* p. 117, note l. 10 sq.). Sur le terme de *moment,* cf. D[3], pp. 724-726.

l. 22. Ce que Mersenne qualifie ici de première proposition n'est pas considéré comme tel par Galilée, qui voit dans la démonstration qui suit le principe permettant d'énoncer les propositions ultérieures. La première proposition de Galilée, à laquelle Mersenne consacre l'article suivant, est la deuxième dans le découpage du Minime qui compte en tout dix-neuf propositions dans le livre II des *Nouvelles Pensées.*

P. 88 [*119*]

l. 1-3. La remarque vise la figure de la page 117 et se place dans la perspective d'une production hâtive où l'auteur se voit réduit faute de temps à corriger les défauts par des notes insérées dans le texte même. Notons cependant que d'après p. 118, l. 21, G et F sont sur l'horizontale de B, et que Mersenne devrait plutôt introduire un nouveau point pour désigner l'intersection de C B avec la verticale de A.

l. 9. Dans le groupe : « sont comme C B », il manque un terme. Il faudrait « sont à la puissance de C comme C B... ».

Au bout de la ligne, F B indique que Mersenne projette horizontalement et il oublie, au début de la ligne suivante, que G n'est plus sur l'horizontale F B en raison de la note introduite ci-dessus.

l. 10. Ecrire : « comme E C à D » ne concorde pas avec la définition donnée pour D à la ligne 4. Mais c'est à la ligne 4 que Mersenne avait mal posé sa définition.

Remarque d'ensemble. — Le problème traité met en évidence ce que Galilée voulait dire lorsqu'il parlait de *moment ou force composée.* Salviati énonce d'ailleurs nettement (D^1, p. 112 ; D^2, p. 155) que la pierre A touchant le sol en B ne pèse pas sur l'extrémité C du levier chargé de la soulever, de tout son poids, mais avec un *moment* plus petit. Le moment ou force composée d'un corps matériel doué de gravité se distingue donc de cette gravité : c'est l'action due à la gravité telle qu'elle se manifeste en C tandis qu'il y a appui en B.

Article III (D^1, pp. 114-116 ; D^2, pp. 156-158)

l. 19 sq. L'article III de Mersenne regroupe les propositions I, II et III de Galilée.

P. 89 [*120*]

l. 1. Salviati mentionne avec le bois, le verre et le fer comme matériaux « susceptibles de se briser » (D^1, p. 114 *ad lim.* ; D^4, p. 156).

l. 5. La figure reproduite ici correspond pour l'essentiel à celle que nous proposent les *Discorsi.* Notons cependant que la partie D F G C n'est par représentée sur la figure donnée en D^1, p. 114 ; D^2, p. 156. Mersenne emprunte cette partie à la figure que l'on trouve trois pages plus loin dans les *Discorsi* (D^1, p. 117 ; D^2, p. 159). Il reproduira exactement la même figure à la page 126 des *Nouvelles Pensées :* exemple caractéristique de réduction à une seule figure — répétée — par condensation d'éléments empruntés à deux figures (cf. *supra,* préface, note l. 14 de la première page).

l. 8. Salviati a un langage plus adéquat. Il ne dit pas que le prisme est « attaché », mais « fixé *dans* le mur » (D^1, p. 114 ; D^2, p. 156).

l. 10. Mersenne a de la peine à mettre l'accent sur le but essentiel de la recherche, à savoir le rapport des résistances sur lequel Salviati revient pourtant explicitement (D^1, pp. 114-115 ; D^2, pp. 156-157). Mais il est vrai que ce rapport ne fera connaître la résistance à la rupture transversale que si l'on connaît par ailleurs la résistance à la rupture longitudinale. Sur la démarche de Galilée pour établir sa première proposition, cf. D^4, p. 254, n. 53, et sur les critiques qu'elle suscitera, cf. D^3, pp. 727-730.

La réaction de Descartes devant cette proposition de Galilée ne témoigne pas d'une nette compréhension des données du problème évoqué et de leur solution par le savant italien, qu'il juge sévèrement : « Il compare la force qu'il faut pour rompre un baston de travers, avec celle qu'il faut pour le rompre en le tirant de haut en bas, & dit que, de travers, c'est comme un levier dont le soustien est au milieu de son espaisseur ; ce qui n'est nullement vray, et il n'en donne aucune preuve » (lettre citée, *A-T*, II, p. 385, l. 25 - p. 386, l. 2). Répondant le 15 novembre 1638 à Mersenne qui l'interrogeait sur ce problème, Descartes confirme son premier jugement négatif en écrivant au Minime : « pour ce qui est de rompre des cylindres de long ou de travers, je croy que c'est tout à fait peine perduë, & qu'il est impossible de trouver aucune proportion entre l'un et l'autre... » (*ibid.*, II, p. 439, l. 11-14). Les réponses de Descartes ne semblent pas avoir satisfait Mersenne qui continuait de trouver de la difficulté sur ce sujet. Sollicitant l'auteur de la *Dioptrique* sans doute avec insistance, ce dernier finit par lui répondre — sans beaucoup plus de bonheur — en une lettre tout entière consacrée au problème posé par Galilée dans ce passage des *Discorsi* (cf. lettre à Mersenne de septembre 1647, *A-T*, V, pp. 74-77).

P. 89 [*121*]

l. 2. Mersenne écrit : « l'un revient à l'autre », mais Salviati exprime plus nettement en quoi la résistance à la traction de haut en bas (envisagée dans la 1re Journée) est la même que la résistance à la traction horizontale pour un prisme lui-même horizontal. Elle réside dans « la liaison de la base A B et des parties contiguës » et s'oppose à une « traction en ligne droite » (D^1, p. 115 ; D^2, pp. 156-157), c'est-à-dire longitudinale.

l. 3. L'illustration numérique de « trois cent soixante degrés » est propre à Mersenne et n'est certainement pas choisie au hasard. Salviati appelle résistance *absolue* la résistance à la rupture par traction longitudinale ; Mersenne ne reprend pas l'expression, mais retient l'idée correspondante, à savoir que cette résistance est une totalité par rapport à laquelle les autres résistances, notamment la résistance à la traction transversale, seront conçues comme parties. Il y a analogie avec la totalité de 360° dont un angle n'est qu'une partie.

l. 4 sq. Il semble bien que « le poids de 360 livres » n'est qu'une autre manière de traduire la force capable de rompre le prisme en traction longitudinale et qu'il ne faille pas chercher à l'identifier soit au poids du prisme, soit au poids E suspendu au bout. Mais il faut bien avouer que dans la mesure où la phrase de Mersenne conjoint l'illustration numérique avec l'affirmation que le prisme doit se rompre en B, on peut se demander si un lien entre les deux n'est pas à l'arrière-plan dans la pensée de l'auteur.

l. 16-18. Mersenne reprend ici l'expression de Salviati « résistance absolue », mais il commente de manière ambiguë en parlant de « traction perpendiculaire ». Il s'agit bien pourtant d'une traction longitudinale puisqu'il parle ensuite de la résistance « considerée de travers ».

P. 89 [*122*]

l. 7-13. C'est en vain que l'on peut chercher « à la fin de ce livre » la réalisation de ce que promet ici Mersenne. On l'imagine sans peine. La connaissance d'un *rapport* ne donne l'un des termes que lorsqu'on a l'autre par ailleurs. Et cela ne va pas « sans expérience ».
On prend ici Mersenne sur le vif : n'ayant pas très bien compris dès le départ, il s'enthousiasme pour la proposition qu'il vient de lire dans les *Discorsi*, et il

fait une promesse présomptueuse qu'il ne pourra pas tenir. Mais il n'en dira rien le moment venu. Tout ceci témoigne d'une rédaction exécutée au fil de la lecture des *Discorsi,* à la hâte.

l. 15 sq. Exemple conforme à celui donné par Salviati pour expliquer comment on doit tenir compte de la pesanteur de la poutre.

l. 25. Par « mitan » il faut entendre naturellement « milieu ».

P. 90 [*123*]

l. 1 sq. En rappelant qu'il faut ajouter « seulement » la moitié du poids du cylindre, Mersenne se fait l'écho des explications que Salviati donnait à Simplicio s'étonnant qu'il faille conférer à E une valeur de onze et non pas de douze livres (D^1, p. 115 ; D^2, pp. 157-158).

l. 9 sq. Salviati parle bien de « règle », mais ne précise pas dans quelles conditions on cherche à la rompre. La raison de cette imprécision vient de ce qu'il désire seulement savoir « d'après quelle proportion... un prisme plus large qu'épais résiste mieux à la rupture quand la force s'exerce selon sa largeur que quand elle s'exerce selon son épaisseur » (D^1, p. 116 *ad lim. ;* D^4, p. 158) et pour déterminer cette proportion, il est inutile en effet de s'embarrasser du mode de fixation pourvu que l'on considère les résistances à la rupture pour la même section du prisme placé tantôt « sur la tranche », tantôt « à plat ». En se croyant obligé de préciser que la règle est « fermement arrêtée par un bout », Mersenne montre une fois de plus qu'il ne comprend pas bien l'intention de Galilée.

P. 90 [*124*]

l. 1-5. L'énoncé de cette proposition (qui n'est dans les *Discorsi* que la proposition II : cf. D^1, p. 116 *ad lim. ;* D^2, p. 158) est ici l'inverse de celui donné par Salviati. Mersenne intervertit largeur et épaisseur parce qu'il entend « rompre par l'épaisseur » ce que Salviati appelait « exercer la force selon la largeur ». Il faut reconnaître que l'expression de Mersenne est susceptible d'introduire une confusion regrettable dans l'esprit de son lecteur.

l. 8-10. Mersenne abandonne l'application de la proposition précédente sur laquelle s'appuie Salviati pour proposer une démonstration ou une justification de son cru qui est fort mal venue. Il n'y a pas plus de fibres à rompre que la règle soit sur la tranche ou à plat.

l. 12. La figure proposée par Mersenne reproduit assez fidèlement l'original du texte italien. Seules les lettres sont différentes. Dans les *Cogitata, op. cit.,* Mersenne reproduira une figure semblable à celle proposée ici dans les *Nouvelles Pensées* (cf. *Tractatus mechanicus,* prop. XVIII, pp. 63, 65 et 66). Il n'est pas sans intérêt de noter qu'en cette occasion, où le problème du point de rupture d'un cylindre fiché dans un mur est abordé, Mersenne renverra son lecteur directement à la page 115 des *Discorsi* sans mentionner sa propre transcription en français (cf. p. 65). C'est également à l'original de Galilée que le Minime se référera plus tard dans les *Reflexiones physico-mathematicae* (1644), ch. XVIII, *De vi sive resistentia cylindrorum,* pp. 149-150.

P. 90 [*125*]

l. 3. Presser sur l'épaisseur est donc pour Mersenne l'équivalent de l' « agir selon la largeur » de Salviati.

l. 7-8. Cette proportion résulte immédiatement de l'application de la proposition précédente, c'est-à-dire de la deuxième chez Mersenne, et on s'attendrait à ce que Mersenne le dise ici. Il n'en est rien cependant.

l. 12-13. On a à nouveau ici interversion de l'épaisseur et de la largeur en raison du vocabulaire de Mersenne, et cette imprécision fâcheuse se double d'une erreur à la fin de la phrase : il faut évidemment « largeur » à la place de « longueur ».

l. 15. Il faut entendre « résistance à la rupture ». Au lieu de « pesanteur », Salviati parle de « momento della propria gravità » (D^1, p. 117 *ad lim.;* D^2, p. 158 *in fine;* cf. *infra,* p. 127, note l. 3-8). Les prismes ou cylindres doivent demeurer parallèles à l'horizon.

l. 18-20. Troisième proposition chez Galilée en vertu de laquelle le « moment augmente comme le carré de la longueur » (D^1, p. 117 ; D^4, p. 159 *ad lim.*).

P. 90 [*126*]

l. 1 sq. Sur la figure, cf. *supra,* p. 120, note ligne 5.

l. 6-7. La phrase est mal construite. Il faudrait : « La pesanteur C F jointe à celle de C B constitue la pesanteur B G, laquelle croît en même raison... »

l. 11-12. Les expressions qu'emploie Mersenne sont défectueuses. Les augmentations ne s'ajoutent pas mais se composent. Et la propriété à énoncer résulte du fait que le moment de la force agissant contre la résistance augmente dans la proportion du levier et dans celle du poids (D^1, pp. 117-118 ; D^2, p. 159). Ce qui suppose que l'on ne considère ici que le poids de la poutre et non pas ce poids plus le poids de D F G C (qu'on peut estimer représenté par la masse E) sur la figure de Mersenne. Salviati le précisait bien, mais Mersenne n'y a pas pris garde.

P. 91 [*127*]

l. 3-8. La Proposition V, qui n'était dans les *Discorsi* que la Proposition III, met en évidence le défaut du vocabulaire de Mersenne. Là où il dit « la force des prismes... », Salviati disait « le moment propre de la gravité », ce qui était sans ambiguïté et ne permettait pas de douter qu'il s'agissait d'évaluer l'*un* des éléments nécessaires pour juger de l'équilibre d'une poutre encastrée. Mais un des éléments seulement.
Le mot « force » (l. 4) semble d'ailleurs avoir été ajouté par Mersenne après coup. Grammaticalement, la phrase n'est correcte en effet que si on enlève « la force », et tout se passe comme s'il s'agissait là d'une addition sur épreuves

avec oubli de la correction qu'elle entraîne dans le sujet de la phrase : addition malencontreuse en raison de la remarque ci-dessus.

Article IV (D[1], pp. 118-124 ; D[2], pp. 160-165)

l. 10 sq. Cet article groupe les propositions IV à VI de Salviati.

Le libellé est conforme aux expressions employées dans ces propositions mais en évoquant la résistance « des prismes et cylindres.... esgaux en grosseur, & inesgaux en longueur », Mersenne a-t-il bien conscience d'une différence, sur ce point particulier, avec la proposition qu'il vient d'énoncer ci-dessus, en lui donnant le numéro V ?

P. 91 [*128*]

l. 6-13. Mersenne transcrit ici correctement le contenu de la pensée de Galilée et met l'accent sur l'essentiel : la notion de résistance absolue, sur la base, proportionnelle à la surface, rapportée à la résistance élémentaire d'une fibre (tension interne dans notre vocabulaire moderne ; cf. D[1], pp. 118-119 ; D[2], p. 160).

l. 17. Les « figures » en question sont sans rapport avec celles de l'original.

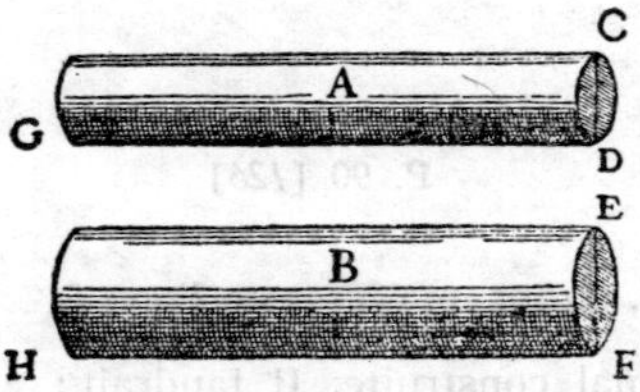

En revanche, dans le *Tractatus mechanicus*, prop. XIX : *Cylindrorum longitudine aequalium et inaequalium crassitudine, vel tam longitudine quam crassitudine inaequalium robur seu resistentiam definire, simulque comparare* (*loc. cit.*, pp. 68-72), Mersenne s'appuie sur des figures qui sont plus proches de celles des *Discorsi*. Agissant toujours en diffuseur de la pensée de Galilée, le Minime donne à son lecteur une version latine des propositions IV et suivantes de la *Deuxième Journée* (D[1], pp. 118 sq. ; D[2], pp. 160 sq.), sans faire allusion aux *Nouvelles Pensées*.

l. 18. Par le mot « soutien », Mersenne désigne les points d'application des forces appliquées pour vaincre les résistances sur les bases. Venant après le mot « levier », l'expression est ambiguë et risque de laisser le lecteur perplexe.

P. 91 [*129*]

l. 2 sq. Mersenne transcrit encore correctement le principe adopté par Galilée, mais laisse passer une occasion de donner un complément omis par le texte des *Discorsi*. La « réduction au centre des bases » postule en effet que l'on conçoit bien que l'ensemble des résistances des fibres toutes égales, comme les pesanteurs des particules toutes égales (qui forment la section de base), se composent au centre. Le postulat est donc encore présent ici (D[1], p. 119 ; D[2], p. 160).

l. 6-7. Salviati disait plus correctement (D[1], D[2], *ibid*) que les « forces », c'est-à-dire les moments), sont *dues* à des leviers égaux. C'est ici que le terme « moment » fait chez Mersenne cruellement défaut. Il serait beaucoup plus simple et plus clair de dire que les moments des forces appliquées en D et F pour obtenir la rupture sont entre eux comme ces forces elles-mêmes en raison de l'égalité des bras de levier G D et H F, et que, d'autre part, les moments des résistances qu'ils doivent vaincre sont comme les produits des aires de section ou de base par les demi-diamètres ou comme les cubes de ces demi-diamètres.

l. 20-21. Mersenne veut évidemment ici suivre Salviati, qui énonce que « les résistances des cylindres sont entre elles comme les cubes des diamètres ». Mais, d'une part, sa phrase est mal construite, puisque le sens à donner à « comme *leurs* cubes sont à *leurs* diamètres » n'est pas évident et est susceptible de plusieurs interprétations discordantes ; d'autre part, il y aurait lieu de dissiper une équivoque présente dans le vocabulaire même de Salviati. Cette équivoque consiste à employer le même mot de résistance pour désigner d'abord la force de cohésion sur la base de chaque cylindre et ensuite la force qui en résulte à l'extrémité du levier G D ou H F pour contre-balancer la force appliquée afin de réaliser la rupture.

l. 22-27. Salviati énonce cette conséquence — à titre de corollaire — en la prolongeant (D[1], p. 119 ; D[2], p. 161). Il déclare en effet que les résistances sont en raison sesquialtère des volumes, donc aussi *des poids* (cf. D[4], p. 255, n. 54). Or si l'on tient compte des poids des cylindres, conformément à ce qui a été dit plus haut (p. 122), la moitié du poids intervient dans la force appliquée effectivement à l'extrémité D ou F. Ainsi l'énoncé galiléen relatif aux « résistances » n'est correct que si l'on y entend la résistance au sens de la réaction contre la force précédente, globale, et non pas de la réaction contre le poids E de la figure des pages 120 et 126. Dans la mesure où Mersenne garde son attention sur cette figure (cf. p. 128, l. 17), il devrait s'apercevoir qu'il y a difficulté pour lui.

P. 91 [*130*]

l. 6-8. Cf. Livre I, art. XVIII, *Remarque pour l'intelligence des termes*, pp. 78-79 et notes *ad loc.*

l. 10. Mersenne reproduit fidèlement la figure des *Discorsi.*

l. 12-13. Ce n'est pas ce que dit Salviati. Il dit que si la corde attachée en A et portant le poids C se rompt en E, elle se rompra en ce même point, que l'on attache la corde en D si proche que l'on voudra de E et que l'on suspende en F également si proche que l'on voudra de E le poids C augmenté du poids de la corde B F. Autrement dit, le fragment D F de la corde se rompt au *même point E* que la corde A B et la *longueur de la corde ne fait rien à l'affaire,* quoi qu'en pensent Simplicio et beaucoup d'autres (D[1], pp. 120-121; D[2], p. 162).
Mersenne n'a pas bien compris.

P. 92 [*131*]

l. 1-3. Mersenne fait une proposition (la septième) de ce qui n'était donné par Salviati que comme un complément d'explication consécutif à une demande de Simplicio.
Le cas de la corde illustre simplement le fait de la « résistance absolue » (cf. p. 128) et Mersenne ne s'en aperçoit pas.

l. 10-14. La huitième proposition, qui porte le numéro V chez Galilée, n'est pas très précisément transcrite par Mersenne. Cela donne, en français moderne : « Des prismes et des cylindres, différents par la longueur et par l'épaisseur, présentent une résistance à la rupture qui est en raison directe des cubes des diamètres de leurs bases et en raison inverse de leurs longueurs » (D[1], p. 121 ; D[4], pp. 162-163). Sur la démonstration de Galilée, cf. D[4], p. 255, n. 55. Mersenne s'appuie sur la même figure que celle des *Discorsi* (D[1], p. 122 ; D[2], p. 163).

P. 92 [*132*]

l. 7-12. Mersenne suit fidèlement l'exposé de Salviati (D[1], pp. 121-122 ; D[2], p. 163) et on ne saurait lui adresser de critique. Mais il faut remarquer ici, à l'usage du lecteur moderne, combien le langage de Salviati a besoin d'être éclairé. Les énoncés ne sont corrects que si l'on entend la résistance au sens que nous précisions plus haut (fin de la note de la p. 129, l. 20-21). En particulier, l'affirmation concernant les cylindres de même section et de longueurs différentes n'est exacte qu'à cette condition. Et Mersenne, qui a mal transcrit plus haut l'énoncé de la proposition III (cf. p. 127), devrait normalement réagir. Il devrait même, conformément à ce qu'il annonçait dans le titre de l'article IV, p. 127, détacher nettement le cas, faire une proposition spéciale — cela vaudrait ici la peine, bien davantage que pour la corde ci-dessus — pour les cylindres de même section et de longueurs différentes. Il devrait dire que si la « force » de ces cylindres est proportionnelle au carré de la longueur (propos. III), leur « résistance » est seulement proportionnelle à la longueur. S'il ne fait pas tout cela, c'est, comme nous l'avons dit dans la note (article IV, p. 127, l. 10 sq.) qu'il n'a pas bien compris et qu'il laisse passer une occasion de réviser le vocabulaire et d'éclairer pleinement le lecteur.

l. 24-25. Alors que Galilée se sert d'une figure différente (D[1], p. 123 ; D[2], p. 164).

P. 92 [*133*]

l. 1-6. La neuvième proposition de Mersenne est la proposition VI du texte italien. Le Minime emploie encore ici le mot « force » là où Salviati parle du moment de la gravité : « Étant donné des cylindres et des prismes semblables, les moments obtenus en composant leurs gravités et leurs longueurs — ces dernières se comportant comme des leviers — sont entre eux dans un rapport sesquialtère du rapport des résistances de leurs bases » (D[1], p. 122 ; D[4], p. 163).

l. 9. En écrivant : « pour vaincre », le défaut du vocabulaire de Mersenne se fait ici très sensible. Salviati parle du moment par lequel la gravité « agit contre la résistance de la base » (D[1], D[2], *ibid.*), ce qui ne veut pas dire qu'il se place dans la perspective où cette résistance est près d'être vaincue. Mersenne, qui a dans l'esprit le mot « force » et la figure des pages 120 et 126, emploie une expression équivoque et susceptible d'égarer le lecteur.

l. 14-15. L'expression « forces des solides à l'égard de la résistance de leurs bases » rétablit la juste perspective. Ces forces, dont on va évaluer le rapport, sont considérées en elles-mêmes et non pas en fonction de ce qu'elles devraient être « pour vaincre » les résistances.

P. 92 [*134*]

l. 1. Par les mots : « la force de leurs leviers », Mersenne reprend très exactement l'expression de Salviati (D[1], p. 122 *in fine ;* D[2], p. 164), mais il n'est pas certain qu'il la comprend. La suite montre qu'il faut entendre par force d'un levier le rapport des bras. Le produit du poids de chaque cylindre par le rapport de la demi-longueur au demi-diamètre de la base donne la force, au sens strict, par laquelle la pesanteur du cylindre agit contre la résistance de la base par l'intermédiaire du levier coudé A B C ou D E F.
Autrement dit, la « force du levier » est une sorte de coefficient de transmission.

l. 3-6. Pour bien faire comprendre au lecteur ce que nous venons d'appeler coefficient de transmission, il faudrait parler des demi-longueurs qui sont les bras de leviers réels des poids des cylindres. Sans doute, pour le résultat qui est en vue (à savoir que les « forces des deux leviers » coudés A B C et D E F sont égales en raison de la similitude des cylindres), parler de longueur au lieu de demi-longueur n'a aucune importance. Mais cela a une importance pour le raisonnement. Comme Mersenne suit ici fidèlement le texte des *Discorsi,* c'est à Galilée lui-même qu'il convient d'adresser le reproche.

l. 7. Salviati dit « moment total » (D[1], p. 123 ; D[2], p. 164). L'expression de Mersenne « force entière » est ici meilleure, car ce que le coefficient de transmission susdit permet de juger, c'est la traction opérée sur la base par l'effort de la gravité. C'est une force et non pas un moment.

l. 11. Le rapport des poids, égal au rapport des volumes, est bien le cube du rapport de similitude. Salviati ne le dit pas mieux que Mersenne et parle lui aussi de la raison triplée des diamètres (cf. D[4], p. 255, n. 56).

l. 18-19. C'est ici le résultat fondamental qui éclaire *more geometrico* les considérations annoncées au début de la Première Journée (D[1], pp. 2-3 ; D[2], pp. 52-53) ; aussi mériterait-il d'être mieux exprimé et mis en lumière. Le mot « résistance » a dans la phrase présente un nouveau sens, comme le mot « force » l'avait plus haut dans l'expression « force de levier ». Il s'agit en effet de la comparaison entre la résistance, au sens strict, de la base du cylindre, avec l'action contraire, avec l'effort contre elle de la pesanteur du cylindre. On vient de démontrer que pour des cylindres semblables les deux termes ne sont pas *semblables,* l'un étant comme le carré du rapport de similitude, tandis que l'autre est comme le cube. Autrement dit, le rapport de la résistance de la base à l'effort contraire de la gravité n'est pas comme le rapport des dimensions géométriques : ce n'est pas un invariant par similitude. Et on peut même dire comment ce rapport, mécanique, varie en fonction du rapport géométrique de similitude qui permet de passer d'un cylindre à un autre. Le rapport mécanique considéré dans un même cylindre varie d'un cylindre à l'autre en raison inverse du rapport de similitude géométrique, ce qui donne corps à l'idée qu'un plus grand corps est plus fragile qu'un plus petit. Voilà ce que le lecteur serait en droit d'avoir comme explication plus détaillée, et ce qu'il n'a pas, que ce soit de la part de Salviati ou de la part de Mersenne.

l. 21-23. Pour l'exemple évoqué cf. *supra, Nouvelles Pensées,* livre I, art. 1, p. 3, note l. 11. Mais Galilée compare bien ici les hommes grands avec les petits enfants (D[1], pp. 123-124 ; D[2], pp. 164-165).

P. 93 [*135*]

l. 1-2. Il eût mieux valu dire : « on n'en trouve point deux qui aient la même résistance », le terme de résistance étant à entendre dans le sens du rapport expliqué dans les notes précédentes.

l. 4-11. La remarque de Mersenne renvoie à l'éclaircissement commenté, *supra,* pp. 78-79, mais n'est pas éclairante. « Oter la raison doublée de la raison triplée » n'est pas une « manière de parler » susceptible de « ne troubler personne ». Il faut savoir que « ôter » signifie l'opération inverse de la « raison doublée ».

Article V (D[1], pp. 124-127 ; D[2], pp. 165-168)

l. 15. L'expression : « mesme grandeur » n'est pas claire. En réalité, il s'agit de démontrer que parmi tous les cylindres semblables, il y en a un, et un seul, qui, encastré dans un mur, se trouve en équilibre, mais à la *limite de la rupture* sous l'action de son propre poids.

l. 17-18. Mersenne rend hommage à Galilée pour l'originalité certaine de la proposition. Notons cependant qu'en 1633, Nicolò Arrighetti avait proposé une démonstration de cette proposition, qui lui valut l'éloge de Galilée (cf. D[3], pp. 731-732).

P. 93 [*136*]

l. 1. La Proposition X de Mersenne correspond à la Proposition VII de Galilée.

l. 2 sq. Il faudrait surtout dire : « semblables géométriquement », car c'est ce type de similitude qui fait le point de départ de toute la spéculation. La « similitude en pesanteur » n'est d'ailleurs bien définie que si les solides considérés sont d'abord semblables géométriquement. De ce point de vue, le texte italien qui parle de « prismi o cilindri simili gravi » (D[1], p. 124 *in fine ;* D[2], p. 165 *in fine*) n'offre pas toute la clarté souhaitable.

l. 10-11. L'expression de Mersenne : « reduit à l'extremité de sa longueur » est bien mauvaise. Salviati, dans la Proposition VII, parle plus correctement du « prisme réduit à l'état limite » entre rupture et non rupture (D[1], p. 125 *ad lim. ;* D[2], p. 166 *ad lim.*).

l. 12 sq. La transcription de Mersenne est correcte pour l'essentiel.

l. 23. Précisons : égale en longueur.

P. 93 [*137*]

La figure utilisée par Mersenne est conforme à celle des *Discorsi* (D[1], p. 125 ; D[2], p. 166).

l. 12-13. Salviati déclare : « Le poids de C E est le plus grand qu'un prisme de longueur C D puisse soutenir. » Mais, à vrai dire, l'expression de Salviati n'est pas beaucoup plus satisfaisante. Il serait infiniment plus simple et plus direct de déclarer que l'effort de la gravité du prisme C E sur sa base C est plus grand que la résistance absolue de cette base, le cube du rapport de similitude avec le prisme A B étant plus grand que le carré.

l. 22. Salviati dit « moment » là où Mersenne parle de « force ».

l. 25. Sagredo estimait que cette démonstration, « aussi claire que brève... établit la vérité nécessaire d'une proposition assez éloignée, au premier abord, de la vraisemblance » (D[1], p. 125 ; D[4], p. 166). Cette remarque, liée à ce qui suit, est un écho des réflexions initiales de la Première Journée (D[1], pp. 3 sq. ; D[2], pp. 52 sq.).

P. 93 [*138*]

l. 1. L'expression de Mersenne : « réduire au même état de résistance » est heureuse et pourrait conduire à une traduction mathématique simple. La résistance « absolue » de la base d'un cylindre ou d'un prisme est proportionnelle à la surface de cette base ou section. La « force entière » qui agit contre elle du fait de la gravité est le produit de la gravité (laquelle est proportionnelle au volume, soit au produit de la surface de base par la longueur) par la force du levier (soit le rapport de la longueur au diamètre de la base). Donc le rapport des deux termes, qui caractérise un même état de résistance, est proportionnel au rapport du carré de la longueur au diamètre de la base. Toutes les propositions qui suivent s'éclairent en fonction de cette traduction.

l. 4 sq. Proposition portant le numéro VIII chez Galilée (D^1, pp. 125-126 ; D^2, p. 166 *in fine*).

l. 13-14. C'est-à-dire p. 133.

l. 16-19. Sur cette feuille, brochée en des endroits différents selon les exemplaires des *Nouvelles Pensées*, voir Introduction p. 32. La figure en question se trouve en haut et à gauche de la planche avec la mention : « I. Pour la 139e page et les suivantes, et pour la 143. » (La figure des *Discorsi* est reproduite en D^1, p. 126 ; D^2, p. 167 ; cf. note page suivante.)

P. 94 [*139*]

l. 1 sq. Toutes les corrections apportées au texte des pages 139-140 sont motivées par une inadvertance de Mersenne qui suit la démarche de Galilée sur les lettres de la figure des *Discorsi* en oubliant que la figure qu'il offre aux lecteurs des *Nouvelles Pensées* présente une disposition inverse pour les lettres E et F.

l. 13. O est quatrième proportionnelle à D F, I et M.

Remarque générale

Mersenne suit la présentation de Salviati (D^1, pp. 126-127 ; D^2, pp. 166-167). Le lecteur moderne en aura immédiatement la clé en se reportant à la note de la page 138 ci-dessus. Il s'agit en fait de résoudre

$$\frac{d}{l^2} = \frac{d'}{l'^2}$$

c'est-à-dire de déterminer d' lorsqu'on connaît d, l, l'.

$$\frac{d'}{d} = \frac{l'^2}{l^2} = \frac{l'}{l\,\dfrac{l}{l'}}, \text{ le dénominateur } l\,\frac{l}{l'}$$

étant la troisième proportionnelle entre les longueurs l et l', et d et d' étant les diamètres des bases.

P. 94 [*140*]

l. 5 sq. Le centre de la démonstration est là. La seule différence entre le texte des *Discorsi* et celui de Mersenne réside dans l'emploi du mot « force » là où Salviati parle de « moment ». Les références manquent dans l'un et l'autre texte et il est certain que la démonstration est pénible à suivre.

l. 20. Sagredo s'étant plaint de ce caractère pénible (D[1], p. 127 *ad lim.;* D[2], p. 167 *in fine*), Salviati annonce une démonstration abrégée exigeant une figure quelque peu différente.

P. 94 [*141*]

l. 1. La figure qu'utilise Mersenne est semblable à celle des *Discorsi* (D[1], p. 127 ; D[2], p. 168). Il emploie cependant des lettres différentes.

l. 3 sq. En transcrivant l' « autre démonstration » de Salviati, Mersenne omet ce qui en fait le support, à savoir que le cylindre intermédiaire considéré, A B E, est semblable au cylindre G H I donné au départ. Il faudrait donc, l. 3-5 : « Soit donc, par exemple, la longueur donnée E B *et le cylindre A B E semblable à G H I, de longueur E B et dont* le diamètre... »
L'introduction de ce cylindre intermédiaire, qui permet immédiatement de se référer aux propositions précédemment établies, est si naturelle que l'on se demande pourquoi Salviati ne la donne qu'après avoir présenté une solution plus embrouillée.

l. 14-17. Mersenne emploie toujours le terme « force » comme « équivalent » de l'italien « momento ».

P. 94 [*142*]

l. 2. Rédaction défectueuse. Il faudrait : « comme la résistance de la base G H est à celle de la base C D ».

l. 5. La généralisation qui suit est annoncée par Salviati (D[1], p. 127 *in fine;* D[2], p. 168). Mersenne n'ajoute rien.

Article VI (D[1], pp. 128-132 ; D[2], pp. 168-172)

l. 8. La proposition qui suit n'est affectée d'aucun numéro dans les *Discorsi.*

l. 9 sq. La transcription de Mersenne présente de nombreuses insuffisances :

1° l. 9-10 : Salviati parle d'un cylindre A C « où moment *et* résistance sont reliés d'une manière quelconque » (D[1], p. 128 *ad lim.;* D[4], p. 168). C'est nous qui mettons en italique.

2° l. 13-14 : la rédaction est défectueuse. Il faudrait, en conformité avec le texte italien : « lequel ait même raison entre sa résistance et sa force que le cylindre A C ».

3° Mersenne transcrit la proposition de Salviati en conservant les lettres employées par ce dernier en référence à la figure déjà utilisée (D[1], p. 126 ; D[2], p. 167). Or le Minime oublie une fois de plus que les lettres de la figure à laquelle il renvoie son lecteur sont disposées différemment.

l. 15-21. Répétition textuelle de page 138, lignes 13-19 (cf. note *ad loc.*). On pourrait trouver dans cette répétition un indice supplémentaire de la correction hâtive des épreuves.

P. 95 [*143*]

l. 1. Ajout de Mersenne.

l. 2-7. Mersenne condense la démonstration de Salviati (D[1], p. 128 ; D[2], pp. 168-169) qui recourt aux éléments I, M et O définis par le Minime, *supra*, p. 139.

l. 8 sq. Mersenne suit les conséquences de la proposition telles qu'elles sont énumérées par Salviati (D[1], p. 128 ; D[2], p. 169). Un certain nombre d'exemples ont déjà été évoqués au tout début de la Première Journée (D[1], pp. 4-5 ; D[2], pp. 52-53), mais Salviati distingue ici les produits de l'art et ceux de la nature. Mersenne, qui ne mentionne pas cette nuance, introduit les violes (instruments de musique) et les chaînes de fer (l. 10-11) parmi les produits de l'art.

l. 18-19. L'os dont Salviati présente la figure (D[1], p. 129 ; D[2], p. 169) est triple en *longueur* d'un autre, tandis que pour avoir la même « résistance », sa *largeur* doit être beaucoup plus que triple. Il a donc une « forme disproportionnée ».

l. 20-24. Remarque conforme à l'affirmation de Salviati (D[1], ibid. ; D[2], pp. 169-170).

P. 95 [*144*]

l. 1-3. Mersenne ne fait que transcrire Salviati (D[1], p. 129 *in fine ;* D[2], p. 170).

l. 4-7. Mersenne résume de manière peu compréhensible les explications que Salviati donnait à Simplicio, lequel, pour contredire le discours précédent, évoquait le cas de la baleine, « peut-être grosse comme dix éléphants et qui pourtant se soutient elle-même » ; à quoi le porte-parole de Galilée répondait : « Sans changer les proportions de la structure osseuse, les mêmes squelettes conserveront leur cohérence... si le poids des os, ainsi que celui de la chair et de tout ce qui s'appuie sur le squelette, vient à diminuer dans le même rapport. C'est de ce deuxième artifice que se sert la nature pour les poissons » (D[1], p. 130 ; D[4], p. 170).
Ces explications satisferont Descartes : « Sa consideration pourquoy les poissons peuvent estre plus grands que les animaux terrestres n'est pas mauvaise » (lettre citée, *A-T*, II, p. 386, l. 3-5).

l. 11. La proposition que Mersenne qualifie d'excellente ne porte pas de numéro dans les *Discorsi* (D[1], p. 132 ; D[2], p. 172).

l. 23. A la fin de la ligne, il faudrait un point.

P. 95 [*145*]

La figure proposée ici est la réplique exacte de celle des *Discorsi* (D[1], p. 131 ; D[2], p. 172).

l. 6-7. Le résultat cherché est ainsi énoncé au milieu d'une rédaction massive, peu propice à la lecture. En comparaison, la rédaction de Salviati marque une supériorité considérable.
On notera cependant combien les démonstrations sont alourdies par l'absence de recours à un symbolisme. Il n'est sans doute pas inutile, pour la facilité du lecteur moderne, de faire appel à ce symbolisme.
Soit donc le prisme ou cylindre A C, fixé au mur par sa base A et tel que l'addition d'un poids D suspendu en C le mette à la limite de la rupture. Soit P le poids du solide. (P + 2 D) appliqué au milieu de A C représente en fait l'effort de la gravité, ou encore : le moment de la gravité qui donne la limite de rupture est $(P + 2\ D) \times \frac{AC}{2}$. Soit L la longueur d'un prisme de même base qui serait à la limite de rupture sous la seule action de son poids P′. On devra avoir $\frac{LP'}{2} = (P + 2\ D) \times \frac{AC}{2}$.

Mais $P' = P \times \frac{L}{AC}$. Donc $L^2 = \frac{P + 2\ D}{P} \times AC^2$.

Si l'on pose $\frac{AH}{AC} = \frac{P + 2\ P}{P}$, on a $L^2 = AH \times AC$ et L est bien moyen proportionnel entre AH et AC.

P. 95 [*146*]

l. 4. La « force pressante » est en réalité le moment dû à la gravité et agissant contre la résistance absolue de la base (cf. *supra,* la proposition IV de Mersenne correspondant à la proposition III de Galilée, pp. 124-126). Mersenne, fidèle au vocable « force », ajoute le qualificatif de « pressante » alors que « rompante » conviendrait mieux.

l. 8. Salviati s'exprime plus correctement en disant que A G est la plus grande longueur que l'on pourrait donner au prisme, si on l'allongeait, pour qu'il soit à la limite de la rupture sous l'action de son propre poids (D^1, p. 132 ; D^2, p. 172 *in fine*).

Article VII (D^1, pp. 132-135 ; D^2, pp. 172-175)

l. 10 sq. Mersenne prend, pour en faire l'énoncé d'un article, le début d'une intervention de Salviati (D^1, p. 132 ; D^2 pp. 172-173), et c'est là une initiative heureuse, parce qu'elle éclaire le développement et la progression de la pensée.

P. 96 [*147*]

l. 2-9. L'énoncé de la XIVe proposition, propre à Mersenne, résulte aussi d'une initiative analogue à celle que nous signalons ci-dessus. Mais la rédaction n'est pas suffisamment claire. Il faudrait : « Un cylindre pesant reposant soit par ses deux extrémités, soit sur un appui médian, aura la plus grande longueur à la limite de la non rupture sous l'action du poids lorsqu'il sera deux fois aussi long que le cylindre scellé dans un mur ou fixé par une de ses bases et à l'état limite de non rupture. »

l. 10. Les figures de Mersenne sont celles des *Discorsi* (D^1, p. 133 ; D^2, p. 173) mais, sur la première, Mersenne intervertit les lettres A et B, et sur la seconde, les lettres E et F.

P. 96 [*148*]

l. 1-4. La phrase de Mersenne est chaotique. Salviati dit que la moitié B C se soutient sur l'appui G comme si elle était scellée dans un mur parce qu'elle est contrebalancée par l'autre moitié (D^1, p. 132 *in fine ;* D^2, p. 173), ce qui signifie que cette « autre moitié » exerce le même moment que la résistance absolue de la section médiane et c'est bien là la vraie raison à donner.

l. 5-10. Pour le cas du cylindre reposant sur deux appuis placés à ses extrémités, l'explication de Salviati n'est pas meilleure que celle de Mersenne et consiste aussi à dire *qu'il est évident* que le cylindre est à la limite de non-rupture en son milieu.
En réalité, l'évidence est ici assez délicate à justifier. La section médiane ne repose pas sur l'appui comme dans le cas précédent, et ce qui agit de part et d'autre contre sa résistance absolue, c'est le moment des réactions sur les deux appuis placés aux extrémités — réactions qui sont égales aux poids des deux moitiés et qui agissent de bas en haut.

l. 11-14. Mersenne ajoute de son cru, ce qui est bien conforme à son goût d'application concrète. Mais en citant pêle-mêle les bancs, les tables et les poutres, il ne fait guère preuve d'advertance. Car il ne viendrait à l'idée d'aucun constructeur de se placer à la limite de non-rupture et suivant qu'il s'agit d'un banc, d'une table ou de la poutre d'une maison, les charges à supporter en plus du poids propre sont très différentes. Mersenne a peut-être dans l'idée qu'il faut appliquer la proposition XIII en sens inverse, mais il faudrait au moins qu'il signale le problème de la détermination de la charge maximum et il ne le fait pas.

l. 16. Mersenne veut certainement dire, conformément à l'exposé de Salviati, que « la question que touche Aristote (*Problèmes Mécaniques,* 852 b 22) en un sens, est plus difficile » lorsqu'on la prend universellement, c'est-à-dire lorsqu'on fait ce qu'Aristote n'a pas fait. Mais il faut reconnaître que le lecteur peut se méprendre.

l. 22-24. Tel est le sens considéré seulement par Aristote.

l. 25. C'est là la question prise plus « universellement », question que Salviati veut élucider pour démentir « l'imagination » de Sagredo (D^1, pp. 133-134 ; D^2, pp. 174-175).

P. 96 [*149*]

l. 1 sq. Mersenne conserve les figures des *Discorsi* (D^1, p. 134 ; D^2, p. 175) avec leurs lettres.

l. 6-7. Il faut beaucoup d'attention au lecteur pour enregistrer que cette phrase concerne la première figure et le cas d'un bâton que l'on veut rompre par le milieu.
L'adjectif « départi » propre à Mersenne n'est adéquat que si l'on ajoute par rapport à quoi les forces A et B sont également éloignées, c'est-à-dire par rapport à C.

l. 12-13. Mersenne transcrit ici fidèlement Salviati (D^1, p. 134 *in fine ;* D^2, p. 174 *in fine*), mais ni l'un ni l'autre ne met l'accent qui conviendrait.

La résistance en F, qui est la « résistance absolue » suivant une section, est la même qu'en C et c'est elle qu'il faut vaincre, tantôt avec les bras de levier égaux A C et B C, tantôt avec les bras de levier inégaux D F et E F, en *exerçant des moments égaux.* Cette condition opératoire, qui est impérative du fait que la résistance absolue de la section est la même de part et d'autre, n'est que confusément ressentie par Galilée. Il est cependant nécessaire de l'expliciter pour comprendre les développements qui suivent.

l. 13-17. Les moments égaux que nous venons de souligner étant ceux des forces A et B du premier cas, il est bien exact que plus la distance D F diminue, plus il faut augmenter la force D à appliquer.

P. 96 [*150*]

l. 3-4. Mersenne a bien compris ici le raisonnement de Salviati. Si D F peut diminuer indéfiniment et partant si la force à appliquer en D doit croître indéfiniment, il n'en est pas de même de l'autre côté : F E, l'autre bras de levier, ne peut dépasser le double de la valeur initiale, et partant la force à appliquer en E ne peut pas descendre au-dessous de la moitié de la force utilisée en B dans le premier cas.

l. 7-10. Mersenne conclut de manière beaucoup plus correcte que Salviati (D^1, p. 135 ; D^2, p. 175). Mais il est curieux que ni l'un ni l'autre ne souligne en quoi il est surtout malaisé de chercher à rompre le bâton ailleurs qu'en son milieu, à savoir que l'une des mains doit faire un effort considérable tandis que l'autre doit en faire encore un assez important. Il y a à la fois déséquilibre de l'effort en même temps qu'augmentation de l'effort global. C'est cet effort global qui va faire l'objet des considérations suivantes.

P. 97 [*151*]

Cette page, ainsi que la suivante, a fait l'objet d'un carton (cf. Introd., p. 32) justifié simplement par le grand nombre de fois que la même correction aurait dû être rapportée. Le lecteur trouvera ces corrections mineures — et dont l'évidence s'imposait — en leur place.

Article VIII (D^1, pp. 135-137 ; D^2, pp. 176-177 *in fine*)

l. 2-6. Le titre de l'article renvoie au problème particulier évoqué plus haut en référence à Aristote. Ce n'est qu'une application possible de la proportion établie ci-après et que Mersenne considère comme XVe proposition.

l. 8-13. Mersenne suit de près le texte des *Discorsi* (D^1, pp. 135-136 ; D^2, p. 176 *ad lim.*).

l. 19. Autrement dit : que le produit $AD \times DB$ avec le produit $AC \times AB$.

P. 97 [*152*]

l. 1 sq. Mersenne transcrit fidèlement Salviati en conservant la même figure (D^1, p. 136 ; D^2, p. 176), mais sans donner davantage d'explications. A l'usage du lecteur moderne et en utilisant des notations élémentaires propres à une traduction visuelle immédiate, nous ajouterons donc ceci :

Conformément à ce que nous avons dégagé plus haut comme principe sous-jacent au développement de la page 149, les moments des forces A et B par rapport à C et des forces E et F par rapport à D sont tous égaux.

1) $(A) \times AC = (B) \times BC = (F) \times BD = (E) \times AD$.

On veut évaluer le rapport de (A + B) à (E + F).

2) $\frac{(A)}{BC} = \frac{(B)}{AC} = \frac{(A+B)}{AB}$ et $\frac{(E)}{BD} = \frac{(F)}{AD} = \frac{(E+F)}{AB}$

Mais on a aussi

3) $\frac{(B)}{BD} = \frac{(F)}{BC}$

Des proportions 2), il vient :

$$\frac{(E+F)}{(A+B)} = \frac{(F)}{AD} \times \frac{AC}{(B)}$$

d'où, par 3)

$$\frac{(E+F)}{(A+B)} = \frac{BC \times AC}{AD \times BD}$$

P. 97 [*153*]

l. 3. Sur une démonstration différente du même théorème par Galilée, cf. D[3], pp. 733-734.

l. 5 sq. Mersenne suit l'énoncé du problème donné par Salviati (D[1], p. 136 *in fine ;* D[2], p. 177 *ad lim.*) et en fait la XVIe proposition de son Livre II.

l. 7-8. Mersenne conserve sous forme de simple incise, avec la même rédaction, une propriété qui méritait pourtant d'être davantage mise en lumière, à savoir qu'en raison de la proportion ci-dessus établie et du fait que la somme des deux segments considérés AD et BD est constante (= AB), le minimum de la somme des forces est réalisé quand les deux segments sont égaux, c'est-à-dire quand on cherche la rupture au point milieu C.
Mais le mot de « résistance » employé dans l'incise soulignée est mal venu puisque, comme nous l'avons déjà dit, le fondement de toute la spéculation est la constance de la résistance absolue d'une section à l'autre. La seule manière correcte de rédiger l'énoncé de la proposition XI consisterait à dire :
« Étant donné le poids nécessaire pour rompre un cylindre ou un prisme en son milieu — lequel est la moindre des charges de rupture effective — trouver le point du cylindre où il faut appliquer un plus grand poids pour obtenir la rupture. »

l. 13. Les lignes E et F sont celles de la figure de la page 154, E étant plus grande que F (ce qui intervient dans le raisonnement suivant).

l. 15-16. L'expression « comme le plus grand » veut dire « comme étant le plus grand qui puisse être soutenu ».

l. 16-17. Par « mesme proportionnelle », Mersenne désigne la moyenne proportionnelle.

l. 17. Il faudrait évidemment « entre E *et* F ». En ce qui concerne AD et S, Salviati est relativement plus clair, en ce sens qu'il présente ces deux longueurs comme choisies arbitrairement pourvu qu'elles aient entre elles le rapport de E à G.

P. 97 [*154*]

La figure correspond bien à celle des *Discorsi* (D[1], p. 137 ; D[2], p. 177) avec les mêmes lettres. (Notons cependant que sur la figure reproduite en D[2], D[3] et D[4], le point H paraît être au milieu du demi-cercle A D alors qu'il doit être, comme en D[1] ou dans les *Nouvelles Pensées,* nettement plus proche de A que de D, de telle sorte qu'on ne puisse se méprendre sur le caractère quelconque de sa position sur le demi-cercle.)

l. 2-3. Le « premier » désigne le plus petit poids, celui qui est représenté par F. La rédaction de Mersenne est donc défectueuse et il vaudrait mieux dire plus simplement : « que le plus petit poids mis au milieu de D ». Le « diamètre sur A D » pour désigner le cercle de diamètre A B est aussi une rédaction défectueuse.

l. 5-7. Les « deux quarrez » : il s'agit de la somme évidemment.

l. 12 et 15. En parlant de « plus grand poids », Mersenne veut dire que chacun des deux poids considérés est, là où on l'applique, la plus grande charge que le cylindre peut supporter.

Remarque d'ensemble

Mis à part les défauts rédactionnels ci-dessus relevés, Mersenne suit l'exposé de Salviati (D[1], p. 137 ; D[2], p. 177) avec les mêmes notations qui ne sont pas homogènes à celles utilisées dans la proposition précédente. Il y a dans ce changement de notations de quoi dérouter le lecteur.

Si l'on conserve les notations antécédentes, le problème peut être posé en termes plus clairs, savoir : étant donné les deux sommes de forces (A + B) et (E + F) dont le rapport est supérieur à 1, trouver le point D où $\frac{(E+F)}{(A+B)} = \frac{BC \times AC}{BD \times AD}$ (C étant le milieu de A B).

Le problème concerne la position relative du point D par rapport à A et B, et sa solution géométrique peut être proposée sur une figure où la longueur A B est prise *arbitrairement.* Il s'agit de diviser A B par un point D de telle sorte que la moyenne proportionnelle entre A D et B D ait une valeur donnée, ce qui conduit évidemment à utiliser le demi-cercle de diamètre A B puisque la moyenne proportionnelle en question est la distance de D au point du demi-cercle situé sur la perpendiculaire à A B issue de D.

La construction met en évidence que le maximum du produit des bras correspond à la division médiane en C et au minimum de la somme des forces.

P. 98 [*155*]

l. 1-4. Mersenne résume en quelques mots un assez long développement (D[1], pp. 137-138 ; D[2], pp. 177-178) et prive le lecteur des éléments nécessaires à la compréhension. C'est Sagredo qui émet l'idée de diminuer l'épaisseur d'une poutre de part et d'autre du point milieu, de manière à réaliser une figure où la « résistance » à la charge soit la même partout. Mais Salviati se refuse à aller trop vite en besogne et essaie de donner une consistance à la suggestion issue des propositions précédemment établies. Propositions dans lesquelles on a bien vu qu'à épaisseur constante (donc à « résistance absolue » constante) la charge maximum applicable à une poutre est la plus petite au point milieu et augmente quand on applique ailleurs. Ces propositions suggèrent donc qu'il doit être possible de diminuer progressivement l'épaisseur en maintenant la charge constante. Pour montrer comment se présente la question avec diminution de l'épaisseur, Salviati considère une poutre ou prisme que l'on scie suivant une diagonale.

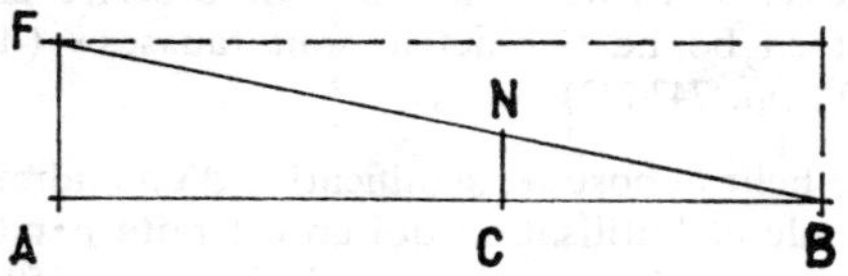

Et bien qu'il ne s'exprime pas avec toute la clarté désirable, on peut sans le trahir traduire son exposé comme suit :
La résistance absolue de la section C N est à la résistance absolue de la section A F comme C N est à A F (rapport des épaisseurs pour une largeur qui reste la même = rapport des surfaces de section). D'autre part, les forces des leviers coudés F A B et N C B étant les mêmes (similitude géométrique), les forces appliquées contre les résistances des sections du fait d'un même poids suspendu en B, sont égales. Donc, il y a plus de risque de voir céder la section C N que la section A F dans la mesure même où C N est plus petit que A F. Nous ne pouvons ici détailler davantage ; nous nous bornons à l'essentiel des considérations de Salviati.

Article IX (D^1, pp. 138-146 ; D^2, pp. 178-186)

l. 10. La planche dépliante intercalée dans certains exemplaires des *Nouvelles Pensées* comporte une figure (n° II) destinée à la page 155 et identique à celle qui est reproduite un peu plus bas page 159. A l'exception d'une lettre, cette figure est la fidèle transcription de celle des *Discorsi* (D^1, p. 142 ; D^2, p. 182).

l. 16 sq. L'impatience de Mersenne à transcrire le résultat concernant la forme d'une poutre à charge de rupture constante est telle qu'il bouleverse l'ordre de l'exposé des *Discorsi* et va tout de suite au passage où Salviati indique les moyens de décrire un arc parabolique (D^1, pp. 145-146 ; D^2, pp. 185-186).
Cependant Mersenne dit que l'on « pousse » la boule (l. 17), alors que Salviati la fait « rouler » et renvoie pour la justification au traité du mouvement des projectiles qu'il donnera dans la Quatrième Journée. Mais il se trouve que Mersenne est ici fondé à marquer quelque méfiance à l'égard du « roulement ». Pour que la proposition de Salviati soit exacte, il faut qu'il y ait roulement sans glissement, et cette condition n'est aisément remplie que lorsque le plan B P C A (cf. figure p. 159) reste horizontal. Si on l'incline comme le suggère Salviati, on introduit une difficulté. Mersenne a donc raison, en conservant l'inclinaison du plan suggéré, de se limiter au glissement d'un corps lancé ; c'est le moyen le plus sûr de se tenir à la justification par le mouvement des projectiles.

l. 18-20. Mais Mersenne se trompe en croyant qu'il faut incliner le plan autour de C A comme charnière et lancer le corps du point B pour qu'il aboutisse à A (cf. *infra*, p. 159).

l. 21-22. Remarque propre à Mersenne.

P. 98 [*156*]

l. 1-4. En parlant de « deux clous attachez horizontalement », Mersenne veut dire que les deux clous sont à la même hauteur, sur une même horizontale. Galilée croit effectivement que la figure de la chaînette est parabolique (D^1, p. 146 ; D^2, p. 186), ce qui est faux, comme le remarque Descartes dans sa lettre à Mersenne du 11 octobre 1638 : « Ses deux façons pour descrire la Parabole sont du tout mechaniques, et en bonne Geometrie sont fausses » (*A-T*, II, p. 386, l. 10-12). Sur ce point, cf. D^3, pp. 742-743).

l. 6-7. L'expression « quantité de belles choses », significative d'une admiration sans réserve, vise la parabole et l'utilisation qui en est faite par Galilée relativement au problème de la poutre. Mersenne reprend, *infra*, p. 159, l'une des deux figures ici mentionnées. L'autre se trouve en D^1, p. 140 ; D^2, p. 180.

l. 8 sq. L'exposé de Salviati (D^1, p. 146 ; D^2, p. 186) contient des détails importants que Mersenne ne remarque pas. La distance des deux clous auxquels on doit suspendre la chaîne est d'après Salviati le double de la largeur du prisme et il faut prendre la chaîne « juste assez grande pour qu'une fois recourbée elle ait la longueur du prisme » — ce qui signifie que sur la figure reproduite par Mersenne à la page 159, *infra,* la demi-chaînette B A, identifiée à une demi-parabole, est placée à 90° de la position dans laquelle elle est construite expérimentalement. Pour cette construction, il faut évidemment, d'après Salviati, mettre la largeur C B horizontale, B étant l'un des clous et C A alors vertical est l'axe de symétrie de la courbe de la chaîne, A étant le point à tangente horizontale.
Ainsi une lecture attentive aurait évité à Mersenne une grave erreur, celle de croire que la parabole, dont Galilée dit que la ligne B A en est une moitié, ait pour sommet B et pour axe B C. Elle a au contraire pour sommet A et pour axe A C.

l. 13. Salviati désigne seulement comme « mixte » le triangle dont les côtés sont B P et P A et limité par la parabole B A.

P. 98 [*157*]

Mersenne revient en arrière avec le Lemme que les *Discorsi* donnent en D^1, pp. 139-140 ; D^2, pp. 179-180.

l. 2-9. Dans l'énoncé du Lemme, il faut entendre « puissance » et « résistance » au sens ordinaire de la théorie du levier, c'est-à-dire que sur chaque levier puissance et résistance sont les deux forces qui se font équilibre de part et d'autre du point d'appui.

l. 10. Voir la figure page 158, *infra,* que Mersenne reproduit exactement.

l. 14-17. Mersenne abandonne ici une lecture correcte. Salviati dit (D^1, pp. 139-140 ; D^2, p. 180 *ad lim.*) : « soient placées en A et C des résistances qui sont entre elles comme E A à F C ; je dis que les puissances qui équilibrent ces résistances en B et D sont égales ».

l. 18 sq. Mersenne reprend la transcription correcte de Galilée.

P. 98 [*158*]

l. 1 sq. Cette page où Mersenne poursuit la transcription de la démonstration de Salviati prouve combien la notion de moment est loin d'être clairement conçue même par Galilée. Cela ressort à l'évidence du caractère laborieux de l'exposé alors que quelques mots suffiraient. Dans l'hypothèse adoptée, les moments des puissances appliquées en A et en C par rapport aux appuis E et F sont en effet entre eux comme les carrés des bras A E et C F, donc aussi comme les bras E B et F D. Donc, les résistances à appliquer en B et en D pour contrebalancer les mêmes moments sont nécessairement égales.

l. 12 sq. Mersenne s'appuie sur une figure différente de celle que Galilée prend ici pour support de sa démonstration (D^1, p. 140 ; D^2, p. 180).

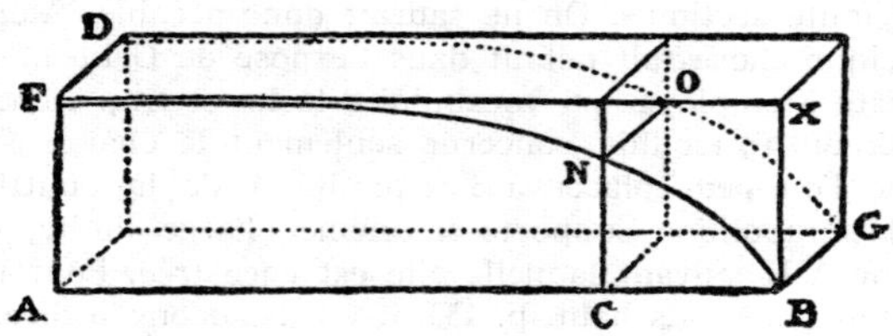

l. 14. Mersenne, lisant le passage où Salviati annonce la conséquence qu'il va tirer du lemme (D^1, p. 140 ; D^2, p. 180) y trouve explicité le fait que le *sommet* de la parabole à considérer se trouve au point A (cf. fig. p. 159). Il transcrit sans s'apercevoir que dans l'anticipation qu'il avait faite plus haut (pp. 155-156), il avait commis une erreur (cf. *supra,* p. 155, l. 18-20).

l. 20. Résultat auquel Descartes donne son accord dans ses remarques sur les *Discorsi* de Galilée : « Ce qu'il dit des bois qui doivent estre coupez en demi-parabole, pour resister par tout également, est vraye a peu prés ; mais tout le reste est vulgaire » (lettre citée, *A-T,* II, p. 386, l. 6-9).

P. 99 [*159*]

l. 1 sq. La figure qu'emploie Mersenne et qu'il annonce *supra,* p. 156, l. 13 sq., est relative à la comparaison des surfaces (D^1, p. 142 ; D^2, p. 182). La transposition du Minime est fautive en plusieurs endroits.

l. 3. Salviati invitait nettement à considérer les leviers coudés B C A et H Y A ayant leurs points d'appui en C et en Y (en adoptant les lettres de la figure de Mersenne).

l. 6-7. Il faudrait ici : bras de levier C A, bras de levier Y A. Les « résistances » considérées dans le lemme précédent sont ici des « puissances » appliquées en A pour contrebalancer autour de C et de Y les « résistances absolues » suivant les sections B C et Y H du prisme.

l. 9-10. La « résistance égale au levier C A » est ici le moment par rapport à A de la résistance absolue suivant la section B C, moment qui doit être équilibré sur le bras de levier C A. La manière dont Mersenne s'exprime est fort hermétique pour le lecteur et laisse quelque doute sur sa propre compréhension.

l. 16. L'intervention de Z n'est pas nécessaire et embrouille le lecteur.

P. 99 [*160*]

l. 4-6. On peut raisonnablement douter que Mersenne ait parfaitement compris la démonstration. D'ailleurs Salviati (D[1], p. 141 *ad lim ;* D[2], p. 181) n'est pas très explicite, puisque après avoir montré correctement que c'est la même force appliquée en A qui équilibre les résistances absolues des sections B C et Y H, il passe immédiatement à l'affirmation de « l'égale résistance du solide parabolique en toute section ». On ne saurait donc accabler Mersenne, et il est certain que quelque chose fait défaut dans l'exposé de Galilée.
Ce défaut consiste à employer un vocabulaire lâche et trop riche en suggestion. Ce qui a été démontré, en fait, concerne seulement la charge à la limite de la non-rupture que l'on peut placer à l'extrémité A de la poutre *encastrée.* La poutre à profil parabolique supporte la même charge limite, quelle que soit la section B C ou Y H suivant laquelle elle est encastrée. Pour passer de là au problème qui était posé plus haut, p. 155, il y a beaucoup à dire.

l. 7-17. Mersenne accorde davantage son attention au problème géométrique concernant le rapport du solide parabolique au prisme entier dont il est issu. Pour le résultat de la quadrature de la parabole, Mersenne ne reprend pas les références à Archimède et Luca Valerio données par Salviati (D[1], p. 145 ; D[2], p. 184 *in fine.* Voir à ce sujet D[3], pp. 737-741). Il estime aussi inutile de mentionner la démonstration de Galilée qui couvre les pages D[1], pp. 142-144 ; D[2], pp. 182-184, et se contente du principe qu'il a évoqué plus haut, p. 156, l. 15-17. Tout ceci évidemment en raison de ce qui a été mis dans la Préface au lecteur, cf. *supra,* p. III.

l. 18-24. Galilée ne fait pas des remarques qui suivent l'objet d'un corollaire. Mersenne acquiesce à l'« utilité » soulignée par Salviati (D[1], p. 141 ; D[2], p. 181) qui énonce le gain de pesanteur (un tiers = trente-trois pour cent) sans préjudice pour la solidité. C'est à l'explicitation de cette proportion qu'est consacrée la longue démonstration géométrique rappelée à l'instant et sur laquelle Mersenne ne s'arrête pas.

P. 99 [*161*]

l. 1. Mersenne prononce le mot : il faut « accommoder » la propriété énoncée pour les poutres encastrées et, comme nous l'avons dit ci-dessus, cela n'est pas si facile qu'il paraît à première vue.
Si l'on voulait compléter ce que Galilée ne dit pas, ni Mersenne après lui, il faudrait reprendre le problème de la poutre appuyée à ses deux extrémités et la manière dont Sagredo a engagé la recherche : diminution de l'épaisseur quand on s'écarte du point milieu (cf. *supra,* notes pour la p. 155).
Dans cette perspective, la figure de la page 159 *supra* donne la moitié de la poutre, A étant une extrémité et B C la section médiane. Si l'on désigne, comme

à la page 152, par E et F les forces agissant aux extrémités du fait d'une charge globale donnée et par Y le point d'application de cette charge (E + F), on a $YA \times (E) = (YC + CA) \times (F)$

$$\text{ou } \frac{(E)}{YC + CA} = \frac{(F)}{YA} = \frac{(E+F)}{2\,CA}\text{ ; d'où } \frac{(E+F)}{2\,(E)} = \frac{CA}{YC + CA}$$

Or, la proposition démontrée ci-dessus, c'est-à-dire le Lemme des pages 159-160, indique que (E) a le même moment de rupture pour la section médiane C B que pour la section Y H lorsque le profil de la poutre est formé, de part et d'autre de B, de l'arc parabolique B H A et de son symétrique par rapport à B C. Si 2 E est donc la charge maximum que la poutre puisse supporter en son milieu, celle qu'elle pourra supporter en Y sera plus petite, dans le rapport $\frac{CA}{YA + CA}$

Qu'est-ce à dire ? Sinon que la diminution de l'épaisseur suivant le profil parabolique convient à la poutre *encastrée* pour qu'il y ait même résistance sur toute section quelconque par rapport à une charge à l'extrémité opposée à l'encastrement, mais que cette diminution est trop forte pour une poutre appuyée par ses deux extrémités et qu'une telle poutre supporte moins aisément une charge dont le point d'application s'éloigne du point milieu. Ce qui est le contraire de ce que l'on cherchait. François Blondel, mathématicien et ingénieur français (1617-1686), semble avoir été le premier en 1649 à découvrir et expliquer l'erreur de Galilée selon la méthode ici évoquée (cf. *Epistola ad P(aulum) W(urzium)* publiée en 1661 et reprise dans l'ouvrage cité *supra* Introd. p. 47, et voir A. Favaro, « François Blondel et ses études sur les Nuove Scienze de Galilée » *Revue des Questions Scientifiques*, 3e série, n° 24 (1913), pp. 366-68).

l. 5-7. Les artisans et architectes qui voudront user des « avantages de la parabole » (c'est-à-dire de la diminution du poids de l'engin) feront donc bien de se mettre en face du problème mécanique réel qu'ils veulent résoudre au lieu de se laisser entraîner par une suggestion vague.

l. 10-18. Entraîné par une telle suggestion, Mersenne ne laisse pas passer l'occasion de signaler son enthousiasme à l'égard des applications des « sections coniques ». Applications que l'optique connaît depuis longtemps pour les miroirs paraboliques mais que la *Dioptrique* de Descartes (Discours VIII) vient de développer pour l'hyperbole et l'ellipse et que l'*Harmonie Universelle*, Livre I, Prop. XXVIII, p. 59, a utilisées pour l'acoustique. Il est curieux que Mersenne ne donne ici aucune référence précise ni pour lui, ni pour Descartes.
Il est aisé de démontrer que le profil d'une poutre appuyée par ses extrémités et susceptible de supporter une charge constante en un point quelconque, doit être elliptique. Mais on ne saurait créditer l'enthousiasme de Mersenne de cette connaissance. Il faut seulement noter ici une heureuse rencontre fortuite et cachée (cf. D^3, pp. 735-736).

Article X (D^1, pp. 147-149 ; D^2, pp. 186-189)

l. 23. Salviati estime que l'art « et plus encore la nature » se servent de la résistance de ces solides creux (D^1, p. 147 *ad lim ;* D^2, p. 186 *in fine*).

P. 99 [*162*]

l. 2-3. Mersenne ajoute « les canaux des fontaines » et les « arquebuses » aux exemples donnés par Salviati (D^1, p. 147 ; D^2, pp. 186-187) ; et il les place en tête de l'énumération bien qu'ils soient les moins suggestifs et les moins adéquats. L'exemple des canaux est à la rigueur admissible, mais pour celui de l'arquebuse on voit mal ce que sa mention vient faire là où il s'agit de résistance plus forte à des charges transversales.

l. 7-13. Exemple développé par Salviati.

l. 15-19. Dans l'enoncé de ce qu'il considère comme la XVIIe proposition, Mersenne omet ce qui est le sujet, à savoir les « résistances » des deux cyclindres (D^1, p. 147 ; D^2, p. 187).

l. 20-23. La figure donnée dans les *Discorsi* (D^1, D^2, *ibid.*) ne comporte en effet que deux cylindres, mais sur cette figure c'est le cylindre A B E qui est le plus gros et qui est creux, et le cylindre plein s'appelle I L N.

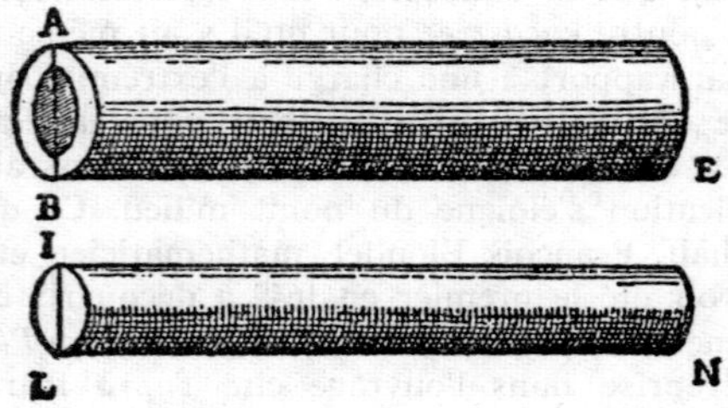

P. 100 [*163*]

l. 3-4. Cette incise de Mersenne complique les choses plus qu'elle ne les éclaire. Pour que le cylindre plein soit à la fois « comme si on l'avait osté de dedans le plus gros » et de même pesanteur que ce gros cylindre creux, il faut entre les rayons des bases une relation très précise (rapport de 1 à $\sqrt{2}$) qui n'est nullement nécessaire pour la proposition qu'il s'agit d'établir ici.

l. 7-8. Mersenne insiste sur la voie erronée où il s'est engagé à tort. Il est entendu que si les deux cylindres de même longueur ont même pesanteur (même volume), la base du cylindre creux qui est une couronne circulaire a même aire que la base du cylindre plein. Cela n'exige nullement que le cylindre plein s'emboîte exactement dans le cylindre creux.

l. 17. Le mot « contrelevier » est une expression nouvelle dont on ne voit pas pourquoi Mersenne n'en a pas fait usage plus haut. Avec les expressions antérieures, Mersenne devrait dire ici que les « forces des leviers coudés » sont entre elles comme les diamètres des cylindres et à « résistance absolue égale » (du fait de l'égalité des aires de section), le cylindre creux résiste davantage que le plein dans le même rapport.

P. 100 [*164*]

l. 1-9. Dans le texte livré à son lecteur, Mersenne n'a pas pris garde que l'ordre des deux phrases du premier paragraphe était interverti. Nous avons rétabli l'enchaînement logique.

l. 10 sq. L'énoncé de la proposition que Salviati se propose de démontrer est légèrement différent :
« Étant donné un tube creux, il est possible de trouver un cylindre plein qui lui soit égal » (D[1], p. 148 ; D[4], p. 188).

l. 16. Mersenne suit l'exposé de Salviati (D[4], D[2], *ibid.*), mais il faut entendre : « soit C D le diamètre de la partie creuse ».
La figure reproduite ici est défectueuse en ce qu'elle laisse croire que A E et B E sont tangentes au cercle de diamètre C D, alors qu'elles n'ont qu'une position quelconque *a priori* par rapport à ce cercle (cf. D[1], p. 148 ; D[2], p. 188). Même remarque pour la figure identique reproduite par Mersenne dans les *Cogitata, op. cit., Tractatus mechanicus,* Prop. XIX, pp. 68 et 71.
Le cas envisagé plus haut par Mersenne (p. 163, l. 3-4) est celui où A E = B E, et la construction met en évidence le rapport de 1 à $\sqrt{2}$ pour les diamètres des cylindres dans ce cas, comme nous l'avons indiqué.

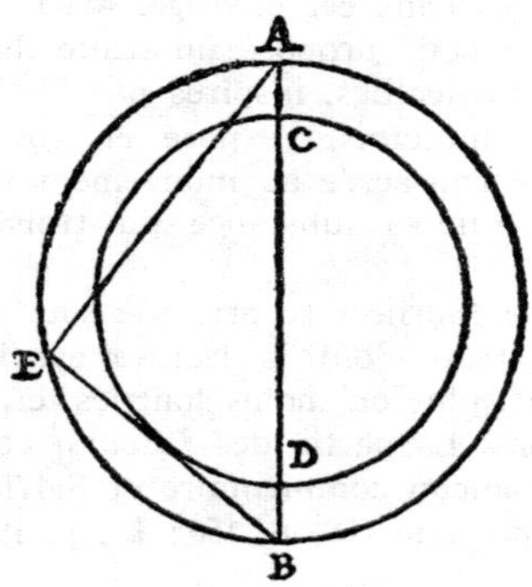

P. 100 [*165*]

l. 5-6. Il ne s'agit pas de faire « autrement la démonstration », mais de progresser conformément à l'annonce de Salviati (D[1], p. 148 *in fine* ; D[2], p. 188 *in fine*).

l. 7 sq. Le texte de cette XIXe et dernière proposition du livre II des *Nouvelles Pensées* a fait l'objet d'une rédaction différente signalée par la présence d'un carton intéressant les pages 165-166 dans certains exemplaires (cf. Introd., p. 32). La figure qui était analogue à celle des *Discorsi,* mais avec d'autres lettres, passe ici à la page 165 et est complétée par les deux segments verticaux les plus à gauche (dont le plus petit est noté V).
Dans la première rédaction, Mersenne suivait Salviati (D[1], p. 149 ; D[2], p. 189), mais en raison de l'emploi de lettres différentes sur la figure, il en résultait plusieurs quiproquos (cf. les corrections en bas de page).

P. 100 [*166*]

l. 11-12. La nouvelle rédaction est beaucoup plus claire, mais elle ne lève pas l'ambiguïté qui est aussi dans le texte de Salviati, à savoir que le rapport des cubes D E et G H est égalé au rapport de D E et de V du fait que V est la quatrième proportionnelle entre D E et G H.

Pour comprendre, il faut développer et dire que V est la quatrième proportionnelle de D E, G H et de leur troisième proportionnelle ($= \frac{GH^2}{DE}$). Cette quatrième proportionnelle est alors bien ce qu'il convient pour le calcul présent, c'est-à-dire $\frac{GH^3}{DE^2}$.

P. 101 [*167*]

Livre III

La Troisième Journée des *Dircorsi*, qui a pour titre général *De motu locali* (D[1], pp. 150-236 ; D[2], pp. 190-267) inaugure l'étude du mouvement, objet de la seconde des sciences traitées dans cet ouvrage. Avec la Quatrième Journée *(De motu projectorum)*, Galilée nous propose un traité du mouvement local et un traité du mouvement des projectiles, inspirés par l'idéal du corps euclidien ou système déductif partiel ; toutefois, l'exposé en forme n'est rigoureusement observé que pour la partie consacrée au mouvement uniforme (D[1], pp. 151-156 ; D[2], pp. 191-196), qui constitue la substance du troisième livre des *Nouvelles Pensées.*

Le texte des deux dernières Journées se présente sous la forme d'un traité latin rédigé par l'Académicien, texte dont la lecture est interrompue de temps à autre par des interventions, plus ou moins longues, en italien, des trois personnages que nous connaissons. La partie des *Discorsi* correspondant au livre III de Mersenne ne comporte aucun commentaire et Salviati se borne à assurer la transition avec la partie suivante (D[1], p. 156 ; D[2], p. 196 *in fine*).

l. 4. Galilée fait précéder son étude du mouvement uniforme d'un avertissement (D[1], p. 150 ; D[2], 190) dont Mersenne ne conserve rien dans sa transcription. L'auteur des *Discorsi* y déclare pourtant solennellement le caractère original de la *nouvelle science* (il dit même *absolument* nouvelle) qu'il entend fonder par ses propositions sur le mouvement. C'est la seconde des nouvelles sciences annoncées dans le titre de l'ouvrage.

Galilée précise aussi la division en trois parties : mouvement uniforme, mouvement naturellement accéléré, mouvement des projectiles, mais Mersenne estime inutile d'en informer son lecteur.

l. 5-8. La première partie du traité de Galilée comporte effectivement une définition, quatre axiomes et six propositions. Mais Mersenne omet de mentionner qu'elle contient un avertissement préliminaire.

l. 9-11. Cf. D[1], p. 151 *ad lim.* ; D[2], p. 191 *ad lim.*

l. 12-16. Mersenne conserve correctement le contenu de ce que Salviati énonce dans l'avertissement ci-dessus évoqué (D[1], D[2], *ibid.*). Il est certain qu'il s'agit là d'une précision de la plus haute importance, précision que ne comportait pas la « vieille définition », ainsi que le rappelle Galilée.

P. 101 [*168*]

l. 1-9. Mersenne reproduit les axiomes de Galilée (D[1], p. 151 ; D[2], p. 191). La transcription des deux premiers axiomes est correcte.

l. 10-18. Pour les axiomes III et IV, relatifs à la vitesse, la traduction de « eodem tempore » par « en mesme temps » est insuffisante. Il faut insister davantage sur le fait que l'*intervalle de temps* est supposé *donné.* On notera que l'axiome III revient à dire que dans deux mouvements uniformes l'ordination relative des espaces parcourus dans un temps quelconque est toujours la même et que le mot vitesse est introduit pour caractériser cette qualité relative d'un mouvement par rapport à l'autre. L'axiome IV assure simplement la cohérence du langage.

P. 101 [*169*]

l. 2-5. Mersenne transcrit l'énoncé de l'Académicien (D[1], p. 151 *in fine ;* D[2], p. 192 *ad lim.*).

l. 6 sq. Renvoi à la figure proposée plus bas, p. 170, conforme à celle des *Discorsi* (D[1], p. 152 ; D[2], p. 192).

l. 8 et 17-18. Cette spatialisation du temps qui consiste à l'identifier à un mouvement uniforme particulier aide sans aucun doute l'imagination, mais introduit une difficulté logique. Dire que la métrique de l'espace du mouvement uniforme particulier susdit donne la métrique du temps, c'est supposer en fait — au moins pour ce mouvement particulier servant d'horloge — ce que l'on veut démontrer. Il y a donc pratiquement pétition de principe.

l. 15. Il faudrait : « les espaces vers G et H, les temps vers I et K ».

P. 101 [*170*]

l. 2-9. Mersenne s'embrouille. Il faut évidemment faire abstraction de la première phrase qui va de « semblablement » (l. 2) à « que l'on puisse prendre » (l. 6), et conserver seulement la seconde : exemple supplémentaire non seulement de la hâte du Minime à rédiger, mais de sa négligence à corriger. (Cf. D[4], p. 258, n. 73.)

l. 13-17. Ici aussi Mersenne s'embrouillait. Les corrections indiquées (l. 13 à 15) sont nécessaires pour que la conclusion de la l. 16-17 soit correcte. Les difficultés que Mersenne éprouve à suivre l'effort de Galilée — et cela en raison de l'évidence que procure l'image spatiale — font bien apparaître où se situe le chaînon logique manquant. Ce chaînon est un axiome d'additivité, à savoir que si deux espaces A B et B C franchis par le même mouvement sont consécutifs, les temps correspondants le sont aussi et que l'on peut parler de la somme des temps comme correspondante à A C, somme des espaces.

P. 102 [*171*]

l. 6-7. Mersenne, suivant servilement Galilée (D[1], p. 152 *in fine* ; D[2], p. 193 *ad lim.*) manque une occasion de corriger. Il faudrait évidemment inverser et mettre « à savoir l'espace G B et le temps I E », car c'est G B qui est multiple de la première grandeur A B et I E qui est multiple de la troisième.

l. 10-11. Même remarque : il faut inverser E K et B H.

Ces défauts, communs au texte des *Discorsi* et à celui de Mersenne, ont une grande importance, car ils troublent la compréhension. La correspondance des équimultiples énoncés dans cet exposé repose en effet sur l'axiome latent que nous avons exprimé ci-dessus et cette correspondance va des espaces aux temps. On ne saurait perturber cet ordre. D'autre part, le fondement de la démonstration — encore que très insuffisamment exprimé — est manifestement celui-ci : la métrique des longueurs repose sur l'axiome d'Archimède selon lequel, étant donné deux longueurs A B et B C, il existe toujours un multiple de l'une dépassant un multiple de l'autre. La correspondance des équimultiples transfère aux temps la même propriété, en conservant les mêmes coefficients numériques, et introduit donc sur le temps une métrique exactement identique à celle des longueurs.

C'est en cela que réside le théorème à démontrer et on voit bien que, si sa démonstration exige ce que nous venons d'appeler un axiome latent, elle ne fait aucun appel à la spatialisation de l'échelle des temps que nous critiquions plus haut.

l. 17-21. Cf. D[1], p. 153 *ad lim.;* D[2], p. 193.

l. 22. Galilée renvoie également à la figure précédente.

P. 102 [*172*]

l. 1 sq. Pour ce deuxième théorème, Mersenne se tient toujours à la lettre même des *Discorsi* (D[1], p. 153 ; D[2], p. 193) et l'on peut faire les mêmes objections que précédemment. Ici, c'est la vitesse qui est spatialisée alors que ce qui est seulement nécessaire, c'est l'adjonction aux axiomes III et IV d'un axiome d'additivité, à savoir : si dans un même temps un mobile franchit deux fois plus d'espace qu'un autre, la vitesse plus grande du premier (axiome IV) sera dite double de celle du second.

Cet axiome permet, comme plus haut, la définition des équimultiples — ici équimultiples d'espaces et de vitesses pour une même durée — et le transfert de la métrique des longueurs sur la métrique des vitesses.

l. 16-19. Cf. D[1], p. 153 ; D[2], p. 193 *in fine.*

l. 20. Mersenne renvoie à la figure donnée page 173, elle-même reproduction de la figure des *Discorsi* (D[1], D[2] *ibid.*). La ligne C D est continue.

P. 102 [*173*]

l. 13. Mise à part la correction mentionnée et qui témoigne d'une transcription confuse de Mersenne, la proposition qui consiste à appliquer successivement les propositions précédentes n'appelle aucune remarque particulière. Toutes les difficultés logiques sont situées là où nous les avons marquées plus haut.

P. 102 [*174*]

l. 1-6. Cf. D[1], p. 154 *ad lim.;* D[2], p. 194. Il faut évidemment entendre par « mouvement égal » (l. 2-3) un mouvement *uniforme* (motus aequabilis). Étant donné que les vitesses sont déclarées « inégales », il y a néanmoins un inconvénient, dans cet énoncé, à employer l'adjectif égal pour désigner uniforme. Chaque mobile est animé d'un mouvement « égal », mais ces deux mouvements ne sont pas égaux puisque leurs vitesses sont inégales. Mersenne propose d'ailleurs plus bas (l. 9) l'emploi de l'adjectif « uniforme ».

l. 10 sq. Mersenne renvoie à la figure de la page 175 (D[1], p. 154 ; D[2], p. 194).

l. 23. Plutôt que de transcrire trop fidèlement, Mersenne pourrait se permettre ici une modification bien utile. C'est-à-dire supprimer cette dernière phrase qui n'a rien à faire là et reporter : « que I soit à L comme le temps C au temps D » là où il faut, c'est-à-dire p. 175, l. 5.

P. 103 [*175*]

l. 2. Il vaudrait mieux préciser : « par lequel se meut F avec la vitesse B dans le même temps C ».

l. 4. Il s'agit bien entendu des espaces G et I et des vitesses A et B.

l. 5 sq. Mersenne suit à la lettre le texte de cette proposition (D[1], p. 154 ; D[2], p. 194 *in fine*).

P. 103 [*176*]

l. 1-7. Cf. D[1], p. 154 *in fine ;* D[2], p. 195 *ad lim.* Poursuivant la comparaison de deux mouvements uniformes, Galilée (D[1], pp. 155-156 ; D[2], pp. 195-196) passe de la raison des espaces parcourus à la raison des temps (Prop. V) et à la raison des vitesses (Prop. VI, *infra*). Mersenne transcrit sans chercher à simplifier l'exposé. Ce serait pourtant facile à partir de la Proposition IV précédente et sans, pour autant, utiliser un symbolisme quelconque. Il est assez curieux que Galilée se croie tenu de recommencer pratiquement des démonstrations tandis qu'il ne s'agit que de simples corollaires.

l. 8. La figure permettant de suivre la démonstration reproduit celle des *Discorsi* (D[1], p. 155 ; D[2], p. 195).

l. 14 et 17-18. Il faudrait : « la vitesse T à la vitesse V ».

P. 103 [*177*]

l. 18-22. Cf. D[1], p. 155 ; D[2], p. 196 *ad lim.* Mersenne traduit à nouveau « aequabilis » par « égal » (l. 20), ce qui est maladroit pour la raison rappelée plus haut (p. 174, l. 1-6).

P. 103 [*178*]

l. 2. La figure de Mersenne est identique à celle qu'emploie Galilée (D[1], p. 156 ; D[2], p. 196).

l. 9. E désigne une vitesse quelconque.

l. 13. G désignant également une autre vitesse, il faudrait : « si la vitesse E est à la vitesse G... ».

l. 20 sq. Mersenne s'embrouille une nouvelle fois. Après le « temps R », il faudrait : « Et la raison de C à G est composée des raisons de C à E et E à G. Or, la raison de C à E est supposée la même que celle de l'espace V à l'espace T... »

P. 104 [*180*]

Livre IV

Mersenne consacre un livre séparé, qu'il numérote quatrième, à la seconde partie de la Troisième Journée des *Discorsi* intitulée *De motu naturaliter accelerato* (D^1, pp. 156-236 ; D^2, pp. 197-267). Deux raisons peuvent avoir incité Mersenne à opérer cette distinction : d'une part, c'est à la fin de la première partie, relative au mouvement uniforme, que les *Discorsi* (D^1, p. 156 ; D^2, p. 196 *in fine*) reprennent partiellement la forme dialoguée interrompue dès le début de la Troisième Journée (cf. D^3, pp. 754-757) ; d'autre part, Galilée déclare au début du traité latin consacré au mouvement naturel accéléré lu par Salviati que les propriétés du mouvement uniforme ont été « examinées dans le livre précédent » (D^1, p. 156 ; D^2, p. 197 *ad lim.*).
Ce livre des *Nouvelles Pensées* est, avec le cinquième, le plus « résumé » de tous si on le rapporte au texte italien (cf. Introd., p. 35). Autant Mersenne suivait scrupuleusement Galilée dans son étude du mouvement uniforme, autant ici les infidélités à la lettre comme à l'esprit se font nombreuses. Sans entrer dans le détail que les notes se chargeront de mettre en lumière, indiquons brièvement les raisons qui permettent de comprendre ce fait. D'une part, Mersenne a lu et médité le *Dialogo* et les preuves de cette lecture abondent dans l'*Harmonie Universelle.* Et le Minime ne comprend pas bien la nouvelle manière d'exposer que choisit Galilée dans les *Discorsi.* De sorte que la lecture qu'il en fait se caractérise par des interférences avec des démonstrations antérieures de Galilée et de lui-même, telles qu'il les expose dans l'*Harmonie Universelle* où il nous invite, en toute bonne foi, à nous reporter. D'autre part, et en liaison avec la remarque précédente, Mersenne ne perçoit pas l'intention spécifique de Galilée car il est prisonnier de sa propre problématique. Alors que le savant italien s'efforce de donner en premier lieu la *loi mathématique du mouvement uniformément accéléré* défini au préalable d'une manière abstraite, son lecteur français reste obnubilé par le *problème physique de la chute des graves ou mouvement naturellement accéléré* en relation avec la pesanteur comme cause de l'attraction des corps vers le bas. Le mouvement concret de la chute des graves ne contredit pas la définition abstraite et vérifie les lois mathématiques établies par le raisonnement : voilà ce que Galilée veut établir ; mais c'est ce que Mersenne, en définitive et parce qu'il ne quitte pas le point de vue physique, n'a pas compris : d'où les insuffisances et les erreurs de sa transcription.

l. 4-6. Titre général : le titre donné par Mersenne à son Quatrième Livre est plus étroit que celui exprimé par Galilée, à savoir : « Du mouvement naturellement accéléré de descente des graves ». Sans doute la question de l'*accélération* du mouvement de la chute libre est essentielle aux développements de Galilée, mais il y sera traité aussi beaucoup d'autres problèmes — donnant lieu à de longs développements mathématiques que Mersenne se bornera souvent à indiquer — en liaison avec cette accélération. De plus, en mentionnant que les corps pesants « se hâtent vers le centre de la terre », Mersenne introduit dans le titre une explication finaliste de la nature de la pesanteur que Galilée laisse soigneusement de côté.

Article I (D^1, pp. 156-169 ; D^2, pp. 197-207)

l. 8-9. Le titre de Mersenne exprime déjà une certaine incompréhension. Galilée déclare (D^1, p. 157 ; D^2, p. 197) que de longs efforts ont été nécessaires pour trouver une *définition* du mouvement accéléré permettant de rejoindre l'essence du mouvement naturel de la chute, et il affirme sa conviction d'avoir réussi du fait de la correspondance des propriétés démontrées avec les résultats de l'expérience. Il dit aussi qu'il a été conduit « comme par la main », en se tenant à la règle que la nature agit toujours par les moyens les plus simples, et en considérant l'affinité étroite entre temps et mouvement. Ce sont ces prolégomènes, extrêmement importants du point de vue de la méthode, que Mersenne néglige et croit pouvoir résumer en deux mots : « suppositions et expériences ».

l. 10. Loin de dire que l' « expérience fait voir » que la vitesse de la chute augmente par degrés égaux pour des temps égaux, et conformément à la méthode ci-dessus indiquée, Galilée commence par chercher une définition simple du mouvement uniformément accéléré (D^1, pp. 157-158 ; D^2, p. 198).

l. 11-12. Galilée se limite à évoquer le cas d'une pierre tombant d'une certaine hauteur à partir du repos pour introduire sa réflexion sur le mouvement accéléré *en général.*

P. 104 [*181*]

l. 5. Concernant l'incise : « jusques au centre », il est à peine besoin de souligner qu'elle est propre à Mersenne (cf. *supra,* livre I, art. XI, p. 49, l. 16).

l. 6. Même remarque. L'ensemble des deux additions de Mersenne semble indiquer une hiérarchie dans l'esprit du rédacteur, à savoir que l'absence de résistance du milieu dans lequel a lieu la chute (ou du moins la possibilité de négliger cette résistance) est bien requise, mais qu'il y a quelque chose qui ne souffre pas d'élimination, c'est que le centre de la Terre est un *terminus absolu* de la chute naturelle. Nouveau témoignage, après tous ceux fournis par l'*Harmonie Universelle,* du fait que Mersenne ne peut pas penser à la chute naturelle sans ce terminus.
On notera que la phrase qui commençait, au début de l'article, par « l'expérience fait voir... » se termine, à cause de l'évocation du centre de la Terre, sur une affirmation hors des prises de l'expérience. Mersenne ne s'embarrasse pas pour si peu.

l. 7-9. Galilée définit *in abstracto* ce que peut être un mouvement uniformément accéléré ; Mersenne veut tout de suite parler de ce mouvement comme étant celui de la chute des graves. On ne peut pas imaginer discordance plus marquante.
Remarquons que Descartes semble également limiter la tentative de Galilée au cas de la chute des graves. Il écrit en effet à ce sujet dans la lettre du 11 octo-

bre 1638 : « Il (Galilée) suppose que la vitesse des poids qui descendent, s'augmente egalement, ce que j'ay autrefois creu comme lui (cf. lettre de Descartes à Mersenne du 13 novembre 1629, *A-T*, I, pp. 72 et 75) ; mais je croy maintenant sçavoir par demonstration qu'il n'est pas vray » (*A-T*, II, p. 386, l. 13-16).

l. 10. Par : « esgale vitesse », il faut entendre : la même pour tous les corps.

l. 11. Cf. Livre I, art. XIII, pp. 56-58.

l. 14. Au lieu de « et », il faudrait ici « ou » (« aequabiliter *seu* uniformiter »).

l. 15-16. Mersenne éprouve le besoin d'ajouter la mention « jusques à la fin de la chute » à la définition de Galilée (D^1, p. 158 ; D^2, p. 198), parce que le mouvement *naturel* concret et physique n'est jamais indéfini. Il y a de toute manière un terminus absolu (cf. ci-dessus) et, en général, il est limité avant l'arrivée au centre de la terre. Ainsi Mersenne ne peut pas, dans une définition de structure, faire abstraction de l'application au mouvement de la chute et il continue à mélanger deux points de vue.

l. 16. Mersenne traduit « *momenta* aequalia » par « *degrés* égaux ».

l. 17. Comme pour le mouvement uniforme, Galilée précisait plus haut (D^1, p. 157 *in fine ;* D^2, p. 198 *ad lim.*) « en des temps égaux *quelconques* ». Ici Mersenne ne relève pas cette précision, mais il en tient compte dans ce qui suit immédiatement.

l. 17-20. C'est ce que Descartes, visant d'ailleurs l'affirmation parallèle du *Dialogo* (*Ed. Naz*, VII, p. 46) soutenue par Fermat, remet en question dans la lettre du 11 octobre 1638 : « Ce que dit Galilée, que les Cors qui descendent passent par tous les degrez de vitesse, je ne croy point qu'il arrive ainsi ordinairement, mais bien qu'il n'est pas impossible qu'il arrive quelquefois... » (*A-T*, II, p. 399, l. 3-6). Voir sur ce point les analyses d'A. Koyré, *Études galiléennes, op. cit.*, pp. 144 sq.

l. 25. Mersenne passe inconsciemment du « degré acquis » à la « vitesse acquise », de telle sorte que le raisonnement amorcé, qui était susceptible de s'appliquer à n'importe lequel des intervalles de temps, va se particulariser au cas des intervalles à partir du début du mouvement. Ainsi avorte un complément intéressant par rapport au texte des *Discorsi*.

P. 104 [*182*]

l. 6-7. Galilée (D^1, p. 158 ; D^2, p. 198) dit dans son texte latin que *l'intensio velocitatis* provient de *l'extensio temporis*, expressions évidemment empruntées à la tradition du XIVᵉ siècle et principalement à l'œuvre de Nicole Oresme (cf. D^3, pp. 751-754). La traduction française de Mersenne enlève certainement pour le lecteur moyen toute signification précise, encore que l'expression « intention ou graduation » marque un effort louable pour caractériser ce qui convient à la *qualité vitesse.* Mais « l'étendue », pour le temps, laisse entendre que le problème de la mesure du temps relève aisément d'une perspective différente, ce qui n'est pas exact (cf. *supra,* Livre III, pp. 171-172, notes).

l. 8-17. C'est Sagredo (D^1, p. 159 ; D^2, p. 199) qui développe ce raisonnement très simple, en l'illustrant même davantage (on trouve des vitesses si petites au fur et à mesure que l'on se rapproche du point de départ que, si le mobile continuait au même taux, il ne franchirait pas une palme en plus de mille années), et il ajoute que cette conséquence de la définition du mouvement

uniformément accéléré déconcerte l'imagination alors que l'expérience sensible montre que les corps pesants tombent immédiatement et vite.
Une fois de plus, Mersenne ne respecte pas cette dissociation des points de vue qui permet ensuite leur confrontation.

l. 18-23. On ne peut retirer à Mersenne le mérite d'avoir été des premiers à comprendre que le mouvement de la chute à partir du repos procède par degrés insensibles et il a bien le droit de renvoyer le lecteur à une référence précise de l'*Harmonie Universelle.* Mais il se trompe en croyant que cette référence « supplée à ce qui manque ici », car il ne manque rien. On vient de tirer une conséquence d'une définition abstraite et il s'agit de montrer que malgré les apparences contraires, et sans raisonnement spécieux, le mouvement concret de la chute des graves ne la contredit pas ; voilà ce que Mersenne ne comprend pas. D'ailleurs, dans la Proposition VII du *Livre II des Mouvements* de l'*Harmonie,* ce dont traite Mersenne c'est de la lenteur de la chute le long d'un plan de moins en moins incliné, et de la critique à faire des propositions de Galilée dans le *Dialogo* (*Ed. Naz.,* VII, pp. 46-52). C'était à la Proposition II, p. 91, que Mersenne traitait de la « tardiveté quasi infinie » que l'on rencontre lorsqu'on se rapproche du commencement de la chute et qu'il évaluait à 2 ans 20 jours le temps pour faire un pied avec la vitesse acquise au milieu de la « première septième minute » [c'est-à-dire 60^{-6} minute]. Pour cette évaluation, Mersenne se fondait sur l'attribution au mouvement de la chute de la propriété qui sera l'objet de la Proposition I, *infra,* p. 190. Donc, il est bien clair que Mersenne est complètement dérouté par la nouvelle manière d'exposer de Galilée, telle qu'elle se présente dans les *Discorsi,* au point de ne plus savoir très bien quelle référence donner à l'*Harmonie Universelle.*

l. 24 sq. Ce passage de la transcription de Mersenne reflète bien mal les remarques de Sagredo et les réponses de Salviati, le premier obligeant le second à rendre vraisemblables, en les articulant sur l'expérience, les définitions « abstraites » et « arbitraires » de l'Auteur et, en particulier, à rendre compte de cette donnée de l'expérience sensible montrant avec évidence qu'un corps lourd tombe « subito » avec une grande vitesse (D^1, p. 159 ; D^2, p. 199). C'est ce *conflit apparent* entre le domaine rationnel et le champ de l'expérience que Galilée souligne d'abord pour le résoudre ensuite : Mersenne n'en transmet rien à son lecteur.
Là où Mersenne parle du « peu d'effet d'un corps pesant » (l. 25), Salviati s'exprime en termes d'*impeto* d'un corps en chute, qui occasionne un *choc* se traduisant par un *effet mesurable.* Le Minime ne respecte ni les termes choisis de Galilée, ni ses illustrations numériques.

P. 105 [*183*]

l. 1-2. Exemple propre à Mersenne.

l. 4. Salviati (D^1, p. 160, ; D^4, p. 200) s'exprime d'une manière plus complète et plus correcte : si on lâche le maillet de la « hauteur d'un doigt, que fera-t-il de plus que si on l'avait déposé sans qu'il y ait percussion ?... ; et l'effet serait imperceptible si on l'élevait seulement de la hauteur d'une feuille... ; qui doutera que le mouvement soit très lent et la vitesse plus que minime là où l'effet du choc est imperceptible ? ». Et la conclusion est nette : l'expérience sensible qui semblait *a priori* faire difficulté est au contraire favorable « une fois mieux considérée ». Il est curieux que Mersenne soit insensible à cette leçon.

l. 6 sq. Mersenne se hâte de relever l'allusion que Salviati veut bien faire (D^1, p. 163 ; D^2, p. 202) aux diverses opinions sur la cause de la pesanteur après avoir assisté sans mot dire à un échange assez vif entre Simplicio et Sagredo (D^1, pp. 161-163 ; D^2, pp. 200-202 ; cf. D^3, pp. 763-768). La première opinion rapportée (l. 8-17) était émise par Sagredo (D^1, pp. 162-163 ; D^3, p. 202 *ad lim.*) et Mersenne la transcrit négligemment.

l. 22-23. On ne saurait être plus injuste que Mersenne avec une telle affirmation. Salviati répète solennellement que le but est d'étudier d'abord les propriétés du mouvement uniformément accéléré répondant à une définition abstraite et, au cas où ces propriétés s'appliqueraient bien à la chute des graves, on pourra admettre ensuite que la « définition » donnée « vaut aussi pour le mouvement naturellement accéléré » (D^1, p. 163 ; D^4, p. 203 *in fine*). Il est vrai que Salviati déclare aussi sans grand profit la spéculation sur la nature de la pesanteur, et c'est cela qui déplaît à Mersenne.

l. 23-26. C'est en vain que le lecteur se reporterait à la Proposition XIX du *Livre III des Mouvemens* de l'*Harmonie Universelle* (p. 208) et à ses corollaires pour y trouver « la vraie raison de la vitesse de la chute ». Il y verrait seulement suggéré que « l'attraction de la Terre ou le désir qu'ont les corps de se réunir avec leur tout » peuvent « s'accommoder » avec le principe que le mouvement une fois imprimé à un corps ne cesse jamais s'il n'est empêché, cette accommodation consistant en addition constante. Or, il est aisé de constater que cette addition constante n'est pas l'essentiel de la question et il vaut la peine de le dire avec précision.
Supposons, dit Mersenne, que le poids descende d'un pied en un moment et qu'il soit alors dépouillé de sa pesanteur. Il continuera avec la vitesse acquise et fera donc 2 pieds dans le 2ᵉ moment, d'un mouvement uniforme, d'après la Proposition II du Livre II (que nous citons, *supra*, dans la note de la p. 182, l. 18-23). Si on maintenait sa pesanteur, le poids ferait dans le 2ᵉ moment $2 + 1 = 3$ pieds. A la fin du 2ᵉ moment, la vitesse acquise est susceptible de faire parcourir $2 \times \frac{3+1}{2}$ pieds $= 4$ pieds en un moment d'un mouvement uniforme, de telle sorte que si l'on maintient la pesanteur durant le 3ᵉ moment, le poids fera $4 + 1 = 5$ pieds..., etc... Ainsi, il est bien clair que si les espaces parcourus suivant les temps égaux consécutifs constituent la progression des nombres impairs (et c'est là ce dont il importe de rendre compte), cela tient non pas à l'addition constante d'une unité quand on passe d'un moment au suivant, mais à cette addition *conjointe* au fait de la multiplication par 2 de la vitesse moyenne pour obtenir la vitesse acquise.
Il est donc parfaitement illusoire de situer la « vraie raison » du mouvement de la chute dans le fait que « la pesanteur ajoute toujours un nouveau degré de mouvement en chaque moment » (Corollaire II de la Proposition XIX). La vraie raison est dans une multiplication par 2 qui échappe complètement à cette explication simpliste.

P. 105 [*184*]

l. 6-7. Il est exact que Salviati élimine d'un trait de plume (D^1, p. 164 ; D^2, p. 203) l'hypothèse de la vitesse proportionnelle à l'espace parcouru en disant qu'il s'ensuivrait que deux espaces seraient franchis dans le même temps, quelle que soit la différence de ces deux espaces. Conséquence qui serait évidemment absurde si elle était correctement déduite.

l. 8-12. Mersenne a raison d'émettre un doute sur l'exactitude du raisonnement de Galilée, mais ce doute se situe au niveau d'une impression. Et c'est pourquoi Mersenne n'insiste pas, il n'a rien à opposer positivement.
Précisons que l'erreur de Galilée consiste à appliquer la règle des mouvements uniformes à un mouvement qui ne l'est pas (cf. D^4, p. 258, n. 83).

l. 13 sq. L' « intention de l'Autheur » est sans doute assez explicite pour que Mersenne y prenne garde. En D^1, p. 166 *ad lim.* ; D^2, p. 205, Salviati déclare en effet que la définition du mouvement uniformément accéléré étant posée, il n'est besoin par ailleurs que d'*un seul* principe, à savoir celui qui est énoncé plus clairement ici, *infra*, p. 185, l. 22-25. Mais on peut douter de la compréhension profonde de Mersenne. Le principe unique que demande l' « autheur », introduit, après des considérations abstraites et purement mathématiques, une propriété physique donnant prise au raisonnement sur la chute des corps pesants. Dans la mesure même où Mersenne n'est pas entré dans les perspectives méthodologiques proposées et où il a constamment mélangé, comme nous l'avons relevé plusieurs fois ci-dessus, le mouvement uniformément accéléré (mathématique) et le mouvement naturellement accéléré (le mouvement concret et physique de la chute des graves), il est certain que la véritable « intention de l'autheur » lui échappe.

l. 16-17. Galilée se sert d'une figure (D^1, p. 166 ; D^2, p. 205) ; il définit ce qu'il entend par « hauteur » du plan (que Mersenne appelle aussi « élévation ») et précise, par la bouche de Sagredo, les conditions de l'expérience.

l. 18 sq. Les données numériques sont de Mersenne qui n'hésite pas à choisir des plans fort peu inclinés (rappelons que le pouce équivaut à la 72e partie de la toise), sans doute pour illustrer d'une manière frappante la « supposition » de l'auteur.

P. 105 [*185*]

l. 1-15. Ce long passage est l'un de ceux qui illustrent le mieux les défauts de ce livre. Mais si la médiocrité de la rédaction est très évidente, il est plus difficile de déceler la déviation que cette rédaction fait subir à la transcription du texte de Galilée.

Salviati propose (D^1, pp. 167-168 ; D^2, pp. 206-207) une expérience pour justifier le principe demandé plus haut. Sur la verticale du point de suspension d'un pendule et au-dessous, il imagine de faire déplacer un clou. Le pendule est abandonné à lui-même à droite, son fil de suspension vient heurter le clou au passage à la verticale, et l'on a, à gauche, la demi-oscillation d'un pendule plus court. L'expérience consiste à observer que le poids suspendu à l'extrémité du fil monte à droite et à gauche à la même hauteur, atteint la même horizontale, tandis que la position la plus basse est toujours la même. Le lecteur de Galilée peut suivre ces indications sur une figure (D^1, p. 167 ; D^2, p. 206), figure que Mersenne reproduira plus tard dans la *Ballistica*, Prop. XV, in *Cogitata, op. cit.*, pp. 43 et 44.

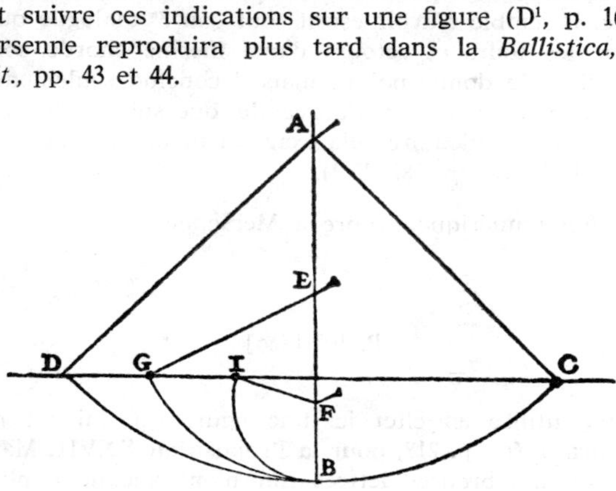

Le regard de Salviati va de gauche à droite. A gauche, il y a des arcs de cercle divers, suivant la position du clou, et la même hauteur de chute. A droite, il y a un même arc et un même mouvement. La diversité de gauche conduit donc au même effet à droite. L'interprétation est que tous les arcs de cercle de gauche, si différents qu'ils soient, donnent la même vitesse au point le plus bas, mais comme ils ont la même hauteur de chute, il y a illustration du principe demandé.
Le regard de Mersenne oscille avec le pendule, si l'on ose dire. Il voit un arc de gauche correspondre avec l'arc de droite, il postule aussitôt l'égalité de force de part et d'autre et s'enchante de l'inégalité des arcs. Il *n'interprète* pas correctement l'expérience, il y introduit un postulat inconscient et non nécessaire.

l. 17-18. Le désir d'être général amène Mersenne à ajouter les mots « non inclinez », qui cadrent évidemment mal avec la suite de la phrase.

l. 22. L'expression « maxime fondamentale » est notable. Salviati (D[1], p. 169 ; D[2], p. 208) ne prétendant pas que l' « expérience » ci-dessus décrite constitue une démonstration, estime cependant qu'elle est suffisante pour justifier le principe demandé. Celui-ci fait figure de *postulat* contre lequel il n'y a pas de répugnance, et dont « l'absolue vérité » sera manifeste lorsque l'on verra les « conclusions qui en découlent correspondre et s'accorder exactement à l'expérience » (D[1], D[4] *ibid.*). Ce sont ces nuances très importantes que Mersenne néglige de transmettre à son lecteur.
C'est pourtant aux mathématiques que Galilée devait ultérieurement demander une « démonstration concluante » de ce principe, démonstration dont l'absence (remarquée par Descartes, cf. note suivante) avait suscité de la part de Viviani des objections que Galilée voulut supprimer. Il laissa à son disciple le soin de présenter la démonstration, qu'il désira voir exposée par Salviati — dans la future édition des *Discorsi* — après le scolie du Théorème II de la Troisième Journée (voir la lettre de Galilée à Benedetto Castelli, du 3 décembre 1639, *Ed. Naz.*, XVIII, pp. 225-226). Le vœu du savant florentin fut accompli six ans après la mort de Descartes, dans l'édition des *Opere* parue à Bologne (cf. *supra*, Introd., p. 20, n. 35).

l. 22-26. Cf. D[1], p. 166 *ad lim.* ; D[2], p. 205. La lecture de ce postulat suggère à Descartes une longue note qui fait apparaître son jugement lucide et sévère : « Il suppose aussy que les degrez de vitesse d'un mesme cors sur divers plans sont égaux, lorsque les elevations de ces plans sont egales, ce qu'il ne prouve point, & n'est pas exactement vray ; & pour ce que tout ce qui suit ne depend que de ces deux suppositions, on peut dire qu'il a entierement basti en l'air. Au reste, il semble n'avoir escrit tout son 3e dialogue que pour donner raison de ce que les tours et retours d'une mesme chorde sont egaux entre eux, et toutefois il ne la donne point ; mais il conclud seulement que les poids descendent plus viste, suivant l'arc d'un cercle, que suivant la chorde du mesme arc, & encore n'a-t-il sceu deduire cela exactement de ses suppositions » (lettre citée, *A-T*, II, p. 386, l. 17 - p. 387, l. 2).

l. 26 sq. Illustration numérique propre à Mersenne.

P. 105 [*186*]

l. 6-8. Mersenne utilise en effet ici une figure qui lui est propre et qu'il reproduira, *infra*, p. 218, pour la Proposition XXVII. Mais comme cette figure comporte de nombreuses lettres qui n'ont aucune application dans le cas présent, on ne voit pas en quoi l'initiative du transfert permet de « comprendre mieux » ce développement personnel de Mersenne.

l. 18 sq. Sur la référence au centre de la Terre, constante chez Mersenne, cf. *supra*, pp. 181 et 183 (notes *ad loc.*).

P. 106 [*187*]

l. 1. Le sens est difficile à déterminer. Mais il semble que Mersenne veuille dire : la proposition est non seulement véritable (en raison de l'égalité des descentes par rapport au centre de la Terre), mais encore étonnante.

l. 6-9. Cet étonnement, qui se manifestait déjà au Livre II de l'*Harmonie* (pp. 108-112) dans le commentaire de propositions issues du *Dialogo*, étreint encore Mersenne : malgré le ralentissement que provoque l'emploi de plans de moins en moins inclinés, ou de plus en plus longs pour la même élévation, on est sûr d'arriver à la même vitesse finale.

l. 14. Salviati parle de cette expérience après les deux théorèmes dont il sera question plus loin (D^1, pp. 175-176 ; D^2, pp. 212-213). Mersenne ne respecte pas l'ordre du discours, toujours en fonction de son incompréhension de la méthode mise en œuvre.

l. 16-17. La brasse ici utilisée par Mersenne (12 brasses = 20 pieds de Roi) est la brasse de Florence telle qu'il l'avait évaluée dans l'*Harmonie Universelle*, Livre II, p. 87, avant de recevoir la correction envoyée par Peiresc. C'est le canal de roulement qui a la largeur d'un doigt, et non le chevron.

l. 24. Mersenne parle de la « dixième partie d'une seconde minute » là où Salviati dit « dixième partie d'un battement de pouls », ce qui correspond à peu près, mais ce qui constitue aussi une précision surprenante, surtout eu égard au mode opératoire qui sera décrit ci-dessous.

l. 26-27. Mersenne s'avise seulement maintenant de donner cette précision qu'il importait de fournir au lecteur lors de la description du dispositif expérimental.

P. 106 [*188*]

l. 1-8. Mersenne suit de près le texte des *Discorsi* en respectant les nombres et les proportions indiqués (D^1, p. 176 ; D^2, p. 213).

l. 11-12. En revanche, Salviati ne parle pas de « petit robinet » mais d'un « canaletto », c'est-à-dire un « orifice étroit ».

l. 20 sq. Mersenne rappelle ses propres résultats, qu'il évoquait déjà dans les observations faisant suite à la Table des Matières de l'*Harmonie Universelle* (cf. *supra*, Introd., p. 23).

P. 106 [*189*]

l. 1-11. Outre les références indiquées au renvoi de la note précédente, cf. également *supra*, Livre I, art. XIII, p. 56 (note l. 16).

l. 12-15. Voir *supra,* Livre IV, p. 181, l. 11. Mersenne devrait préciser qu'il vise le traité latin lu par Salviati, et uniquement lui.

REMARQUE D'ENSEMBLE

Nous avons déjà eu l'occasion de souligner dans notre introduction (cf. pp. 25 sq.) le rôle que la lecture des *Discorsi* a eu pour Mersenne en l'obligeant à mentionner en marge de son exemplaire de main de l'*Harmonie Universelle* les corrections qui s'imposaient, et il est certain que le cas des expériences sur les plans inclinés est, à cet égard, privilégié. Mersenne a d'abord douté que Galilée ait fait quelque expérience que ce soit (cf. D³, pp. 779-782). Mais ce qui est curieux, c'est qu'il accepte sans réserve ce que le texte des *Discorsi* apporte ici. Il passe du doute à une confiance excessive.

Sans doute est-ce en raison de l'accord, qu'il se plaît à mentionner dans la *Remarque,* avec ses propres expériences. Mais il convient de noter deux points importants :

1° Les expériences de Mersenne portent sur des chutes verticales. Il ne semble pas lui venir à l'idée que le ralentissement du mouvement sur des plans peu inclinés pourrait être utile pour réduire l'effet *relatif* de la résistance de l'air.

2° Les expériences — celles de Mersenne comme celles de Galilée — consistent à établir que la loi des espaces est « la raison doublée du temps ». Mais c'est la raison pour laquelle Salviati n'en parle qu'en D¹, p. 175 ; D², p. 213, immédiatement après le théorème II qui établit mathématiquement que c'est la loi de tout mouvement uniformément accéléré. Il s'agit en effet de satisfaire Simplicio (D¹, p. 174 ; D², p. 212), lequel admet la démonstration mathématique, mais répugne à admettre que le mouvement naturel de la chute des graves soit de même structure. Donc dans les *Discorsi,* la relation des expériences a pour but de montrer que cette répugnance est injustifiée ; le mouvement sur un plan incliné possède la même loi des espaces parcourus qu'un mouvement uniformément accéléré, et en vertu du postulat demandé ce mouvement a la même loi des vitesses que le mouvement de chute verticale. Ainsi il n'y a pas lieu de douter que ce dernier (chute verticale) soit un mouvement uniformément accéléré. Il est clair que Mersenne est resté étranger à cette rigueur logique. Le fait qu'il a bouleversé l'ordre de l'exposé en est un témoignage.

P. 106 [*190*]

Article II (D¹, pp. 169-179 ; D², pp. 208-220)

l. 2-3. Le titre de l'Article II témoigne encore de l'incompréhension de Mersenne. Il ne fait pas la distinction, pourtant claire, entre les propositions qui se démontrent comme conséquence de la définition mathématique du mouvement uniformément accéléré (ce sont les Propositions I et II) et celles qui se démontrent avec le secours du postulat relatif aux plans inclinés (III et IV).

l. 5-13. L'énoncé de la Proposition I est chaotique : l. 10, il faut « moitié » et non « double » ; l. 11-12, on ne voit pas *a priori* ce que doit être ce « premier mouvement qui hastoit sa course uniformement ». (Pour la comparaison entre cette « version » du théorème I de Galilée et celle que proposait Mersenne dans les deux observations mises en appendice à la Table des Matières de l'*Harmonie Universelle* (cf. *supra,* Introd., pp. 26-27). On trouvera également le texte de la première transcription des huit premiers théorèmes de Galilée par Mersenne dans l'éd. Rochot des *Mechaniques de Galilée, op. cit.*, p. 80).

Signalons enfin que dans les *Cogitata, op. cit., Hydraulica, pneumatica arsque navigandi...*, Prop. X, p. 65, Mersenne donnera la version originale intégrale du théorème I, sans faire référence à ses précédentes transcriptions en français.

l. 14-17. Dans le *Livre II du Mouvement*, Prop. II, de l'*Harmonie* (pp. 89-91), Mersenne transcrivait en effet la démonstration du *Dialogo* (*Ed. Naz.*, VII, pp. 254 sq.). C'est sans doute pourquoi il y renvoie, sans vouloir examiner s'il n'y a pas quelque différence. Or il y en a une et cela explique les avatars de l'énoncé relevés ci-dessus.

Dans la première démonstration, Mersenne considérait à la suite de Galilée le triangle A B C construit sur le temps écoulé A C et sur la vitesse acquise C B. Ce triangle étant la moitié du rectangle correspondant, il concluait que l'espace susceptible d'être parcouru avec la vitesse uniforme C B durant le même temps A C est *double* de l'espace parcouru par le mouvement accéléré. La conclusion supposait entendu que l'espace est proportionnel à l'aire couverte par la vitesse.

Dans la nouvelle démonstration, que Mersenne ne considère pas, Galilée *compare* le mouvement accéléré A B C avec le mouvement uniforme de vitesse 1/2 C B et montre que les vitesses du mouvement accéléré supérieures à $\frac{1}{2}$ C B se compensent avec les vitesses inférieures de telle sorte qu'il y a bien identité globale des deux mouvements. Sans doute la conclusion passe toujours par une égalité de surface entre un triangle et un rectangle, mais sans que l'aire reçoive la signification précise de l'espace parcouru. L'égalité sur le temps A C du mouvement accéléré et du mouvement uniforme de vitesse moitié résulte d'une comparaison de *densité* des vitesses qui n'exige pas que l'on prenne parti sur l'interprétation de cette densité (D^1, pp. 170-171 ; D^2, pp. 208-209).

On voit bien quelle est la pointe fine dont Mersenne ne s'aperçoit pas. On comprend en même temps pourquoi il trébuche dans l'énoncé : il conserve dans l'esprit un schéma différent où c'est un *double* qui est considéré et non une *moitié*.

P. 107 [*191*]

l. 1-16. Cette page met bien en évidence le quiproquo tenace dont Mersenne ne parvient pas à se dégager. Puisqu'il tient de l'expérience que la loi de la chute est pour les espaces la proportionnalité à la suite des nombres impairs, il veut en déduire la proposition et il est certain que ce n'est pas difficile. Cela peut se faire « par les nombres » sans appel à un raisonnement quelque peu subtil comme celui évoqué dans les notes ci-dessus. Mais Mersenne ne se rend même pas compte, à cet endroit précis, de ce qui le sépare du point de vue adopté par Galilée dans les *Discorsi*. Disons-le une fois de plus : Galilée cherche les propriétés mathématiques du mouvement uniformément accéléré et se propose de voir ensuite si ces propriétés conviennent à la chute des graves ; Mersenne part au contraire de la loi de la chute (point de vue physique) et devrait démontrer que cette loi est caractéristique d'une certaine structure mathématique.

Il devrait démontrer. Mais c'est hélas ce qu'il ne fait pas. On le voit bien à la ligne 7. Si la fin du 4e temps est le commencement du 5e, pourquoi est-ce aussi le commencement du 8e degré de vitesse ? Il est vain d'essayer une justification. La suite des espaces comme les nombres impairs permet seulement l'évaluation des vitesses moyennes, elle ne permet pas immédiatement de dire ce que sont les vitesses acquises à la fin de chaque temps. Ou encore : il est impossible de faire l'économie d'une démonstration mathématique susceptible de dire quelle est la structure de la variation de vitesse donnant la vitesse moyenne proportionnelle au temps telle que la dévoile la suite des espaces 1, 3, 5, 7, etc...

l. 20-27. Confirmation de la confusion qui règne dans l'esprit de Mersenne dans le passage du *Dialogo* aux *Discorsi*. Si le mobile « *poursuivait à descendre* autant de temps qu'il en emploie de A en E », c'est-à-dire si on le considérait animé d'un mouvement uniforme pendant un temps 4, il décrirait 32 pieds, soit le double de A E, avec une vitesse de 8, mais à condition d'admettre que cette vitesse est bien celle qui est acquise en E par le mouvement accéléré. Mersenne s'embrouille d'ailleurs en énonçant que la vitesse acquise en E est 16 (l. 25-26) puis en corrigeant sur l'*Errata*.

P. 107 [*192*]

l. 3. Par les mots « en augmentant sa vitesse » l'énoncé de Mersenne traduit bien l'incertitude de la perspective logique du rédacteur. Il faudrait évidemment dire de manière explicite et ferme : lorsqu'un mobile partant du repos est animé d'un mouvement uniformément accéléré, les espaces... etc. (D^1, p. 171 ; D^2, p. 209).
Mersenne était encore moins précis dans sa première formule de ce théorème, puisqu'il ne précisait ni la nature du mouvement dont est animé le mobile, ni le fait qu'il faut partir de l'état de repos : « Les espaces faits par le mobile tombant en tels temps qu'on voudra, sont en raison doublée des temps, ou comme leurs quarrez... » (Texte cité dans les *Mechaniques de Galilée, op. cit.*, p. 80.)

l. 8. La naïveté de Mersenne n'a d'égale que sa distraction. La Proposition II « n'a que faire de preuve », croit Mersenne, mais c'est parce qu'il a pris pour base de sa spéculation une loi expérimentale immédiatement équivalente à celle qui est énoncée ici. Il est tout de même extraordinaire qu'il ne s'aperçoive pas, à cet endroit, de ce qui le sépare de Galilée. Il devrait au moins se dire que si Galilée a jugé utile de faire une démonstration, c'est qu'il avait ses raisons tenant à un changement dans la base de l'élaboration.

l. 15. Immédiatement après l'énoncé du théorème II rappelé à la note de la ligne 3, Mersenne ajoutait : « Ce que nous avons demonstré dans notre 2. livre des mouvemens : d'où il arrive que tous les espaces pris en particulier, ont mesme raison que les nombres impairs 1. 3. 5. &. de sorte qu'au mesme temps que les degrez de vitesse s'augmentent suivant l'ordre naturel des nombres, 1. 2. 3. 4. &. les espaces parcourus dans autant de temps s'augmentent selon les nombres impairs, commençans par l'unité. D'où il conclud que si l'on prend 2. espaces donnez, dès le commencement de la chute, faits en des temps donnez, les temps des chutes seront comme les 2. espaces susdits à l'espace moyen proportionel entre ces 2. espaces, tant sur les plans inclinez, que dans le perpendiculaire » (*ibid.*, p. 80). Ce texte rassemble l'essentiel de ce que le Minime avait alors retenu des 2 corollaires qui suivent le théorème II. (Pour la référence à l'*Harmonie*, cf. *supra*, Livre I, art. XIII, p. 58, note l. 11-14.)

l. 16.sq. Si le premier Corollaire de Galilée est ce que Mersenne prenait pour base dans son exposé des pages précédentes (Prop. I), c'est bien qu'il y a différence radicale dans les principes. Et Mersenne pourrait au moins le remarquer. Il passe de plus sous silence la longue démonstration que Sagredo proposait après l'énoncé du Corollaire II et qui, selon Simplicio, avait le mérite d'être plus claire que celle de l'Auteur (D[1], pp. 172-174 ; D[2], pp. 210-212). Toutefois, le porte-parole des aristotéliciens persistait à douter que l'accélération naturelle dans la chute libre des corps graves fût conforme à la loi abstraite du mouvement uniformément accéléré. C'est afin de l'en convaincre que Salviati évoquait les expériences sur le plan diversement incliné (D[1], pp. 175-176 ; D[2], pp. 212-213), expériences que Mersenne, au mépris de l'ordre de l'exposé, s'était empressé de mettre en vedette (cf. *supra*, pp. 187-188).

P. 107 [*193*]

l. 3-10. L'énoncé du Corollaire II se trouve en D[1], p. 176 *in fine ;* D[2], p. 214 *ad lim.*

l. 10-26. Mersenne reproduit une figure semblable à celle des *Discorsi* (D[1], p. 177 ; D[2], p. 214).
Il est certain que si S X est moyen proportionnel à S T et S V, le rapport de S T à S V est le carré du rapport de S X à S V. Il résulte donc bien de la Proposition II (selon laquelle le rapport des espaces S T et S V est le carré du rapport des temps mis à les parcourir) que le rapport des temps est en définitive celui de S X à S V. Si cette traduction géométrique n'est pas sans intérêt, elle semble en tout cas digne à Mersenne d'une transcription complète et fidèle.

l. 26 sq. La remarque qui suit fait l'objet d'un scolie qui ajoute : « on a admis, en effet, que sur de tels plans la vitesse augmente dans le même rapport, à savoir proportionnellement au temps, ou encore comme la simple suite des nombres entiers » (D[1], p. 177 ; D[4], p. 214 *in fine*).

P. 107 [*194*]

l. 2-3. C'est ici que s'insère, dans l'Edizione Nazionale des *Discorsi*, entre le scolie et le Théorème III, l'addition annoncée par Galilée en 1639 et publiée par Viviani en 1656 (cf. *supra*, p. 185, note l. 22). Cette addition vise une « démonstration » du principe physique qui va maintenant entrer en ligne de compte dans les propositions suivantes et que Mersenne qualifiait plus haut de « maxime fondamentale ». Il est heureux que Mersenne n'ait pas connu cette addition. Il eût été hors d'état d'en saisir le motif et cette connaissance aurait obscurci davantage sa transmission de la pensée de Galilée. Toutefois, en 1644, donc après avoir depuis longtemps pris connaissance de la lettre que lui adressait Descartes le 11 octobre 1638 (cf. *supra*, p. 185, note l. 22-26), Mersenne soulignera nettement que le principe (« maxime fondamentale ») de Galilée n'est pas démontré, ce qui rend problématique la réponse à la question : « An sit promota Galilei doctrina de acceleratione motus gravium naturalis » (cf. *Reflexiones Physico-mathematicae*, cap. XVI, p. 136).
La « démonstration » imaginée par Galilée consiste à partir de la loi d'équilibre entre deux poids dont l'un est assujetti à décrire la ligne de la plus grande pente d'un plan incliné tandis que l'autre décrit une verticale. Elle revient à remplacer le postulat concernant l'égalité des vitesses pour une même hauteur de chute par le postulat de l'égalité des « moments de descente » pour deux poids en

équilibre dans les conditions susdites. D'où un nouveau progrès de l'élaboration logique, mais qui ne peut être apprécié que dans la mesure où l'on a compris le sens de la démarche nouvelle inaugurée par les *Discorsi.*

l. 3-8. Dans la première observation faisant suite à la Table des Matières de l'*Harmonie Universelle,* Mersenne proposait la version suivante de ce Théorème III : « Si le mobile chet par un plan incliné, & et par le perpendiculaire, ayants mesme hauteur sur l'orizon, les temps des cheutes seront entr'eux comme les longueurs desdits plans » (cf. *Les Mechaniques,* éd. cit., p. 80). On notera que le Minime omettait de préciser que le mobile part du repos. Dans les *Discorsi,* Galilée appuie sa démonstration sur une figure (D^1, p. 177 *in fine ;* D^2, p. 216).

Signalons en outre que dans *L'usage du quadran ou de l'horloge physique universel...,* Mersenne prend appui notamment sur le Théorème III sus-mentionné et sur son corollaire : « les temps de descente de plans diversement inclinés, à condition qu'ils aient même hauteur, sont entre eux comme les longueurs de ces plans » (D^1, p. 178 ; D^4, p. 219) pour les chapitres VI : *La manière de comparer les cheutes perpendiculaires avec les obliques* (pp. 30-34) ; VII : *Du moyen de trouver combien le poids seroit descendu par une ligne droite vers le centre, tandis qu'il descend par un plan oblique donné* (pp. 35-38) et VIII : *De la comparaison des vitesses sur les plans différemment inclinez* (pp. 38-40). Mais Mersenne ne fait pas la moindre allusion aux *Discorsi* et ne cite pas seulement le nom de Galilée.

l. 10. Mersenne se contente d'un exemple pour illustrer la Proposition III, mais il n'est pas possible de savoir si cet exemple vaut à ses yeux démonstration. Ce qui laisse un doute à cet égard est l'absence de référence à la « maxime fondamentale ». Elle est explicite chez Galilée (D^1, p. 177 *in fine ;* D^2, pp. 215-216), mais il est curieux que ce soit à Sagredo que revienne l'honneur de fournir la raison la plus juste : si les vitesses sont les mêmes pour la même hauteur de chute (maxime fondamentale) et si par conséquent les mouvements (le long du plan incliné et suivant la verticale) ont la même structure de mouvement uniformément accéléré, les vitesses *moyennes* sont aussi égales. D'où la proportionnalité des temps aux longueurs parcourues (D^1, p. 178 ; D^2, pp. 218-219). On peut légitimement supposer que Mersenne a lu ces textes sans voir pourquoi il y avait lieu d'en mentionner le contenu.

l. 19. La remarque de Mersenne justifie ce que nous venons de dire. La proposition qui suit est au contraire plus facile. Ne peut la juger plus difficile que celui qui juge superficiellement et sans saisir le fond.

P. 108 [*195*]

l. 1-5. La transcription de Mersenne est correcte (cf. D^1, p. 178 *in fine ;* D^2, p. 219 *in fine*). La version proposée par le Minime avant la publication des *Discorsi* présente une variante de traduction : « Les temps des cheutes sur des plans égaux inegalement inclinez sont en raison souz-doublée de leurs hauteurs, en les permutant. » (*Les Mechaniques,* éd. cit., p. 80). Par la dernière expression, Mersenne rend le latin *ratione subdupla... permutatim accepta,* qu'il faut comprendre comme signifiant « rapport inverse des racines carrées ».

l. 6. Une fois de plus Mersenne fait l'économie de la démonstration (et de la figure) de Galilée et croit devoir ici encore se confier à un exemple. Mais en fixant les inclinaisons des plans à 45° et à 20°, il n'est pas bien inspiré puisque ces inclinaisons devraient servir à déterminer les hauteurs B D et B E correspondant à la même longueur de plan et qu'il n'en dit pas un mot.

l. 16. Il faudrait dire : « ...B D à B I prise à rebours, B I étant la moyenne proportionnelle à B D et B E », et ajouter que ce n'est là qu'une autre manière d'exprimer l'énoncé de la Proposition.

l. 19 sq. Il est bien clair que Mersenne ne comprend pas la démonstration de Galilée puisqu'il n'est pas capable d'en reproduire correctement les éléments, ni la référence à la proposition précédente.

1° D'après cette proposition, les temps de chute sont les mêmes que sur les parcours verticaux B D et B E.

2° Or, d'après la Proposition II antérieure, Corollaire II (*supra*, p. 193), les temps de chutes verticales sont dans le rapport sous-doublé des hauteurs ou dans le rapport inverse de B D à la moyenne proportionnelle entre B D et B E.

P. 108 [*196*]

l. 2. C'est en faisant fond sur ce Théorème IV que Mersenne, dans *L'usage du Quadran, ou de l'Horloge Physique Universel,* rédige le chapitre IX, *Dans lequel sont contenus deux Problèmes concernants la cheute des corps pesans sur toutes sortes de plans.* Le premier problème se formule ainsi : « le plan incliné, sur lequel descend le corps pesant (que nous appellerons désormais boule) estant donné, & un autre plan moins incliné estant aussi donné, trouver le point auquel la boule sera arrivée sur ce moins incliné, en mesme temps qu'elle parcourt le plan le plus incliné ». Et le second : « Deux plans inclinez, qui commencent à un mesme point de hauteur, estant donnez, trouver sur le plan incliné le lieu auquel la boule arrivera, en mesme temps qu'elle parcourt le moins incliné » (*op. cit.*, pp. 41-45). Là encore, Mersenne s'abstient de la moindre allusion à Galilée.

Article III (D^1, pp. 179-192 ; D^2, pp. 220-230)

l. 3-10. Mersenne prend la précaution d'avertir que sa rédaction comportera désormais une certaine distance par rapport au texte de Galilée. Sans doute l'avertissement explicite porte sur les figures, mais le lecteur se rend parfaitement compte qu'il ne doit pas s'attendre à partir de maintenant à une fidélité très grande. Après les notes des pages précédentes, nous pouvons sans peine caractériser le phénomène : Mersenne a perdu pied — comme les propositions ci-dessus l'ont bien mis en évidence — et il ne peut guère faire autre chose que transmettre des énoncés.
Ce n'est pas là une tâche négligeable du point de vue de l'information, il reste seulement à voir comment elle est accomplie.

P. 108 [*197*]

l. 1-7. Cette Proposition V n'est que l'expression générale de l'application des Propositions III et II. On pourrait admettre que son énoncé suffise à la compréhension du lecteur si la Proposition IV avait été correctement expliquée.
La première version du Théorème V donnait : « La raison des descentes sur les

plans differens en longueur, inclination & hauteur, est composée de la raison de leurs longueurs, et de la raison souz double de leurs hauteurs prise en changeant. » (Cf. *Les Mechaniques,* éd. cit., p. 80.) La même expression : *ratione subdupla... permutatim accepta,* déjà rencontrée plus haut est donc transcrite trois fois de manière différente par Mersenne. Le rapport des temps désigné ici est « égal au produit du rapport des longueurs par la racine carrée du rapport inverse des hauteurs » (D^1, p. 179 *in fine ;* D^4, p. 220).

l. 8-14. Plus succincte, la première version du Théorème VI : « Des plans estant menez du haut ou du bas du cercle à tel point de la circonférence qu'on voudra, les temps des chutes sur lesdits plans sont égaux (cf. *Les Mechaniques,* éd. cit., p. 80) n'approchait pas non plus la clarté de l'énoncé de Galilée : « Si du point le plus bas ou le plus élevé d'un cercle construit sur la ligne d'horizon, on mène des plans inclinés quelconques rencontrant la circonférence, les temps de descente le long de ces plans seront égaux entre eux » (D^1, p. 180 ; D^2, p. 221).

l. 16-17. Mersenne avait parlé en effet de cette proposition dans la 7e Addition aux *Mechaniques de Galilée* (pp. 68-69) et il avait même dit à son sujet : « La spéculation de Galilée est excellente si elle est véritable. » C'est dire qu'il était séduit par la beauté du résultat sans être convaincu de son exactitude. Se référant au contenu du *Dialogo,* il avait cependant donné l'essentiel de l' « explication », et c'est pourquoi il n'a pas tort de s'exprimer ici comme il le fait. Il est exact qu'il a déjà « expliqué » la proposition, mais du fait qu'il se contente de ce renvoi aux *Mechaniques* c'est qu'il estime ne rien avoir à dire de plus et c'est qu'il estime aussi que la démonstration des *Discorsi* n'apporte rien de plus. (Cf. *supra,* Livre I, art. XX, *Remarque et explication,* pp. 88-89, note p. 200). La figure en question est reproduite dans les *Mechaniques,* éd. cit., p. 68.
Dans l'ensemble, Mersenne ne donne ici qu'une transcription très partielle et allusive de la démonstration de Galilée qui, outre le théorème, comporte trois corollaires et s'appuie sur quatre figures (D^1, pp. 180-186 ; D^2, pp. 221-226).

P. 108 [*198*]

l. 1 sq. Mersenne ne fait que développer l'énoncé au cours de cette page et occupe ainsi surabondamment la place qui pouvait être donnée à une « explication ». Dans la 7e addition des *Mechaniques,* cette explication remontait à l'affirmation contenue dans le *Dialogo* selon laquelle un corps glissant sur un plan incliné ou tombant directement suivant la verticale décrit dans un même temps des espaces qui sont entre eux comme l'élévation du plan à sa longueur. Dans les *Discorsi,* la Proposition présente, VI, résulte de l'application de la Proposition précédente V et se réfère en définitive à la « maxime fondamentale ». Le fait que Mersenne n'éprouve pas le besoin de noter la différence entre le *Dialogo* et les *Discorsi* indique bien que, même s'il a perçu cette différence, il l'a considérée comme sans importance.

l. 14-20. A la suite de l'énoncé du Théorème VI qu'il proposait dans la Première Observation imprimée après la Table des Matières de l'*Harmonie Universelle,* Mersenne ajoutait : « D'où il est aysé de conclure que le plan perpendiculaire & l'incliné descrits d'un mesme point, sur lesquels les cheutes se font en temps égal, sont dans le demi cercle, dont le plan perpendiculaire est le diametre : & que les temps des cheutes sur des plans sont égaux, lors que les hauteurs des parties égales desdits plans sont entr'elles comme la longueur des mesmes plans » (cf. *Les Mechaniques,* éd. cit., p. 80).

l. 21 sq. Cette phrase obscure de Mersenne, qui redit mal le contenu de la VIIIe Addition des *Mechaniques de Galilée* (éd. cit., p. 71-74), n'est qu'une autre manière d'exprimer le principe contenu dans le *Dialogo* et que nous venons de rappeler. Il est certain qu'un lecteur ne possédant ni le *Dialogo* ni les *Mechaniques* ne peut trouver ici de quoi comprendre ce que veut dire exactement Mersenne.

P. 109 [*199*]

l. 1. La VIIIe addition étant selon Mersenne la seule qu'il soit « à propos de relire ici », il est clair que l'on ne saurait conserver un doute. Mersenne estime bien que les *Discorsi* n'apportent rien de nouveau sur des questions déjà vues.

l. 4-14. Mersenne transcrit très schématiquement une conséquence énoncée par Sagredo (D[1], p. 184 ; D[2], p. 224), mais il est curieux qu'il ne s'enthousiasme pas pour ce que Sagredo appelle « l'un de ces jeux gracieux auxquels se plaisent la nature et la nécessité ».
De la même manière « que les vaguelettes d'une eau tranquille sous l'effet du choc qui suit la chute d'une petite pierre, décrivent autour du point d'impact et dans toutes directions des cercles de plus en plus grands », ainsi différents mobiles pesants lâchés d'un même point suivant des lignes d'inclinaisons diverses apparaîtront à chaque instant situés sur la circonférence d'un cercle sans cesse grandissant. « Les deux espèces de mouvement dont se sert la nature, continue Sagredo (c'est-à-dire le mouvement uniforme et le mouvement uniformément accéléré), engendrent donc par des voies différentes mais admirablement accordées, des cercles — et même des sphères — infinis » (D[1], pp. 184-185 ; D[4], pp. 224-225).
Mais la réserve de Mersenne tient peut-être à ce que Simplicio (D[1], p. 186 ; D[2], p. 225) est amené à déclarer trop hardiment que quelque grand mystère, se rapportant à la Création de l'Univers, est sans doute caché dans ces « vraies et admirables conclusions ». Que Salviati se donne ensuite le rôle modérateur en disant que « des considérations aussi profondes relèvent de *sciences plus hautes* que les nôtres » ne suffit pas à rassurer Mersenne. Mieux vaut, certainement, se taire sur un passage où l'auteur des *Discorsi* taquine si ouvertement les censeurs qui l'ont condamné à Rome.

l. 15-18. La première formule de ce Théorème VII, tout comme la transcription ici présentée, omettait de préciser qu'il faut considérer les chutes à partir du *repos :* « Si les hauteurs de deux plans sont en raison doublée de celle de leurs longueurs, les cheutes se feront en des temps égaux » (cf. *Les Mechaniques, éd. cit.*, p. 80). Là encore, Mersenne préfère recourir à une illustration — d'ailleurs mal venue — plutôt que de transcrire la démonstration et la figure de Galilée (D[1], p. 187 ; D[2], p. 226).

l. 20-22. Mersenne est distrait. Une hauteur de deux pieds ne peut pas correspondre à un pied de longueur pour le plan incliné, ni une hauteur de 8 pieds correspondre à deux pieds de longueur. Rien ne montre mieux que l' « exemple » ne fait rien à l'affaire mais il est fâcheux que l'auteur ne s'en aperçoive pas.

P. 109 [*200*]

l. 3-4. C'est le rapport des hauteurs qui est le carré du rapport des longueurs, de sorte qu'il est bien exact que les hauteurs sont entre elles comme

8 à 2, et l'exemple vaut à condition de ne pas évaluer en pieds chacune des hauteurs.
En définitive, Mersenne met 9 lignes pour illustrer maladroitement l'énoncé et ne dit pas pourquoi les temps de descente le long des plans considérés sont égaux. C'est par application directe de la Proposition V, mais il convient quand même de le dire.

l. 5-14. La première version du dernier des « VIII premiers Theoresmes de Galilée » que Mersenne met à la suite des tables de l'*Harmonie* et qui termine la Première Observation, est la suivante : « Les temps des cheutes qui se font sur les plans coupez par un mesme cercle élevé sur l'orizon, lesquels commencent au haut et au bas du diametre, sont esgaux au temps de la cheute perpendiculaire qui se fait par le diametre : mais les temps de la cheute sur les plans qui ne vont pas jusques au diametre sont plus courts ; & ceux de la cheute qui se fait sur les plans qui coupent le diametre, sont plus longs » (cf. *Les Mechaniques,* éd. cit., p. 80).

l. 15-17. Comme le dit Mersenne, cette proposition est très « facile », venant après la Proposition VI, mais en l'absence de figure, il faut bien quelques mots. Tout d'abord, le diamètre dont il est question est le diamètre vertical du cercle. Toute corde dont les extrémités appartiennent au même demi-cercle est la ligne de pente d'un plan incliné « qui n'arrive pas jusqu'au diamètre », et elle est plus inclinée et plus courte, à la fois, qu'une corde ayant avec elle une extrémité commune et dont l'autre extrémité est, soit le point le plus haut, soit le point le plus bas. Au contraire, pour une corde coupant le diamètre vertical, l'inclinaison sera plus faible et la longueur plus grande. D'où la conclusion sur les temps de descente (D[1], pp. 187-188 ; D[2], pp. 226-227).

P. 109 [*201*]

l. 4-6. L'énoncé est défectueux. Il faudrait, en conformité avec le texte italien (D[1], p. 188 ; D[2], p. 227) : « ...une ligne qui fasse *avec eux* des angles alternativement égaux aux angles compris entre l'horizontale et *ces mêmes plans...* ».
La figure reproduite ici est la réplique fidèle de la première des deux figures qui se trouvent en D[1], p. 189 *ad lim.;* D[2], p. 227). Mais Galilée en emploie deux autres pour la seconde démonstration de ce théorème (D[1], p. 190 : D[2], p. 228).

l. 16-17. Un mot serait nécessaire comme en (D[1], p. 188 ; D[2], p. 227) pour dire que si l'angle C D F est par construction égal à X C E, l'angle C F D est aussi égal à L C D. C'est la conséquence immédiate de ce que l'angle plat L C X est la somme des angles du triangle C D F.

l. 18. « Je dis que » semble annoncer une explication, mais celle-ci fait défaut. On peut noter que Galilée donne (D[1], pp. 189-190 ; D[2], pp. 227-228) deux démonstrations par application soit du Corollaire I de la Proposition VI, soit de la Proposition VII, mais qu'il ne donne pas la seule qui soit pour un lecteur moderne la plus immédiate, à savoir que D F étant par construction « anti-parallèle » de l'horizontale par rapport à C D et C F, le cercle circonscrit à D C F est tangent en C à l'horizontale L X. Dans ce cercle, les cordes C D et C F sont celles considérées dans la Proposition VI. Mais la géométrie du cercle n'était pas à même, à l'époque, de permettre cette expression simple.

P. 109 [*202*]

l. 1-8. La Proposition X généralise la Proposition III. Mersenne ne fait que traduire l'énoncé en utilisant la figure prise dans la Proposition XII suivante (D[1], p. 193 ; D[2], p. 230) et en l'agrémentant d'éléments de construction supplémentaires. Elle est reproduite sur la planche intercalaire sous le numéro III. Il faudrait (l. 8), en accord avec le texte italien : « ...précédées par *une chute* d'une même hauteur » (D[1], p. 190 ; D[2], p. 228 *in fine*).

l. 9 sq. Il est curieux de constater que Galilée (D[1], pp. 190-191 ; D[2], p. 229) use d'un raisonnement assez lourd pour démontrer une proposition qui n'exige pas grand effort. Si l'on sait, en effet, d'après la Proposition III, que des temps de descente le long de plans inclinés de même hauteur, et à partir du repos, sont entre eux comme les longueurs des plans, il est évident que cette proportionnalité subsiste pour les temps et les longueurs de plans comptés à partir d'un même niveau horizontal quelconque. Sur la figure prise par Mersenne, où A B C et F B D sont deux lignes de descente entre les deux horizontales A F et C D, on voit bien comment s'applique la Proposition III en supposant que le mobile pesant parte du repos en A et en F. Les temps de descente le long de A B et de F B sont entre eux comme A B et F B, les temps de descente le long de A C et de F D sont entre eux comme A C et F D. Donc, les temps de descente le long de B C et de B D sont entre eux comme B C et B D, il ne s'agit que d'une propriété simple des proportions, puisque $\frac{AB}{FB} = \frac{AC}{FD} = \frac{BC}{BD}$.
Il n'y a aucune difficulté à s'abstraire de la construction auxiliaire A F B et à dire : si le mobile part de B avec une vitesse acquise dans une chute précédente — à condition que ce soit avec la même hauteur — le résultat est le même.

P. 110 [*203*]

Les pages 203-204 ont fait l'objet d'un carton apportant des corrections à la transcription de la Proposition XI. Les modifications indiquées dans l'apparat critique portent sur le texte de la démonstration, et sont motivées en partie par l'emploi de lettres différentes sur la ligne verticale dont le sommet est A : la version corrigée s'appuie sur les lettres de la figure des *Discorsi* (cf. D[1], p. 191 ; D[2], p. 229), tandis que les lettres employées sur la figure initiale sont, en partant du haut, A, B, D et C.

l. 5 sq. Le texte de Mersenne suit fidèlement l'original italien dans la version amendée.
Il faut cependant noter que la Proposition XI est assez curieuse. Elle concerne en fait une propriété du mouvement uniformément accéléré qui se déduit immédiatement du Corollaire II de la Proposition II (cf. *supra,* D[1], pp. 176-177 ; D[2], p. 214) — dont Mersenne avait fidèlement transcrit le contenu (cf. *supra,* Livre IV, p. 193) — et l'on ne voit pas *a priori* pourquoi Galilée l'énonce en considérant un plan incliné. Ce n'est qu'une lecture attentive du dernier paragraphe de Galilée (D[1], p. 192 *ad lim.* ; D[2], p. 230 *ad lim.*) qui permet de comprendre : on y trouve en effet que la propriété peut être accommodée au cas de *deux plans inclinés* successifs, d'inclinaisons différentes. Manifestement, c'est dans la perspective de cette application que l'énoncé de la Proposition XI est formulé pour le mouvement de descente sur un plan incliné quelconque.

Il n'est pas superflu d'expliciter l'application, puisque aussi bien Mersenne la néglige complètement.

Soit donc A B et B C deux plans inclinés consécutifs, D le point où A B rencontre l'horizontale (H), A E la moyenne proportionnelle entre A B et A D. D'après le Corollaire II de la Proposition II, le temps de descente sur A D est à celui sur A B dans le rapport de A E à A B. Donc le temps de descente sur B D = A D — A B est au temps de descente sur A B dans le rapport de B E = A E — A B à A B. C'est la proposition XI au pied de sa lettre. Mais d'après la Proposition X, le temps de descente sur B C est au temps de descente sur B D comme B C est à B D. Donc le temps sur B C est au temps sur A B comme le produit $\frac{BC}{BD} \times \frac{BE}{AB}$ ou encore comme B F est à A B, F étant le point de B C situé à l'horizontale de E.

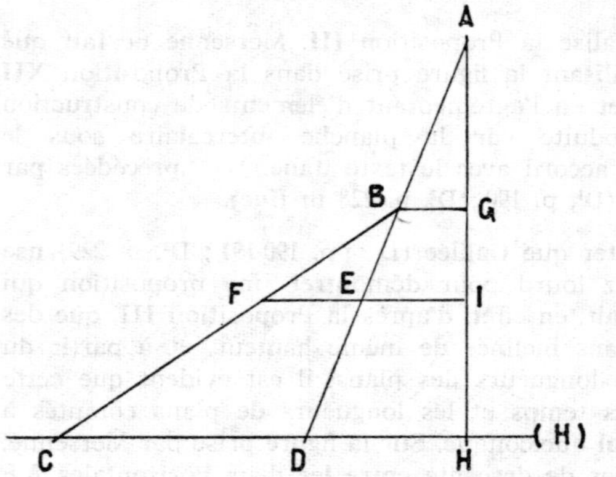

Puisque la Proposition X trouve son application, il est clair que c'est bien l'ensemble des deux plans inclinés consécutifs que Galilée avait en vue dans la Proposition XI, mais il faut reconnaître que l'énoncé n'est pas alors suffisant. Car si B E est bien l'excès de la moyenne proportionnelle A E sur A B, B F n'est pas l'excès sur la « première partie », A B, de la moyenne proportionnelle entre « le plan entier et la première partie ».

En définitive, pour être correctement applicable au cas des plans inclinés consécutifs, conformément au désir évident de Galilée, l'énoncé de la Proposition XI doit être corrigé comme suit :

« Les temps de descente sur deux plans inclinés consécutifs, qu'ils soient ou non de même inclinaison, sont entre eux comme le rapport des longueurs des plans composé avec le rapport de l'excès sur la première hauteur de la moyenne proportionnelle entre cette première hauteur et la hauteur totale, et de la deuxième hauteur ($\frac{BC}{AB} \times \frac{BE}{BD} = \frac{BC}{AB} \times \frac{GI}{GH}$). »

On passe évidemment sans peine de cette expression à celle donnée par Galilée puisque $BC \times \frac{BE}{BD} = BC \times \frac{GI}{GH} = BF$. Mais il y a intérêt à séparer ce qui dépend de l'inclinaison des plans (les longueurs) et ce qui dépend seulement des élévations.

P. 110 [*204*]

Article IV (D[1], pp. 192-195 ; D[2], pp. 230-232)

Mersenne groupe dans un article particulier les Propositions XII à XIV destinées à tirer des conséquences des propositions précédentes. Il omet toutefois de rappeler que si la première de ces trois propositions est un théorème, les deux suivantes sont des problèmes.

l. 12 sq. L'énoncé de la Proposition XII est un peu plus clair dans les *Discorsi* (D[1], p. 192 ; D[2], p. 230) que dans la rédaction de Mersenne, qui contient quelques expressions inexactes. C'est ainsi qu'il faudrait (l. 15-17) : « ...si l'on prend les moyennes proportionnelles entre les longueurs de ces plans d'une part et leurs parties supérieures (comprises entre le point d'intersection et l'horizontale la plus élevée) d'autre part... ».

La figure employée par Mersenne reproduit à peu près celle des *Discorsi* (D^1, p. 193 ; D^2, p. 230) : elle permet au lecteur, par la traduction qu'elle propose, de corriger ce que l'énoncé comporte à la fois de défectueux et d'obscur.

P. 110 [*205*]

l. 7 sq. Pour rendre la traduction plus lisible encore, désignons par t_1 le temps de descente sur la verticale A B, puis par t_2 le temps consécutif de descente sur la verticale B C et par t_3 le temps consécutif de descente sur le plan incliné B D. A R étant moyenne proportionnelle entre A B et A D, la Proposition XII énonce que :

$$\frac{t_1 + t_2}{t_1 + t_3} = \frac{AC}{AR + SD}$$

La démonstration de Galilée est ici assez élégante et ne fait aucun appel aux Propositions X et XI. Elle consiste à dire que si l'on prend A C pour représenter le temps de chute suivant cette verticale ($= t_1 + t_2$), F D est alors le temps de chute suivant F D (Proposition III). D'autre part (Proposition II, Corollaire II), A R est le temps de chute suivant A B, et S D le temps de chute suivant B D. Donc A R + S D est le temps suivant A B et B D consécutifs ($t_1 + t_3$).

Il ne paraît pas superflu de noter cependant que la Proposition XI pourrait servir de chaînon commode. D'après cette Proposition, et avec des notations de la présente figure, on a en effet :

$$\frac{t_2}{t_1} = \frac{BR}{AB} \text{ et } \frac{t_3}{t_1} = \frac{BS}{AB}$$

Donc immédiatement :

$$\frac{t_1 + t_3}{t_1 + t_2} = \frac{AB + BS}{AB + BR}$$

Mais on a d'une part :

$$\frac{AB}{AR} = \frac{AR}{AC} = \frac{BR}{RC}$$

et d'autre part :

$$\frac{BR}{RC} = \frac{BS}{SD}$$

de telle sorte que A B, B R et B S sont trois segments proportionnels à A R, R C et S D. Donc :

$$\frac{t_1 + t_2}{t_1 + t_3} = \frac{AB + BR}{AB + BS} = \frac{AR + RC}{AR + SD} = \frac{AC}{AR + SD}$$

P. 110 [*206*]

l. 7-10. Cette remarque, qui termine l'exposé de Galilée (D^1, p. 193 ; D^2, p. 231) est exacte, mais suppose évidemment acquise la démonstration précédente.

l. 11 sq. Dans les *Discorsi*, la Proposition XIII est aussi le Problème I. L'énoncé de Mersenne n'est pas correct, alors que celui de Galilée ne laisse aucun doute sur le problème : il s'agit de déterminer un plan incliné *consécutif* à un plan vertical et de « même hauteur », de telle sorte que les temps désignés ci-dessus, dans notre note, par t_1 et t_3, soient égaux.
Galilée propose une figure que Mersenne ne reprend pas (D^1, p. 193 ; D^2, p. 231).

l. 18. Mersenne, n'ayant pas bien compris l'énoncé, ne voit pas que la figure précédente n'est pas prise ici dans sa généralité. L'égalité des « hauteurs » qui fait partie de l'hypothèse exige que $AB = BC$. (Il faut considérer la seconde ligne AF en partant du haut parallèle à DC sur la figure de la page 205.)

Remarque. — Après avoir énoncé la solution (telle que la transcrit Mersenne), Galilée démontre qu'elle convient. Il se réfère évidemment à la Proposition XI, mais sans le mentionner explicitement.
La recherche directe de la solution n'est pas très aisée. Pour que $t_1 = t_3$, il faut d'après la Proposition XI que $BS = AB$. En déduire ce que doit être BD n'est pas immédiat. Cela n'offre pas de difficulté si l'on prend la Proposition XI telle que nous l'avons formulée dans la note de la page 203 *supra*. Au lieu de $BS = AB$, nous avons en effet :

$$\frac{BD}{AB} \times \frac{BR}{BC} = 1 \text{ ou } \frac{BD}{AB} = \frac{BC}{BR}$$

Mais par hypothèse $AB = BC$.
On doit donc chercher D tel que

$$\frac{BD}{BC} = \frac{BC}{BR} = \frac{BD - BC}{BC - BR} = \frac{BD - BC}{CR};$$

alors : $BD - BC = BC \times \dfrac{CR}{BR}$

Or $\dfrac{AB}{AR} = \dfrac{BR}{CR}$. Donc $BD - BC = BC \times \dfrac{AR}{AB} = AR$ ou encore $BD = AR + BC$, ce qui est bien la solution envisagée ici, puisque le point O construit comme l'indique le texte donne $BO = AR$ et $BC = OC$.
Force est de constater que l'énoncé de la Proposition XI, tel qu'il est présenté et conçu par Galilée, n'est pas propice dans cette application et que la double interprétation que nous avons donnée est préférable. Suivant les données, il faut pouvoir user de l'une ou de l'autre forme.

P. 111 [*207*]

l. 3 sq. La Proposition XIV des *Discorsi* est le Problème II. La transcription de Mersenne ainsi que le texte de Galilée sont quelque peu difficiles. (D^1, p. 194 ; D^2, p. 232 *ad lim.*). Nous clarifions aussi bien le second que l'énoncé du Minime en disant qu'étant donné le plan incliné BD, il s'agit de trouver au-dessus de lui la verticale AB telle que $t_1 = t_3$. (Nous nous référons aux lettres de la figure de Mersenne, *supra*, p. 205, et non à celles que Galilée emploie sur la figure de D 1, p. 194 ; D^2, p. 232.)
De manière plus précise encore, les données sont ici la longueur BD, l'élévation BC, c'est-à-dire les deux éléments déterminants du plan incliné. Et il faut trouver la position de A.

C'est la forme B S = A B de la Proposition XI qui permet le plus aisément la mise en équation.

F A étant horizontal, on a 1°) $\frac{BF}{BD} = \frac{AB}{BC}$ d'une part.

S étant l'extrémité de la moyenne proportionnelle entre F B et F D, on a d'autre part :

$\frac{FB}{FS} = \frac{FS}{FD} = \frac{FS - FB}{FD - FS}$ ou $\frac{BS}{SD}$ $\frac{BS}{SD} = \frac{BF}{FS}$, qui donne encore

$\frac{BS}{BS + SD} = \frac{BF}{BF + FS}$, soit 2°) $\frac{BS}{BD} = \frac{BF}{2\,BF + BS}$.

La première proportion indique que lorsque B S = A B, B F et B S sont proportionnels à B D et B C, et la proportion 2) donne alors $\frac{BS}{BD} = \frac{BD}{2\,BD + BC}$, c'est-à-dire fixe la position de S par la valeur de B S qui est aussi celle de B A. L'introduction de la condition $t_1 = t_3$ sous la forme B S = A B dans les deux proportions 1) et 2) caractéristiques de la figure, donne donc la solution cherchée sous la forme $\frac{AB}{BD} = \frac{BD}{2\,BD + BC}$ qui détermine A B en fonction de B D et B C.

Il est curieux que ce résultat ne soit pas exprimé par Galilée avec cette netteté, qui rend superflue la détermination de F.

Ainsi le problème qui fait l'objet de la Proposition XIV illustre notre conclusion de la note précédente.

P. 111 [*208*]

Article V (D[1], pp. 195-236 ; D[2], pp. 232-267)

L'Article V, qui s'étend sur l'ensemble des vingt-quatre propositions de Galilée dont il reste à rendre compte, témoigne de l'essoufflement de Mersenne. Jusqu'ici, il a tout de même essayé de suivre les énoncés et de les traduire. A partir de maintenant, il va se livrer à un inventaire rapide, en renonçant en général à traduire des solutions dont il ne comprend pas le fondement.

Cette vision générale des pages qui suivent admet quelques exceptions que nous signalerons au passage. Pour le lecteur moderne, nous continuerons à indiquer clairement les problèmes traités dans les diverses propositions de Galilée.

l. 10-11. Il s'agit du Problème III — Proposition XV des *Discorsi* (D[1], pp. 195-196 ; D[2], pp. 232-233).

l. 12-19. Mersenne, qui emploie seulement maintenant le mot, s'aperçoit que certaines propositions sont en réalité des solutions de *problèmes*. Celui qui est en question ici se pose naturellement lorsque l'on reprend la Proposition XI avec les données correspondantes : à savoir une verticale A B, un plan incliné consécutif de longueur B D, de hauteur B C.

La Proposition XI donne le rapport des temps t_1 et t_3 consécutifs de descente le long de A B, puis de B D. Lorsque ce rapport est inférieur à 1, c'est-à-dire lorsque t_3 est plus grand que t_1, on peut se demander sur quelle hauteur plus grande que A B il faudrait laisser tomber un corps pesant pour obtenir un temps de chute égal à t_1.

Étant donné que l'on connaît le rapport de t_1 à t_3 et que t_1 correspond à A B, il s'agit simplement d'appliquer la Proposition II.

l. 20. Ce théorème porte le numéro XII et comporte en outre un corollaire (D^1, pp. 196-198 ; D^2, pp. 233-235).

l. 24. Grâce à l'expression « jointes par un même point », Mersenne croit pouvoir rendre compréhensible l'hypothèse qui préside à la Proposition XVI. En réalité, l'hypothèse telle que la formule Galilée (D^1, p. 198 ; D^2, p. 233) est la suivante en conservant nos notations précédentes :
Soient A B C une verticale, B D une ligne inclinée. On suppose que E soit le point de la verticale B C, au-dessous de B, tel que le temps de chute à partir du repos de B en E soit égal au temps de descente, toujours à partir du repos, de B en D.
Ceci étant, on laisse tomber un mobile de A suivant A B et l'on imagine qu'en B ce mobile peut soit aller suivant B D, soit continuer verticalement de B en E. La Proposition XVI consiste dans l'affirmation que D est plus rapidement atteint que E.

P. 111 [*209*]

l. 5. La Proposition XVI n'apparaît étrange, comme le déclare Mersenne, que si l'on ne réfléchit pas à ce que doit être la longueur B E pour satisfaire à l'hypothèse. D'après la Proposition VI, Corollaire II, B E doit être telle que l'angle B D E soit droit (diamètre vertical d'un cercle passant par B et D). Donc B E est plus grand que B D.
Mais si les temps de parcours de B E et B D sont égaux du fait que la chute verticale est plus rapide que la chute inclinée, l'addition d'une même vitesse au départ en B diminue ces temps et peut très bien diminuer davantage celui correspondant à B D que celui correspondant à B E du fait que B D est plus court.
La Proposition XI permet de préciser la comparaison de ces temps diminués, en introduisant le point S (extrémité de la moyenne proportionnelle entre F B et F D), le point T (extrémité de la moyenne proportionnelle entre A B et A E), A étant le point de départ au-dessus de B et A F étant horizontale.
Le rapport des temps considérés est d'après XI celui de B S à B T.
Galilée montre (D^1, pp. 197-198 ; D^2, p. 234) que le triangle S F T est isocèle (F S = F T) et par conséquent que B S est plus petit que B T. D'où un rapport inférieur à 1.

l. 6-14. La Proposition XVII (Problème IV des *Discorsi*, D^1, pp. 198-199 ; D^2, p. 235) consiste à déterminer la longueur B D sur le plan d'inclinaison donnée pour que $t_1 = t_3$. Cette détermination est immédiate puisque l'on a le point S ci-dessus par B S = B A et que par définition de S, F S est moyenne proportionnelle entre F B et F D.
En définitive, tous les problèmes susceptibles de se poser à partir de la Proposition XI concernant la comparaison des chutes verticales et inclinées et leur combinaison par succession ont été étudiés.

l. 15-23. La Proposition XVIII (Problème V des *Discorsi*, D^1, pp. 199-200 ; D^2, p. 236) est entièrement nouvelle et concerne seulement le mouvement de chute verticale. Mais elle est suggérée par XVI, où l'on a considéré des espaces qui sont parcourus en des temps de plus en plus courts lorsqu'ils sont abordés avec des vitesses croissantes. Elle consiste à se demander, étant donné la durée sur le début de la chute verticale A B, comment déterminer l'espace de même longueur que A B qui soit parcouru par le mouvement sur une durée moindre donnée.

l. 24 sq. Ce problème, numéroté VI par Galilée, est accompagné d'un corollaire (D^1, pp. 200-201 ; D^2, p. 207).

P. 111 [*210*]

l. 1-5. Cette proposition XIX consiste bien à se demander comment déterminer la durée du mouvement (de chute verticale commencé en A) sur un espace quelconque égal à A B.

l. 6 sq. La Proposition XX (Problème VII, D[1], pp. 201-202 ; D[2], p. 238) complète l'analyse du mouvement de chute verticale en recherchant quel est l'espace parcouru en fin de chute, pendant la même durée que sur A B au commencement (cf. note suivante).
On peut clarifier les trois propositions en exposant comme suit. Soit le mouvement de chute commençant en A et t_1 la durée sur A B. Soit, d'autre part, M N un espace parcouru dans la suite du mouvement et θ la durée de traversée de cet espace.

XVIII θ étant donné plus petit que t_1 et M N étant supposé égal à A B, déterminer la position de M.

XIX M étant donné de position et M N étant supposé égal à A B, déterminer θ.

XX N étant donné de position, déterminer M de manière que $\theta = t_1$.

Mersenne reprend vie avec cet ensemble de propositions concernant la chute, mais il ne semble pas cependant comprendre très bien l'énoncé.

l. 22. Galilée ne dit absolument pas (D[1], p. 201 ; D[2], p. 238) que la solution consiste à placer en bas la moyenne proportionnelle en question ligne 26. En conservant les notations que nous venons d'utiliser et qui sont différentes de celles adoptées ici par Galilée, et par Mersenne à sa suite, nous dirons que dans le Problème XX si A N est pris pour représenter le temps de chute sur la même hauteur A N, A P moyenne proportionnelle entre A B et A N représentera le temps de chute t_1 suivant A B, donc aussi le temps $\theta = t_1$. De sorte que P N représentera la durée de chute consécutive à A B, suivant B N, et aussi la durée de chute suivant A M. Alors $\frac{AM}{AN} = \frac{(PN)^2}{(AN)^2}$ ou $AM = \frac{PN^2}{AN}$.
A M est la troisième proportionnelle entre A N et P N.

P. 112 [*211*]

l. 1-8. Mersenne ne transcrit pas correctement la solution de Galilée. Cette solution est un peu différente de celle que nous venons de donner parce que, pour tout rapporter à ce que nous appelons A — le point le plus haut — la moyenne proportionnelle A P est placée en bas, en N Q tel que $NQ = AP$, et alors $AQ = PN$, ce qui permet d'avoir $AM = \frac{AQ^2}{AN}$.
Il s'agit certes d'un simple détail de procédure, mais il reste que le lecteur de Mersenne ne peut absolument pas s'y retrouver.

l. 9-23. La Proposition XXI (Théorème XIV de Galilée, D[1], pp. 202-203 ; D[2], pp. 238-239) est intéressante en ce qu'elle caractérise de manière frappante le ralentissement dû à une *déviation* de la chute. Ce ralentissement reste entre deux limites simples, quelle que soit la déviation.
La démonstration donnée par Galilée n'est pas la plus immédiate. Le lecteur vérifiera sans peine, à partir des deux formulations que nous avons données

supra p. 203 pour la Proposition XI, que le facteur par lequel il faut multiplier le segment vertical A B pour avoir la longueur B D du plan incliné à parcourir dans le même temps consécutif, est compris entre 2 et 3.

Ce facteur est en effet $\frac{BH}{BI}$; et l'on a par ailleurs $\frac{AH}{AI} = \frac{AI}{AB}$; donc $\frac{AH}{HI} = \frac{AI}{BI} = \frac{AH + AI}{BH}$, d'où $\frac{BH}{BI} = \frac{AH + AI}{AI} = 2 + \frac{HI}{AI}$ et le rapport $\frac{HI}{AI}$ est compris entre 0 et 1, la limite supérieure 1 étant atteinte lorsque la descente verticale B H est seule à pouvoir correspondre à une durée égale à celle de la chute A B.

l. 24 sq. Il s'agit du Problème VIII (D[1], pp. 203-204 ; D[2], p. 240).

P. 112 [*212*]

l. 2. L'expression « fleschir » n'est pas heureuse. Il s'agit simplement de construire un plan incliné tel que la durée de descente à partir du repos soit donnée, et donnée plus grande que la chute verticale A B. La Proposition XXII n'est donc que la converse de la Proposition III : Galilée le dit bien (D[1], p. 204 ; D[2], p. 240) ; Mersenne ne le mentionne même pas.

l. 6-19. La Proposition XXIII (Problème IX, D[1], pp. 204-210 ; D[2], pp. 240-245) fait suite à XXI, mais aussi à XXII en raison de X et XI qui généralisent III. La Proposition XXII rappelle que l'on peut trouver un plan incliné donnant le rapport de temps que l'on veut, par rapport à la chute verticale, à condition qu'il s'agisse de mouvements commençant avec vitesse nulle. Mais X et XI enseignent, pour le cas où les mouvements commencent avec une certaine vitesse, divers rapports de temps et il est naturel d'essayer de prendre les propositions converses comme on l'a fait pour III.

l. 20 sq. Mersenne transcrit seulement la deuxième partie du long scolie de Galilée (D[1], pp. 205-210 ; D[2], pp. 242-246) en proposant une figure de sa façon, alors que le savant florentin ne s'appuie pas sur moins de quatre figures pour ce seul scolie. La deuxième partie commence par la déclaration suivante de Galilée : « Et pour le cas où ce raisonnement aurait semblé un peu obscur, voici quelques éclaircissements au moyen d'une figure » (D[1], p. 208 ; D[4], p. 244 *ad lim.*).

P. 112 [*213*]

l. 3 sq. Mersenne ne comprend que très imparfaitement le développement du raisonnement de Galilée (D[1], pp. 208-209 ; D[2], pp. 244-245) qui a pour but de justifier le principe selon lequel un mobile pesant ne peut remonter de lui-même qu'à la hauteur dont il est descendu. Il voit le but et le traduit même par une équivalence confuse — celle du siphon (l. 10-13), comparaison déjà suggérée par Galilée dans le *Dialogo* (*Ed. Naz.*, VII, pp. 46 sq.) et employée avant lui par Cardan (cf. D[3], pp. 798-799) — mais il ne saisit pas exactement le projet de démonstration.

Ce projet rassemble les éléments acquis.

1° Après une descente sur le plan A B, le mobile continue sur le plan horizontal B G avec un mouvement *uniforme* tel que, dans un temps égal à celui déjà employé le long de A B, il décrive deux fois la même distance A B. C'est la traduction de la vitesse acquise en B dans le mouvement accéléré de descente.

2° Ce mouvement, *uniformément* accéléré, et qui fait décrire A B, dépend de l'inclinaison et seulement de cette inclinaison.

Galilée en déduit que si le mobile arrivé en B est obligé de remonter le long de B C *également incliné* (auquel convient donc le mouvement n° 2), il faut composer le long de B C les effets des deux mouvements : le premier faisant parcourir $2\,\overrightarrow{BA}$, le deuxième $\overrightarrow{AB}$ (c'est nous qui mettons les flèches pour indiquer que Galilée prend les distances avec un sens) durant le même temps qui est celui de la première descente de long de A B. En définitive, au bout d'un temps égal à cette durée, le mobile ne peut se trouver qu'en C, parce que $2\,\overrightarrow{BA} + \overrightarrow{AB}$ donne le long de la remontée la longueur B C. Le raisonnement est étrange et peu satisfaisant ; il étonnera le lecteur moderne qui a une autre notion de la composition, mais c'est pourtant celui de Galilée à cet endroit fort important.

l. 13 sq. La suite s'ordonne de la manière suivante : soit D E une parallèle à l'horizon quelconque, comme sur la figure et soit D F parallèle et égal à E C. Si le mobile abandonné en A est obligé de remonter le long de D F, il ne peut arriver qu'en F et dans le même temps que celui de la descente A D. Si à partir de D, on lui permet de suivre d'abord D E d'un mouvement uniforme, puis qu'on l'oblige à remonter en E le long de E C, il sera pour cette remontée dans les mêmes conditions qu'en D pour D F. Il ne pourra atteindre que C dans le même temps. Donc son *impeto* en E est le même qu'en D, ou encore le pouvoir de remontée n'est fonction que de la hauteur de chute qui fixe la vitesse acquise au moment où commence la remontée.

P. 112 [*214*]

l. 3-11. En effet, selon Galilée, la vitesse acquise dont nous parlions à l'instant ne dépend pas de l'inclinaison du plan A B, inclinaison qui intervient seulement pour fixer la durée de la descente. Donc, quelle que soit l'inclinaison des plans considérés entre deux horizontales, tels que P B et C B, un mobile descendant sur l'un ne peut remonter le long de l'autre que de la même hauteur dont il est descendu.

l. 12-20. Ces lignes témoignent de la confusion de Mersenne qui montre combien il est resté étranger à l'effort de démonstration de Galilée ; effort dont il faut reconnaître qu'il ne donne pas un résultat de grande valeur.

l. 21 sq. La Proposition XXIV est annoncée par Galilée comme établissant le rapport qui existe « entre des espaces parcourus en des temps égaux sur des plans d'inclinaisons différentes, mais de même hauteur, c'est-à-dire compris entre les mêmes lignes horizontales parallèles (D^1, pp. 210-211 ; D^4, pp. 245-246).

l. 26. En écrivant « en mesme temps », la manière dont Mersenne tourne sa phrase est susceptible d'induire le lecteur en erreur partielle. Il ne s'agit pas du tout de comparer en général l'espace parcouru sur le plan incliné avec la hauteur de ce plan pour une durée égale à la durée de chute verticale, il s'agit de savoir très précisément ceci : lorsqu'on oblige le corps à *remonter* sur le plan incliné *après* une chute verticale, quelle est la longueur parcourue au bout d'un temps égal à celui de la chute verticale ?

P. 113 [*215*]

l. 7-8. Mersenne restitue seulement ici la précision qui manquait plus haut et fait l'objet de la note ci-dessus.

l. 12-17. Les lettres de la figure de Mersenne, *supra*, p. 212, étant différentes de celles de la figure des *Discorsi* (D^1, p. 211 ; D^2, p. 246), la transcription du résultat offrait *a priori* un effort d'attention. Mersenne effectue cet effort sans se tromper. Mais il ne dit rien de la démonstration, ce qui ne permet pas de savoir s'il a compris.
Précisons, à l'usage du lecteur, que cette démonstration consiste à partir du fait que si F B est pris pour représenter le temps de chute verticale, A B représentera le temps de chute oblique suivant le plan incliné A B (Proposition III). Si L étant un point quelconque de A B, on construit M tel que A L soit moyenne proportionnelle entre A B et A M, on sait d'après le Corollaire II de la Proposition II que A L représente alors le temps de descente suivant A M, et il en résulte que L B représente le temps de descente suivant M B, descente consécutive à la précédente et au bout de laquelle le corps atteint en B la même vitesse que dans la chute verticale F B (maxime fondamentale).
Galilée voit la remontée sur le plan incliné reproduire la descente à l'envers. Donc L B est le temps de remontée correspondant à la distance B M lorsque cette remontée commence en B avec la vitesse acquise dans la chute verticale. Et il suffit de faire la construction de M à partir du point L particulier tel que B L = B F, pour obtenir ce que l'on cherche, à savoir la distance parcourue au cours de la remontée à partir de B dans le même temps que le mobile avait mis pour descendre de F.
L'encadrement de B M entre B F et 2 B F répond à celui établi pour les descentes dans la Proposition XXI et met en évidence que l'effet de ralentissement par passage sur une inclinaison plus grande (par rapport à la verticale) est plus grand dans la remontée que dans la descente. Il est curieux que Mersenne n'ait pas été atteint par cette constatation frappante.

l. 18-24. Dans sa transcription du Théorème XVI (D^1, p. 212 ; D^2, pp. 246-247) Mersenne omet de rapporter que la longueur parcourue sur le plan horizontal est quelconque. Galilée s'appuie sur une figure.
La Proposition XXV ne prend tout son sens que lorsqu'on a relevé dans les Propositions XXI et XXIV les généralisations proposées par Galilée, à savoir que les règles d'encadrement ci-dessus évoquées s'appliquent aussi lorsque, au lieu d'une chute verticale au départ, on prend une chute inclinée et que l'on étudie ce qui se passe au passage sur une *autre* inclinaison, soit inclinaison dans le même sens avec poursuite de la descente (XXI), soit inclinaison dans le sens inverse avec remontée (XXIV). Alors XXV s'impose comme étant le cas intermédiaire où on doit *a priori* voir se réaliser un raccordement, et c'est bien ce qui a lieu.
C'est tout cet ensemble sur lequel Mersenne passe sans marquer s'il a saisi.

l. 25 sq. Le Problème X de la proposition XXVI (D^1, pp. 212-213 ; D^2, pp. 247-248) fait pendant à XXIV, comme le problème IX (XXIII) faisait pendant à XXI, mais Mersenne n'avait pas estimé utile *supra*, p. 212, de dire en quoi consistait exactement la solution de XXIII. Il est donc assez étonnant de le voir ici décidé à préciser la solution de cette Proposition XXVI.

P. 113 [*216*]

l. 2-3. Autrement dit : un espace supérieur à une fois, mais inférieur à deux fois la hauteur perpendiculaire ou verticale.

l. 8-11. La transcription est confuse et peut conduire à un contre-sens. Il faut entendre que le mobile doit parcourir une distance égale à la distance donnée (rappelée l. 2-3) dans un temps égal au *temps* de la chute de long de la perpendiculaire.

l. 12 sq. Mersenne ne reproduit pas la figure de Galilée et renvoie une nouvelle fois à celle qui se trouve p. 212 (et également sur la planche intercalaire sous le numéro IV, mais avec erreur de page).
Avant de contrôler la transcription que fait Mersenne à la page suivante 217, il est utile de fournir au lecteur l'exposé conjoint de XXIII et XXVI d'après les *Discorsi.* Nous le ferons en conservant la figure de Mersenne p. 212 et en supposant qu'après la chute verticale F B, le mobile est dévié sur un plan incliné B A, soit pour poursuivre la descente, soit pour remonter. Pour Galilée, le mouvement sur le plan incliné est effectué à partir de B avec la vitesse acquise dans la chute verticale, qui est aussi celle acquise dans la descente A B (A étant toujours sur l'horizontale de F), et ce mouvement est soit uniformément accéléré, soit uniformément retardé suivant que le mobile continue à descendre ou remonte. Supposons que F B représente le temps de chute verticale, alors A B représente le temps de descente A B, et si l'on désigne par M_1 et M_2 les points atteints en descendant et en montant au bout d'un temps égal à celui de la chute verticale, A M_1 correspond à la descente oblique à partir de A avec la durée A B + B F tandis que AM_2 correspond à la durée A B — B F. Soit F_1 et F_2 les points obtenus en portant une longueur égale à B F de part et d'autre de B sur B A, F_1 vers le bas et F_2 entre B et A. D'après le Corollaire II de la Proposition II, et du fait que A B représente le temps de descente A B, A F_1 et A F_2 ont la même propriété ; chacune d'elles est moyenne proportionnelle entre A B et A M_1 ou A M_2.
Lorsque le plan incliné est donné, et il l'est par la donnée de la longueur A B, les relations indiquées fixent M_1 et M_2, donc les distances B M_1 et B M_2 parcourues soit en descente, soit en montée pendant un temps égal à la chute F B.
Mais on peut étudier le problème inverse, c'est-à-dire se demander comment déterminer le plan incliné lorsque l'on se donne la distance à parcourir B M = *l*.
Les données sont *h*, hauteur de chute verticale, et *l*, distance à parcourir sur un parcours incliné dans un temps consécutif et égal à celui de la chute verticale. Il faut, pour avoir le plan incliné, déterminer la longueur A B ou la position de A par rapport à B du point de vue distance.
Ce problème inverse est clair lorsqu'on se reporte à la figure obtenue ci-dessous sur la ligne de plus grande pente.

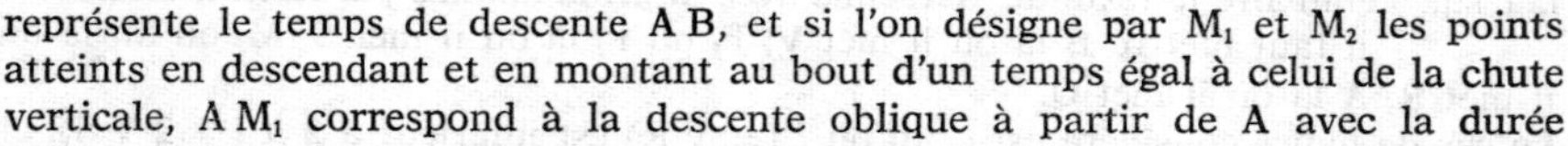

Précédemment on se donnait A, et on déterminait M_1 et M_2. Maintenant on se donne une longueur *l* qui doit être soit B M_1, soit B M_2 et il faut avoir A.
Il suffit de considérer les relations de moyenne proportionnelle à réaliser.

1) $\frac{AF_1}{AB} = \frac{AM_1}{AF_1} = \frac{AM_1 - AF_1}{AF_1 - AB}$ ou $\frac{M_1F_1}{BF_1} = \frac{l - h}{h}$ d'où deux manières de trouver A.

$\frac{AF_1}{AB} = \frac{l-h}{h}$ donne $\frac{AF_1 - AB}{AB}$ ou $\frac{BF_1}{AB}$ ou $\frac{h}{AB} = \frac{l-2h}{h}$ ce qui fixe la longueur A B.

$\frac{AM_1}{AF_1} = \frac{l-h}{h}$ donne $\frac{AM_1}{AM_1 - AF_1}$ ou $\frac{AM_1}{l-h} = \frac{l-h}{l-2h}$ ce qui détermine A par AM_1.

2) $\frac{AF_2}{AB} = \frac{AM_2}{AF_2}$ conduit de même soit à $\frac{h}{AB} = \frac{2h-l}{h}$

soit à $\frac{AM_2}{l-h} = \frac{l-h}{2h-l}$

Ce sont les déterminations de A par A M que choisit Galilée, en faisant apparaître sur la figure la différence entre 2 *h* et *l*.
Lorsque *l* est supérieur à 2 *h*, c'est le cas de la figure A B F_1 M_1 qu'il faut considérer et la solution imposée exige la descente.
Lorsque *l* est inférieur à 2 *h*, c'est le cas de la figure B F_2 M_2 A et la solution imposée exige la remontée.

P. 113 [*217*]

l. 1 sq. Pour lire le texte de Mersenne avec la grille donnée par la note ci-dessus, il faut mettre B là où il met V, F_1 ou F_2 là où il met S, M_1 ou M_2 là où il met R, A là où il met Q.
Le cas de figure considéré est celui où *l* (= V R) est inférieur à 2 *h* (= 2 V S), et V T = 2 *h* — *l* et T S = S R = *l* — *h* servent à déterminer A.

l. 16-17. Aux mots « après la cheute par F B », et pour être complet, Mersenne devrait ajouter que cette chute donne en B, d'après la maxime fondamentale, la même vitesse que la descente P B à partir du repos en P, car c'est là la raison pour laquelle la remontée le long de B P est exactement inverse de la descente.
En définitive, cette page 217 montre que Mersenne a effectué sa lecture en s'attardant à l'occasion sur les propositions qui lui paraissaient plus intéressantes et en fournissant l'effort correspondant de compréhension de la solution galiléenne. Bien entendu, il ne s'agit que d'une vérification de l'exactitude et non pas d'un processus de découverte. Mais Galilée lui-même ne proposait pas autre chose dans le texte des *Discorsi* relatif à XXVI.

l. 22 sq. Cf. D[1], pp. 213-214 ; D[2], p. 248.

P. 113 [*218*]

l. 5. La figure sur laquelle Mersenne explique la proposition XXVII est la même que celle de la page 186. Seule la partie inférieure A B D (inspirée de la figure de Galilée, D[1], p. 214 ; D[2], p. 248) est ici utilisée.
Cette proposition XXVII n'est en aucune manière une proposition nouvelle. Elle n'est qu'une conséquence de XXVI lorsque, au lieu de la chute verticale F B se continuant par une remontée, on prend une chute inclinée. Les raisonnements développés dans la note de la p. 216 *supra*, restent valables en substituant à *h* la longueur de chute inclinée, et il est aisé de constater que la solution indiquée

ici par Mersenne, à la suite de Galilée, pour trouver la longueur de la remontée sur le plan incliné, est exactement celle qui correspond à la détermination du point que nous appelions M_2. Il est curieux que ni Galilée, ni Mersenne, n'ait eu l'idée de pratiquer l'économie qui s'imposait.

l. 15 sq. Mersenne suit les *Discorsi* qui font de la Proposition XXVIIII le Théorème XVIII (D^1, pp. 214-215 ; D^2, p. 249). En réalité, il s'agit d'un problème qui porte le numéro XI et que l'édition orignale fait, à tort, correspondre à la Propositon suivante. D^2 a effectué la permutation requise.
La figure employée par Mersenne p. 219 intègre les éléments de deux figures des *Discorsi* (D^1, pp. 214 et 217 ; D^2 pp. 249 et 251), avec modification des lettres employées.

P. 114 [*219*]

l. 1 sq. Cette proposition correspond à des questions que les propositions précédentes, relatives au mouvement le long de plans inclinés consécutifs, doivent normalement faire surgir quand on se rappelle la propositon VI.
D'après VI, en effet, les descentes suivant les cordes A C et C E du demi-cercle de diamètre vertical A E sont isochrones à la descente suivant A E, lorsqu'on considère ces diverses descentes à partir du repos. Cette figure A C E, revue à la lumière des considérations des pages précédentes, évoque deux combinaisons de mouvements consécutifs. Une descente suivant A C suivie d'une descente suivant C E, ou bien la chute verticale A E suivie de la remontée E C A ou E C B. Dans les deux cas, la distance C E possède cette propriété remarquable qu'elle *serait* parcourue dans le même temps que les descentes qui la précèdent si la vitesse du mobile était nulle au point C ; c'est là ce qui fait *ressemblance* avec les propositons antérieures, mais ressemblance seulement, puisque la vitesse en C n'est pas nulle dans les deux combinaisons envisagées. Et la Proposition XXVIII consiste précisément à fixer en quoi le temps de parcours C E diffère, en fonction de la vitesse acquise en C, des deux autres temps auxquels il est égal lorsque la descente sur C E se fait à partir du repos.
La solution ne dépend nullement des propositions antérieures et peut s'établir aisément par raisonnement direct. Prenons la descente A C E et convenons de prendre A C pour représenter le temps de descente selon A C. Le mouvement de descente qui fait suite, selon C E, s'effectue comme si cette descente avait commencé en B, et en E il a, d'après la maxime fondamentale, la même vitesse que celle acquise dans la chute verticale A E, laquelle s'effectue dans le temps A C. Le temps de descente cherché de C en E est la différence du temps de descente selon B E, qui est à celui de A E (Prop. III) comme B E est à A E, et du temps de descente selon B C, qui est à celui de A C comme B C est à A C. Ce temps cherché est donc

$$\frac{BE}{AE} \times AC - \frac{BC}{AC} \times AC = \frac{BE}{AE} \times AC - BC = AB - BC \text{ car } \frac{AB}{BE} = \frac{AC}{AE}$$

Si F est le point de B E tel que B F = B A, le temps cherché est C F. De l'égalité des deux angles B A F et B F A, et celle des deux angles B A C et A E F résulte l'égalité de C A F et F A E, c'est-à-dire que A F est bissectrice intérieure de C A E. Telle est la recherche qui conduit simplement au résultat en évitant une fois de plus l'exposé de pure justification tel que le pratique Galilée.

l. 18 sq. Mersenne se borne ici à transcrire l'énoncé de la Proposition XXIX (D^1, p. 215 ; D^2, pp. 249-250) sans suivre la démonstration de Galilée qui s'appuie sur une figure, ni ébaucher le moindre commentaire.

De même que la précédente, cette proposition introduit la réflexion relative au temps sur une figure antérieurement considérée à un autre point de vue, à savoir que si un mouvement de chute verticale ou oblique se poursuit sur une horizontale, la distance parcourue par le mouvement devenu uniforme durant le même temps que celui de la chute est double de la chute ou descente. On peut se demander si cette relation des distances parcourues est liée à une propriété de la durée totale de parcours.

L'augmentation de la longueur de descente accroît la durée correspondante et la vitesse acquise, donc la vitesse du mouvement uniforme, et diminue le temps du trajet horizontal, trajet que l'on conserve constant comme référence : deux effets contraires dont il est intéressant de connaître le résultat. On peut en dire autant si on diminue la longueur de descente.

Soit L le trajet horizontal de référence, l la longueur de descente.

Si nous désignons par t le temps de descente, ce temps est aussi celui du trajet horizontal $2\,l$, donc le temps pour L est $\frac{L}{2\,l}\,t$ et la somme des temps $(\frac{L}{2\,l} + 1)\,t$. Mais t est proportionnel à $\sqrt{l}$, de sorte qu'il faut en définitive examiner $\frac{L}{2\sqrt{l}} + \sqrt{l}$.

C'est une somme de deux termes dont le produit est $\frac{L}{2}$. Elle est *minimum*, d'après une propriété connue de la tradition géométrique grecque, lorsque les deux termes sont égaux, c'est-à-dire lorsque $L = 2\,l$. Dès que cette relation n'est pas vérifiée, la durée totale de parcours est plus grande.

P. 114 [*220*]

l. 3 sq. La Proposition XXX correspond au Théorème XIX (D^1, pp. 216-217 ; D^2, p. 251). L'énoncé est transcrit par Mersenne avec lourdeur, et sa ponctuation est défectueuse.

l. 15. Cette proposition concerne une autre propriété de minimum de temps à partir de la proposition VI. Sur une corde telle que C E (figure de la p. 219) le temps de descente est le même que sur le diamètre vertical A E. Si l'on se donne un point C et la ligne verticale qui doit porter A E, le minimum de A E (diamètre d'un cercle passant par C) est évidemment obtenu quand C E est incliné à 45°.

Il est curieux que Galilée ne donne pas cette démonstration simple et se croie obligé de vérifier que toute autre inclinaison donne un temps plus long. Mersenne reproduit ces vérifications parce qu'elles n'offrent pas de difficulté de compréhension.

On peut exprimer la solution d'une autre manière en faisant de C l'extrémité du diamètre vertical du cercle passant par C et E. Soit alors A l'autre extrémité de ce diamètre. D'après VI, le temps de *descente* sur C E ou sur E C (suivant que C est plus haut ou plus bas que E) est le même que sur C A ou A C. Le minimum est obtenu avec le minimum du diamètre A C, c'est-à-dire le minimum de grandeur du cercle.

Lorsque l'on se donne C et que l'on fait varier E sur une verticale donnée, le minimum du cercle de diamètre vertical C A est évidemment obtenu lorsque le cercle est tangent à la verticale sur laquelle se déplace E, ce qui se réalise lorsque C E est incliné à 45°.

P. 114 [*221*]

l. 8-17. Une fois de plus, Mersenne se contente de fournir à son lecteur le seul énoncé de la proposition (que Galilée accompagne d'un lemme), et dont la démonstration s'appuie sur deux figures (D^1, pp. 217-219 ; D^2, pp. 251-253). La généralisation de la proposition précédente au cas où F se déplace sur une droite quelconque est immédiate avec la deuxième manière indiquée ci-dessus. Le problème du temps minimum de descente suivant C E ou E C, où C est un point donné et E un point variable sur une droite donnée, se ramène à un problème de géométrie : trouver le cercle passant par E et C, ayant C comme extrémité d'un diamètre vertical, et qui soit aussi de grandeur minimum. Si △ est la droite sur laquelle se déplace E, ce problème de géométrie se traduit immédiatement par la condition de contact : le minimum est atteint lorsque le cercle en question est tangent à △. Lorsque △ était verticale, cela donnait C E inclinée à 45°. Lorsque △ est inclinée, cela donne C E bissectrice de l'angle formé par la verticale de C et la droite menée par C perpendiculaire à △, comme il résulte immédiatement du fait que dans le triangle isocèle C O E, O étant le centre du cercle, C O est vertical et O E perpendiculaire à △ lorsque △ est tangent au cercle.

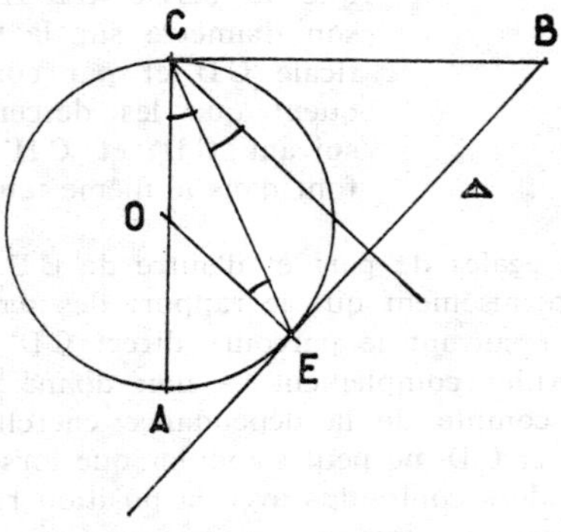

Ici encore la solution donnée par Galilée (mais non reproduite par Mersenne) ne se réfère pas à l'exposé systématique que nous venons de faire ; elle fait apparaître le cercle tangent, mais le situe dans la perspective d'une vérification laborieuse et *a posteriori* du minimum réalisé sur la descente C E. Et l'on peut seulement inférer que la condition de contact du cercle avec △ est probablement perçue par Galilée comme le fondement de la propriété cherchée.

l. 18 sq. La Proposition XXXII (D^1, pp. 219-220 ; D^2, pp. 253-254) relie la figure de XXVIII avec le résultat de XXXI. Liaison évidemment appelée par la construction de la bissectrice qui se retrouve dans les deux cas. Mais cette liaison n'est pas nécessaire pour conclure que dans la proposition XXXI ci-dessus, le point E cherché s'obtient aussi bien par construction de la bissectrice que par l'égalité B E = B C, B étant le point de △ situé sur l'horizontale de C (égalité des tangentes au cercle issues de B). De sorte que XXXII n'est qu'une XXXI *bis*. La liaison avec XXVIII indique seulement que le point E ainsi construit possède deux propriétés :

1° Figuration du rapport des temps de descente depuis C jusqu'au point de △ situé à la verticale de C, lorsqu'on suit le parcours brisé C H D ou le parcours direct vertical C D (ce rapport est $\frac{CH + HE}{CH}$: Prop. XXVIIII).

2° Minimum de temps de descente depuis C jusqu'à △, en descente oblique.

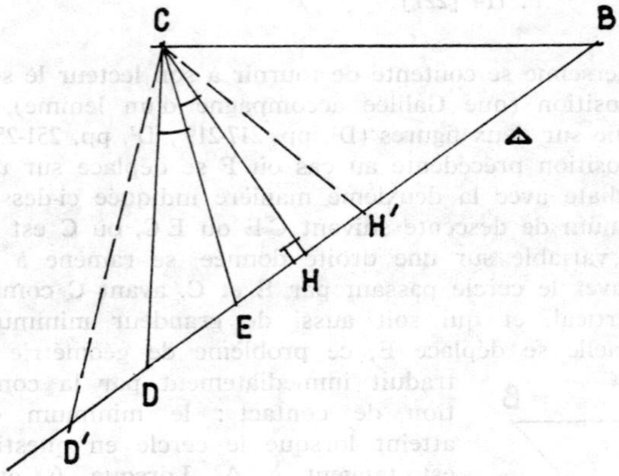

Il serait curieux que ces deux propriétés soient indépendantes l'une de l'autre. Le pas vers la compréhension de leur dépendance est fait par Galilée lorsqu'il complète XXXII en considérant deux lignes inclinées joignant C à △ et également inclinées sur C E. Soit C D′ et C H′ deux telles lignes. Il est immédiat que le cercle C D′ H′ a son diamètre sur la verticale C D et par conséquent que les descentes suivant C D′ et C H′ se font dans le même temps.

Cette répartition des descentes de durées égales de part et d'autre de C E est déjà suggestive, mais de plus on démontre aisément que le rapport des temps de descente suivant le parcours C H′ D′ et suivant le parcours direct C D′ est celui de C H′ + H′ E à C H′. Et ce dernier complément — non donné par Galilée —, qui généralise XXVIII, rend compte de la dépendance cherchée : l'écart entre les temps de descente C H′ D′ et C D′ ne peut s'annuler que lorsque H′ D′ = 0 et que les points H′ et D′ sont alors confondus avec la position réalisant le minimum de descente directe.

P. 114 [*222*]

l. 5 sq. Mersenne limite l'information de son lecteur aux seuls énoncés des Problèmes XII à XIV qui fournissent à Galilée matière à longs développements. L'ensemble de ces trois problèmes ne nécessite pas moins de huit figures et le dernier comporte trois lemmes (D[1], pp. 220-229 ; D[2], pp. 254-261). Les propositions XXXIII à XXXV ont pour but de traiter de manière plus systématique la question rencontrée plusieurs fois ci-dessus concernant la diminution du temps de parcours sur une descente oblique, lorsqu'elle est abordée avec une vitesse acquise dans une chute préalable. Il faut en fait, pour cela, remonter à la Proposition XI qui permettait de déterminer géométriquement le rapport du temps de parcours considéré avec le temps de la chute préalable, donc de connaître aussi géométriquement la hauteur de chute verticale donnant à partir du repos la même durée que la descente oblique effectuée avec une vitesse acquise. Il ne paraît pas inutile de reproduire ici une figure. Soit A B une

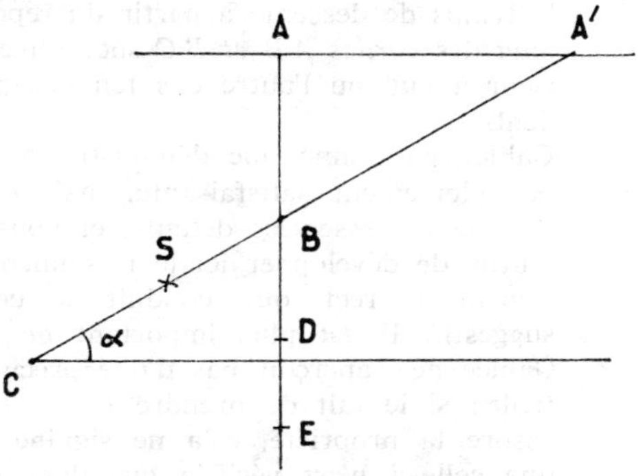

chute verticale suivie d'une descente inclinée B C. Soit S le point tel que A′ S soit moyenne proportionnelle entre A′ B et A′ C. Le rapport de la descente B C, consécutive à la descente A B, à la descente A B est au point de vue des durées le rapport de B S à A B. Cela permet effectivement de déterminer sur la verticale de A des points D et E correspondants aux propriétés suivantes :

1° Temps de chute verticale sur A D, à partir du repos en A, égal au temps de parcours B C consécutif à A B ;

2° Temps de chute verticale sur A E égal au temps de parcours total A B C.

La Proposition VI complète, heureusement, en fournissant A D et A E dans le cas où A et B sont confondus et où la figure précédente ne donne rien du fait de la coïncidence des points A, B, A′ et S. Dans ce cas, A D et A E sont égaux entre eux et égaux au diamètre vertical du cercle adéquat passant par C et B. Ceci étant précisé, les Propositions XXXIII à XXXV considèrent un plan incliné B C *donné*, ce qui fixe l'application de VI et le diamètre du cercle donnant la chute verticale de même durée à partir du repos en C. Soit d ce diamètre pour une distance l suivant C B à partir de C. Soit aussi h la hauteur verticale correspondant à l ; $d = \dfrac{l}{\sin \alpha}$ et $h = l \sin \alpha$.

XXXIII On se donne l et on veut déterminer A de manière que A D = h.

XXXIV On se donne l et on veut déterminer A de manière que A E = d.

XXXV On se donne A sur la verticale de C et on veut déterminer l de manière que A E = d.

Examiner les solutions de Galilée entraînerait trop loin. Mersenne ne l'a pas fait et c'est compréhensible, car elles sont fort subtiles, privées comme elles le sont de leur rattachement à des énoncés ordonnés. Nous nous bornons donc ici à fournir au lecteur ces énoncés.

P. 115 [*223*]

l. 3 sq. Proposition XXXVI (D[1], pp. 229-232 ; D[2], pp. 261-264). L'énoncé transcrit par Mersenne n'est pas d'une rédaction très satisfaisante, surtout en l'absence d'une figure. Soit donc un cercle où C est le point le plus bas, A C un arc inférieur au quart de la circonférence et B un point de cet arc. Les temps de descente à partir du repos en A le long de la corde A C et à partir du repos en B le long de la corde B C sont égaux. La proposition consiste en ce que

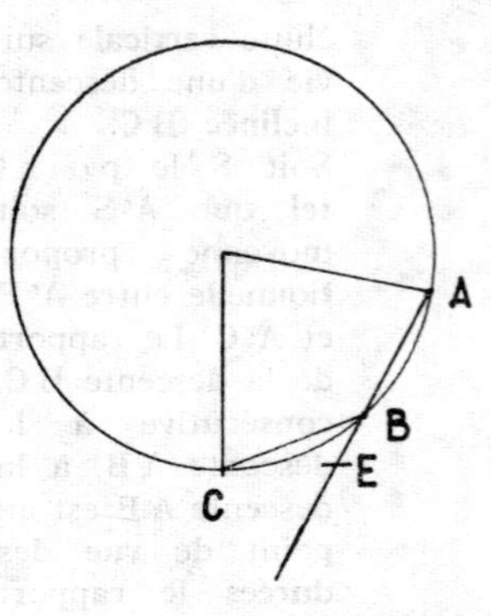

le temps de descente à partir du repos en A le long des *cordes A B et B C* successives est inférieur à l'un ou l'autre des temps égaux précédents.

Galilée en donne une démonstration qui n'est pas pleinement satisfaisante, mais dont il est aisé de redresser les défauts, et nous estimons inutile de développer ici le raisonnement entièrement correct qui conduit à ce résultat suggestif. Il est plus important de noter que Galilée ne s'aperçoit pas d'une précision essentielle : si le fait de prendre B sur l'arc A B C assure la propriété, cela ne signifie nullement que celle-ci n'est vérifiée *que* dans ces conditions.

Sur une droite issue de A et inclinée de manière à couper l'arc A C, l'ensemble des points D tels que le temps de descente A D + D C est inférieur au temps A C forme un segment A E, E étant toujours au-dessus de l'horizontale de C, de sorte que le point B situé sur l'arc A C appartient simplement à une plage. Cette précision, clairement exprimée, évite de se méprendre lorsqu'on considère que le mobile, au lieu de partir de A sans vitesse, traverse ce point avec une vitesse acquise dans une descente antérieure. La plage A E est dans ce cas plus courte et le point B peut lui être extérieur, et le temps (A B + B C) peut être alors supérieur au temps A C.

Dans le scolie qui fait suite à la Proposition XXXVI (D[1], p. 231 ; D[2], p. 263) — et dont Mersenne ne souffle mot — Galilée considère la descente le long d'un contour polygonal inscrit dans l'arc de cercle A C (D[1], p. 232 ; D[2], p. 264) et voit diminuer le temps de descente lorsque le nombre des côtés augmente, du fait qu'il estime « vraisemblable » le maintien de la Propriété XXXVI quelle que soit la vitesse de passage au point le plus haut d'un triangle inscrit tel que C B A. Il en déduit que l'arc de cercle est la ligne brachystochrone, c'est-à-dire qui réalise la descente la plus rapide, et l'on s'est borné en général à remarquer le caractère erroné de ce résultat. Ce que nous venons de dire situe où se trouve l'erreur commise par Galilée. Il n'est pas du tout vraisemblable que la Propriété XXXVI se maintienne tout le long du contour polygonal inscrit. Au fur et à mesure que l'on se rapproche de C, la plage du type A E diminue de telle sorte qu'il y a renversement de l'inégalité entre le temps de descente directe sur C et le temps de descente suivant un parcours brisé, ce dernier devenant plus grand.

l. 15 sq. Les Propositions XXXVII et XXXVIII (Problèmes XV et XVI, D[1], pp. 232-235 ; D[2], pp. 264-266) qui viennent ensuite, visent la résolution de questions utiles pour achever la comparaison des mouvements de descente inclinée et de chute verticale, et par là préparer les voies à la détermination de la loi horaire d'un mobile pesant en mouvement sur un profil courbe.

P. 115 [*224*]

l. 3. La transcription de Mersenne est incomplète. Galilée prend soin de préciser que le rapport des espaces recherché est celui de « deux longueurs quelconques, l'une plus petite et l'autre plus grande ». (D[1], p. 234 *ad lim ;* D[4], p. 265).

l. 4-8. Mersenne résume de manière générale et non contestable la signification des trente-huit propositions, mais il reste sur une prudente réserve. Il est impossible qu'il n'ait pas remarqué avec la Proposition XXXVI la révélation manifeste du but constitué par le mouvement des pendules ; son silence à cet égard semble indiquer qu'il ne tient pas à prendre parti au sujet des raisons apportées par Galilée. Descartes est moins réservé lorsqu'il déclare : « Au reste, il (Galilée) semble n'avoir escrit tout son 3e dialogue que pour donner raison de ce que les tours & retours d'une mesme chorde sont esgaux entre eux, & toutefois il ne la donne point ; mais il conclud seulement que les poids descendent plus viste, suivant l'arc d'un cercle, que suivant la chorde du mesme arc, & encore n'a-t-il sceu deduire cela exactement de ses suppositions » (cf. lettre citée du 11 octobre 1638, *A-T*, II, p. 386, l. 23 - p. 387, l. 2).

l. 9-11. La promesse de Mersenne d'ajouter une autre fois les démonstrations avec toutes les figures ne sera pas confirmée par ses publications ultérieures : ni l'*Universae geometriae synopsis* (1644), ni les *Cogitata physico-mathematica* (1644), ni le *Novarum observationum Tomus III* (1647) ne contiennent les démonstrations, accompagnées de leurs figures, annoncées ici.

l. 11-13. On aimerait savoir quel est ce *peu* qu'il faut avoir compris d'après Mersenne, dans la Troisième Journée, pour entendre la suite.

P. 115 [*225*]

Livre V

l. 4-5. Titre : La Quatrième Journée des *Discorsi* s'ouvre avec l'arrivée de Salviati porteur d'un livre de l'« Auteur » ayant pour titre « Du mouvement des projectiles ». Mersenne prend donc ici une initiative en rejetant le titre au profit du vieux terme traditionnel de « mouvement violent » qui fait pendant au « mouvement naturel » uniformément accéléré du Livre IV. L'initiative n'est pas très heureuse puisqu'en fait il a déjà été question dans le Livre IV, à propos des remontées sur des plans inclinés, de mouvements « violents ». Mais la suite permet de comprendre la préférence de Mersenne : le mouvement des projectiles est inséparable pour lui d'une violence initiale et il est préoccupé par le problème du lien à établir entre les deux.

Article I (D^1, pp. 236-243 ; D^2, pp. 268-273)

l. 9. Le verbe « supposer » employé par Mersenne n'a pas ici, encore, le sens qui est devenu courant aujourd'hui et qui comporte la nuance d'un certain arbitraire préalable, d'une donnée première gratuite. Dès son introduction (D^1, p. 236 ; D^2, p. 268), Galilée prononce la phrase restée célèbre : un mobile pesant en mouvement uniforme sur un plan horizontal *ajoute* à ce mouvement *indélébile* la tendance vers le bas que lui confère la gravité lorsqu'il parvient au bord du plan et que celui-ci cesse de le soutenir, c'est-à-dire que la *composition* du mouvement horizontal uniforme et du mouvement de chute uniformément accéléré est affirmée comme une évidence n'ayant rien de gratuit ni d'arbitraire (cf. D^3, pp. 811-816). C'est Sagredo (D^1, p. 243 ; D^2, p. 273) qui fera remarquer plus loin ce qui est impliqué, *ex suppositione,* dans la mise en œuvre de l'idée de composition, à savoir que les mouvements composants « ne se gênent ni ne s'altèrent en se combinant ». Il est probable que Mersenne s'inspire de la remarque de Sagredo, mais en faisant remonter l'implication jusqu'à l'idée même de composition : c'est-à-dire que celle-ci prend le caractère complexe de fondement et de principe sans pour autant être affectée de la nuance de l'arbitraire.

l. 11-13. Sur le mot « missile », cf. page suivante, note l. 3. Galilée emploie, lui, le terme de « projectile ». Les exemples de corps projetés sont propres à Mersenne.

P. 115 [*226*]

l. 4. Le mot de « missile » (transcrit ici avec le caractère β grec pour le double s) semble bien dû, dans le sens de « projectile », à l'initiative de Mersenne. Le supplément du dictionnaire Littré signale l'usage du mot au XIVe siècle pour désigner les armes de jet. L'emploi dans le sens de projectile est fait par Mersenne dès l'*Harmonie, Livre II des Mouvemens,* Prop. XXI, p. 155. Il ne paraît pas que l'initiative ait eu beaucoup de succès. En fait, si le mot est redevenu à la mode de nos jours, c'est à cause de son emploi dans la langue anglaise pour désigner les fusées à longue portée.
En ajoutant que le missile est « ce qui est jeté par force » Mersenne confirme ce que nous disons *supra* à la fin de la note de la ligne 4-5, page 225. Cf. aussi *Harmonie, Livre II,* Corollaire de la Prop. XXI : « le mouvement violent des missiles... ».

l. 9-14. Galilée fait de cette proposition le théorème I de la Quatrième Journée. La transcription de Mersenne manque de fidélité, le texte original parlant de composition entre un mouvement horizontal uniforme et un « mouvement naturellement accéléré vers le bas » (D^1, p. 237 ; D^2, p. 269).
Ce sont précisément ces deux facteurs primordiaux entrant dans la définition même du mouvement des projectiles que Descartes récuse d'entrée de jeu dans ses notes sur les Discorsi : « Il (Galilée) adjouste une autre supposition aux précédentes (cf. la note à la p. 166 de D^1 citée *supra,* p. 185, l. 22-25), laquelle n'est pas plus vraye, a savoir que les cors jetez en l'air vont esgalement viste suivant l'horizon ; mais qu'en descendant leur vitesse s'augmente en proportion double de l'espace. Or, cela posé, il est très aisé de conclure que le mouvement des cors jetez devroit suivre une ligne parabolique ; mais ses positions étant fausses, sa conclusion peut bien aussy estre fort esloignée de la vérité » (cf. lettre citée, *A-T,* II, p. 387, l. 3-11). Cette désapprobation, par Descartes, de « toutes les raisons » de Galilée (cf. lettre à Mersenne de décembre 1638, *A-T,* II, p. 466, l. 19) explique le silence à peu près total qu'il observe concernant toute la Quatrième Journée.

l. 16. Le qualificatif « fondamentale » est propre à Mersenne et correspond parfaitement à l'importance de la proposition en question.

l. 19-23. Mersenne reprend ici presque textuellement une phrase de sa VIIIe Addition aux *Mechaniques de Galilée* (éd. Rochot, p. 74, dernière phrase) et il fait en même temps écho à l'expression même employée par Galilée dans l'introduction de cette Quatrième Journée (D^1, p. 236 ; D^4, p. 268 : « J'imagine qu'un mobile a été lancé sur un plan horizontal d'où l'on a écarté tout obstacle ; il est déjà certain, d'après ce qu'on a dit ailleurs plus longuement, que son mouvement se poursuivra uniformément et éternellement sur ce même plan... » Le « ailleurs » renvoie au *Dialogo.*
Remarquons que l'horizontalité se rapporte à l'impossibilité pour le mouvement de s'augmenter tandis que l'absence d'obstacle ou d'empêchement se rapporte à l'impossibilité de diminuer.

P. 116 [227]

l. 1-8. Le paragraphe est étrange dans son ensemble et ne correspond à rien dans le texte des *Discorsi.* En fait, Mersenne profite d'une occasion pour rappeler les préoccupations dont il avait fait l'objet de la Proposition XXI du *Livre II des mouvemens* de l'*Harmonie,* préoccupations qui lui avaient été inspirées par le *Dialogo,* à savoir que le mouvement de la Terre, s'il existe, ne trouble en rien les lois de la mécanique terrestre. Mais pour le comprendre, il faut effectivement se rapporter à l'ensemble de cette Proposition XXI du *Livre II* de l'*Harmonie,* pp. 153-155, en consultant en même temps le passage du *Dialogo* où Mersenne emprunte sans donner de référence et qui se trouve dans la Deuxième Journée (*Ed. Naz.,* VII, pp. 174-175). « Quant à l'inclination d'aller en bas, déclare Mersenne, il (Galilée) dit qu'elle n'est pas contraire au mouvement circulaire qui se fait autour du centre et que le mouvement perpendiculaire ne détruit point l'autre parce que les seuls mouvements contraires sont ceux dont l'un approche du centre et l'autre en éloigne » (Prop. XXI, p. 153), et Mersenne disait un peu plus haut, se référant toujours à Galilée, que le mouvement d'un bateau lancé sur une eau tranquille ne peut être qu'uniforme, la distance au centre de la Terre restant la même. Il est donc certain que le passage du *Dialogo* cité ci-dessus avait déjà retenu l'attention de Mersenne a un double titre : l'opposition entre le « mouvement perpendiculaire » vers le centre des choses pesantes, entièrement régi par l' « inclination vers » et le « mouvement circulaire » autour du centre, essentiellement uniforme parce que privé de toute « inclination vers » — l'affirmation que ces deux mouvements ne se gênent jamais. Il est clair que Mersenne va ici plus loin en déclarant que l'uniformité de la rotation de la Terre sur elle-même résulte pour Galilée de la propriété du mouvement « circulaire », ou horizontal, des corps pesants.

On chercherait en vain, sous la plume de Galilée, une affirmation de ce genre. Le privilège de la circularité uniforme est rapporté dans la Première Journée du *Dialogo* à une raison plus générale : « Ce mouvement (le circulaire) étant tel qu'à tout instant le mobile part de son terme initial et arrive à son terme final (car tout point d'un cercle est à la fois origine et fin), il peut et il peut *seul* être uniforme... » (*Ed. Naz.,* VII, p. 56.) Et si la Terre est une sphère « du fait que toutes ses parties en parfait accord conspirent à former son tout en s'unissant entre elles le plus possible mues par une égale inclination » (*ibid.,* p. 58), le mouvement « circulaire » qui consiste pour cette sphère à tourner sur elle-même « la maintient dans le même lieu » et est pour elle suprêmement « naturel » (*ibid.,* p. 56). Autrement dit, Galilée ne donne nulle part positivement la raison qu'il voit à une rotation uniforme de la Terre sur elle-même, mais il suggère de chercher cette raison dans des formes géométriques où perfection, nature et finalité trouvent leur compte pour accorder ensemble, d'une manière habile, Platon et Aristote.

Dès lors, à entendre Mersenne déclarer « de là vient que Galilée s'est imaginé... », on ne peut repousser l'impression qu'il pense avoir trouvé la vraie raison, la raison cachée, pour laquelle Galilée a conçu la rotation uniforme de la Terre. Et peut-être a-t-il raison de soulever, consciemment ou non, une question intéressante : celle de savoir si chez Galilée il ne convient pas de lire entre les lignes et de donner à la suggestion fournie par l'expérience physique terrestre le pas sur la philosophie.

En tout cas, la deuxième phrase de Mersenne souligne la suggestion que nous venons de mentionner en des termes qui sont presque identiques à ceux que Galilée employait aussi dans les textes ci-dessus cités. « Sur le plan horizontal, un mobile n'acquerra jamais naturellement aucun degré de vitesse quel qu'il soit

et ne se mettra pas en mouvement de lui-même. Or, le mouvement suivant une ligne horizontale qui ne s'abaisse ni ne s'élève jamais est un mouvement circulaire autour d'un centre ; donc, le mouvement circulaire ne s'acquerra jamais naturellement s'il n'a été précédé du mouvement rectiligne, mais une fois acquis il se continuera toujours avec une vitesse uniforme » (*Ed. Naz.*, VII, *ibid.*, tr. de P.-H. Michel in *Galilée, Dialogues et lettres choisies*, Paris, 1966, p. 128). L'expérience terrestre conduit donc à penser que le mouvement circulaire autour du centre de la pesanteur (= horizontal) est non seulement uniforme par nature, mais encore entretient avec le mouvement « perpendiculaire » vers le centre une relation très spéciale qui consiste à lui emprunter tout en restant parfaitement stable et indépendant en dehors de l'emprunt proprement dit. Il en résulte que le degré de vitesse qu'un corps pesant acquiert dans une chute perpendiculaire peut se convertir en degré de vitesse circulaire ou horizontale, uniforme, et que cet acquis est indépendant de l'éventuelle rotation de la Terre sur elle-même.
Tel semble bien être en définitive le sens qu'il convient de donner à l'ensemble du paragraphe, sans forcer l'interprétation favorable au profit de Mersenne.

l. 9-12. Il est exact que Galilée exclut toute résistance contre le mouvement horizontal ou circulaire, ce qui confirme le point de vue qui consiste à voir dans son élaboration théorique une utilisation de l'expérience terrestre analysée plutôt qu'une construction abstraite à base de métaphysique ou de philosophie finaliste.

l. 13 sq. Mersenne passe sous silence le long développement dialogué entre les trois personnages (D[1], pp. 237-241 ; D[2], pp. 269-272), à l'occasion duquel Galilée souligne la nécessité d'une certaine culture géométrique pour suivre les démonstrations ultérieures (il cite les noms d'Apollonius et d'Euclide) et expose deux propriétés dont la première dérive « purement et simplement de la génération de la parabole ». L'Auteur, précise Salviati, se sert uniquement « de ces deux propositions empruntées aux théorèmes élémentaires des sections coniques » (D[1], p. 241 ; D[4], p. 272).
La figure reproduite page 228 (et plus loin, page 238, ainsi que sur la feuille de planche intercalaire) ne correspond pas exactement à celle des *Discorsi* (D[1], p. 242 ; D[2], p. 272). Une fois de plus, Mersenne a condensé un certain nombre d'éléments caractéristiques de plusieurs figures données dans le texte de Galilée.

P. 116 [*228-229*]

Remarque d'ensemble.

La composition du mouvement horizontal uniforme et du mouvement vertical uniformément accéléré qui conduit à la trajectoire parabolique n'appelle *a priori* aucune remarque particulière. Ce que Mersenne lit à ce sujet dans la Quatrième Journée des *Discorsi* et dont il effectue une transcription, n'est pourtant pas pour lui une nouveauté absolue et de ce fait un commentaire s'impose ici.
Précisons d'abord les faits connus dans l'état actuel de la documentation.
Dans le *Dialogo*, Galilée laissait seulement entendre qu'il savait déterminer la trajectoire de la composition d'un mouvement circulaire uniforme avec un mouvement radial uniformément accéléré. Et il proposait (*Ed. Naz.*, VII, p. 191), pour le cas où le mouvement circulaire est celui de la Terre (c'est-à-dire pour la trajectoire réelle d'un corps pesant abandonné du haut d'une tour) un cercle ayant pour diamètre le rayon terrestre. D'après les principes développés dans la Première Journée, il est évident que le lecteur pouvait aisément transposer

et conclure, pour la trajectoire relative à la Terre d'un corps lancé horizontalement, à une courbe déduite du cercle précédent.

C'est au *Livre II du Mouvement des corps* de l'*Harmonie Universelle*, Prop. III, pp. 93-96, que Mersenne critique formellement la proposition de Galilée concernant ce cercle, auquel il substitue une courbe ressemblant à la parabole. Le principe de la critique est pertinent : la trajectoire circulaire admise par Galilée dans le cas considéré entraîne que l'arrivée au centre de la Terre ne peut avoir lieu qu'après rotation d'un quart autour de ce centre, c'est-à-dire au bout de 6 heures, alors que l'application de la loi de la chute de Galilée sur une hauteur égale au rayon terrestre donne une durée de 25 minutes environ. Mersenne n'admet pas cette contradiction et cherche la solution en partant de cette dernière durée de 25 minutes correspondant à une rotation de 6° et demi. Divisant l'angle de 6° et demi en 5 parties égales, correspondant chacune à 5 minutes de durée, il marque sur les rayons vecteurs correspondants les chutes qui se succèdent suivant la loi galiléenne et il trace ainsi une trajectoire enfermée dans l'angle de 6° et demi. Le dessin de Mersenne, répété deux fois (*ibid.*, Prop. IV, pp. 97 et 98), manifeste qu'il s'agirait bien d'une parabole si les rayons, au lieu de converger au centre de la Terre, étaient parallèles. Mais à aucun moment, contrairement à ce qu'affirme R. Lenoble (*Mersenne et la naissance du Mécanisme, op. cit.*, p. 403, n. 4), Mersenne ne prononce le mot de « ligne parabolique ».

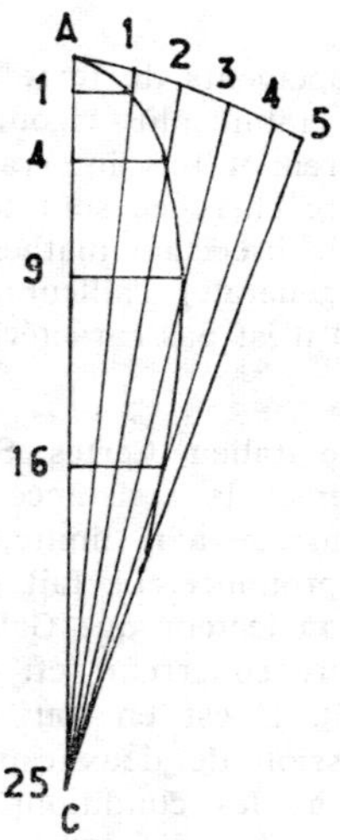

On ne le trouve sous sa plume que dans le dernier livre de l'*Harmonie*, ou Livre de l'*Utilité de l'Harmonie*, chap. VI, p. 38. Ce livre, paginé à part, est certainement venu au jour après tous les autres, mais a fait non moins certainement partie de l'édition originale et première de l'*Harmonie*. Lorsqu'on lit dans ce chapitre VI : « *Quelques-uns* estiment que la ligne courbe de la portée morte fait quasi la figure d'une parabole », on ne peut rapporter cette déclaration de Mersenne qu'à la période d'achèvement de l'ensemble de l'ouvrage, à la fin de l'hiver 1637 ou au plus tard au début du printemps.

Sur l'exemplaire de main déjà souvent cité, Mersenne a inscrit en marge des pages 93-98 du *Livre II* la solution donnée par Fermat au problème général de la trajectoire d'un mouvement composé d'une rotation uniforme et d'une chute centrale accélérée ; il a noté que Galilée a confessé son erreur par lettre, et ces marginalia manuscrits situent de manière certaine la connaissance par Mersenne du travail de Fermat et de la lettre de Galilée *après* la publication de l'*Harmonie.* Or c'est dans cette lettre, dont nous avons déjà parlé dans notre Introduction (*supra*, p. 25), que Galilée parle de la projection parabolique comme d'une affirmation qu'il n'a pas encore produite publiquement et qui lui vaudra bien d'autres objections que celle du demi-cercle.

Enfin, dans le préambule de la Troisième Journée des *Discorsi* (D^1, p. 150 ; D^2, p. 190), dont nous avons déjà noté plus haut que Mersenne le néglige (cf. *supra*, p. 167), Galilée mentionne la forme parabolique de la trajectoire des projectiles comme l'une des nouveautés qu'il apporte.

De cet ensemble de faits, il résulte que tandis que Galilée se considère comme le premier à formuler la trajectoire parabolique et hésite encore en juin 1637 à la produire publiquement, Mersenne l'a déjà rencontrée sur sa route de manière totalement indépendante et pendant qu'il achevait la rédaction de l'*Harmonie.* Il y était préparé lui-même, en raison de ses dessins du *Livre II*, mais il ne semble pas que l'initiative puisse lui être attribuée et c'est à *plusieurs* personnes

qu'il rapporte une opinion en faveur de laquelle il se garde de prendre parti dans le passage du livre l'*Utilité* cité ci-dessus.
Quels sont ces auteurs évoqués par Mersenne ? On peut penser à Michel Coignet et à l'ingénieur Gallé dont Mersenne parle dans l'addition au livre de l'*Utilité de l'Harmonie*, pp. 64 et 65, mais leurs ouvrages doivent être considérés comme perdus (cf. *C.M.*, VI, p. 86). On peut penser aussi à Mydorge qui est à l'époque, outre Descartes (au sujet du mouvement des projectiles, cf. lettre de Descartes à Mersenne, *A-T*, I, pp. 297-299), le mathématicien le plus capable de dire le mot juste concernant une section conique, mais on ne peut dépasser la conjecture.
On doit cependant regretter que Mersenne ne profite pas de l'occasion qui se présente ici pour dire de qui il tenait l'information.

P. 116 [*230*]

l. 6. Mersenne passe rapidement sur quelques développements du texte des *Discorsi* (D[1], pp. 242-243 ; D[2], p. 273) destinés à établir plus rigoureusement que, quels que soient les points construits en prenant tels intervalles de temps égaux que l'on veut, ces points de la trajectoire cherchée sont tous situés sur la *même ligne parabolique*. C'est là un souci de précision mathématique auquel Mersenne n'est pas sensible. D'une manière générale, d'ailleurs, sa transcription de la démonstration de Galilée (pp. 228 à 230) n'est pas caractérisée par une grande fidélité au détail du texte.

l. 7-10. Cette condition n'est pas formulée dans le texte italien. Certes, Simplicio dit bien qu'il est « impossible de supprimer la résistance du milieu » (D[1], p. 244 *ad lim.* ; D[4], p. 274) suggérant, par passage à la limite, un milieu de résistance nulle ; mais le mot *vide* n'est pas prononcé. Le fait que Mersenne s'empresse de l'employer en laissant croire à son lecteur que Galilée s'est explicitement placé dans cette hypothèse peut induire en erreur (cf. une interprétation analogue, *supra*, Livre IV, p. 189, l. 12-15). Il est en tout cas certain que l'on retrouve à travers cette incise l'expression de deux esprits différents : là où Galilée — qui n'ignore assurément pas les conditions de l'expérience réelle (cf. D[1], pp. 244 sq. ; D[2], pp. 274 sq.) — analyse d'abord le cas idéal qui conduit à des « conclusions établies dans l'abstrait », Mersenne, lui, mesure aussitôt le prix « physique » de cette abstraction et éprouve le besoin de le comptabiliser d'emblée.

l. 13-16. Mersenne ne transcrit pas une préoccupation que Galilée explicite à deux reprises (D[1], pp. 243 et 245 ; D[2], p. 274 *ad lim.* et p. 275), à savoir que c'est la limitation du mouvement à la surface du globe terrestre qui permet de conserver le modèle parabolique comme satisfaisant, d'autant que la portée maxima de l'artillerie ne dépasse pas une fraction infime du rayon de la Terre. Le sens que Mersenne a d'ordinaire des réalités concrètes est donc ici en défaut. Il ne voit pas l'importance donnée par Galilée à la considération du mouvement de projection dans un domaine limité de l'espace.
En revanche, il met une phrase correspondant à ses propres préoccupations : justifier la portée par rapport à la « force de projection ». Il est à peine besoin de souligner qu'il introduit ainsi un terme qui lui est propre.

Article II (D[1], pp. 244-249 ; D[2], pp. 274-279)

l. 18 sq. Le titre de l'article limite à un seul les facteurs dont il faut tenir compte pour étudier le mouvement réel des projectiles. Ce facteur est certes important, mais la condition évoquée plus haut, l. 13-16, et passée sous silence par Mersenne, est loin d'être négligeable. Ce n'est d'ailleurs pas la seule privation que le Minime inflige à son lecteur puisqu'il ne lui transmet pas les réflexions d'ordre méthodologique très intéressantes que Salviati expose en préambule à sa réponse aux remarques et objections de Sagredo et de Simplicio (D^1, pp. 244-245 ; D^2, pp. 274-275).

P. 117 [*231*]

l. 1 sq. Le résumé que Mersenne donne des pages présentes (D^1, pp. 245-249 ; D^2, pp. 275-279) n'est pas très fidèle. Sans doute est-il bien exact que Galilée envisage l'effet de la résistance de l'air à la fois à l'encontre du mouvement horizontal et contre la chute verticale, mais d'une part il ne fait pas un privilège pour la forme ronde des projectiles comme le suggère plus bas Mersenne (l. 20), d'autre part il insiste sur une propriété que Mersenne ne relève absolument pas, à savoir que la résistance de l'air est proportionnelle à la vitesse du mobile, ce qui permet d'énoncer que les erreurs susceptibles d'intervenir dans la solution théorique du mouvement parabolique sont de peu d'importance, tant en raison de la grande vitesse des projectiles des armes à feu que des petites distances sur lesquelles il y a lieu de considérer ces projectiles relativement aux dimensions de la Terre. Autrement dit, Galilée voit des erreurs relatives constantes intervenir sur des parcours relativement très petits dans l'espace et d'autant plus courts en durée que la vitesse de projection est plus grande et il en déduit que les erreurs absolues sont négligeables. C'est ce raisonnement que Mersenne laisse complètement de côté.

l. 14-17. L'hypothèse ici évoquée est propre à Mersenne. Son intérêt est double. D'une part, elle souligne une nouvelle fois la tendance qui pousse le Minime à assimiler les conditions abstraites du phénomène étudié — ici la loi géométrique de la parabole — à l'absence d'un facteur physique que réalise en ce cas la condition du vide. D'autre part, elle témoigne d'une préoccupation déjà évoquée plus haut à propos de la vitesse des missiles dans le vide et qui montrait chez Mersenne plus de perplexité que d'assurance (cf. *supra*, Livre I, pp. 62-63, note *ad loc.*).

l. 19 sq. Salviati propose d'illustrer par le moyen de deux expériences le principe selon lequel « l'écart entre le mouvement des projectiles et la forme exactement parabolique sera tout à fait insignifiant » (D^1, p. 246 ; D^4, p. 276). Mersenne, pour les raisons qu'il fournit à la page suivante, se contente d'évoquer ces expériences.
Le principe avancé par Galilée doit valoir tant pour les projectiles de forme arrondie et de matière pesante que pour ceux qui sont d'une matière moins pesante et de forme cylindrique.

l. 27. Mersenne ne transcrit pas exactement les données numériques de Galilée.

P. 117 [*232*]

l. 1-2. Mersenne omet de préciser qu'aux yeux du savant italien, cette « différence... peu sensible et remarquable » est aussi liée à la « faiblesse de mes moyens techniques », donc aux conditions mêmes de l'observation. On aurait attendu de Mersenne qu'il fût davantage sensible à cette remarque de praticien.

l. 3-8 Mersenne renvoie son lecteur en bloc à dix articles du Livre I [*49-89*] sans tenir compte de la spécificité des expériences ici proposées par Galilée. Celle qui concerne les pendules (D^1, pp. 247-248 ; D^2, pp. 277-278) a pour but de mettre plus précisément en évidence le fait que « la résistance opposée par l'air à un même mobile, quand il se meut très vite, n'est pas très supérieure à celle qui lui est opposée lorsqu'il se meut lentement » (D^4, p. 277).

l. 10-12. L'expression de Mersenne montre à quel point sa lecture est hâtive. Simplicio (D^1, p. 248 *in fine ;* D^2, p. 278 *in fine*) exprimait au contraire qu'il avait compris la différence suggérée entre les projectiles mûs par les armes à feu et ceux « tirés par les frondes, les arcs ou les arbalètes ». Loin de prétendre que l'altération de la forme parabolique est négligeable pour tous les missiles, Galilée faisait, comme nous venons de le dire, une évaluation comparative favorable aux armes à feu. Il est vrai qu'à cette considération fort raisonnable, Galilée en ajoutait une autre beaucoup plus étrange. Préoccupé de montrer que la vitesse de projection des armes à feu est « extrême », et « pour ainsi dire surnaturelle », il imaginait une expérience tendant à prouver que cette vitesse dépasse celle que le projectile est susceptible d'acquérir en chute libre à partir de n'importe quelle altitude, puis il avouait ingénument n'avoir jamais fait cette expérience, tout en demandant qu'on admette le résultat (D^1, pp. 248-249 ; D^2, pp. 278-279). C'est probablement en raison de cette attitude contradictoire que Mersenne passe l'ensemble sous silence. Et l'on ne saurait l'en blâmer.
A vouloir prouver la grande vitesse de projection des armes à feu (nécessaire pour la validité du privilège ci-dessus mentionné), Galilée s'engageait sur une voie désastreuse. Car on ne peut à la fois prétendre que cette grande vitesse rend négligeable l'écart par rapport au mouvement parabolique théorique, et justifier la grande vitesse par une asymétrie du mouvement telle qu'à la retombée l'effet soit moindre qu'au départ. Il semble bien que Mersenne a été sensible à cette difficulté dont nous avons déjà parlé, *supra*, Livre I, note aux pages 82-83.

l. 17-19. Répétition insistante de Mersenne qui marque bien la défiance du Minime quant à l'extension *ne varietur* au réel des données de Galilée.

P. 117 [*233*]

Article III (D^1, pp. 250-255 ; D^2, pp. 279-284)

l. 4-7. Cette transition correspond dans les *Discorsi* à l'invitation faite par Salviati de suivre les efforts de l'Auteur dans sa tentative pour « étudier et déterminer l'*impeto* d'un mobile alors qu'il se meut d'un mouvement composé de deux mouvements » (D^1, p. 250 *ad lim ;* D^2, p. 279 *in fine*).
En parlant de « belles spéculations », Mersenne s'exprime dès l'abord de façon élogieuse. Le lecteur est averti de l'intérêt que le traducteur a porté à des propositions qui étaient pour lui nouvelles.

l. 8. La Proposition II est aussi le Théorème II dans les *Discorsi*.

l. 11-14. Tandis que Mersenne conserve l'expression « égale en puissance » pour désigner l'équivalence du composé et de l'ensemble des deux composants, il traduit « impetus seu momentum » par « impétuosité ». C'est-à-dire qu'il résiste à la tentation de mettre le mot « force » qui lui est plus familier, comme il l'avait fait plus haut (p. 230), alors que dans le texte des *Discorsi* il y avait aussi « impeto ». Il faut noter qu'il avait déjà traduit « impeto » par impétuosité dans la VIIIe addition des *Mechaniques de Galilée* (éd. cit., pp. 71 sq.).

l. 15-16. Ici encore, par économie de figure, Mersenne fait un emprunt aux *Mechaniques* (*éd. cit.*, p. 72, fig. 32) bien que la figure empruntée, correspondant à une tout autre question, contienne des éléments inutiles dans le cas présent (cf. la figure des *Discorsi*, D[1], p. 250 ; D[2], p. 280). Mersenne y fait allusion à la page suivante (p. 234, l. 9-11).

P. 117 [*234*]

l. 6-9. Mersenne ne fait que paraphraser l'énoncé de la Proposition II. Le texte des *Discorsi* (D[1], p. 251 ; D[2], p. 280) s'efforce d'être plus explicite, en ce sens que Galilée met dans la bouche de Salviati des précautions de langage fort subtiles. Ces précautions consistent à ne pas prononcer le mot « somme » : le mouvement A B est le résultat de la *composition* des mouvements A C et C B et il est dit *égal en puissance* aux deux mouvements composants *pris ensemble.* Toutefois, s'il est impossible d'opposer au texte galiléen une confusion fâcheuse entre composition géométrique et addition de puissance, il faut bien reconnaître que, contrairement à ce qu'une tradition admirative a cherché à accréditer, ce texte n'est pas clair. A défaut d'une définition préalable de l'*impeto,* il énonce dans le cours du développement que les « moments » des deux translations uniformes composantes sont entre eux, pour la même durée, comme les distances parcourues, et il est bien difficile de ne pas conclure de ce fait que le moment de translation est simplement proportionnel à la vitesse. La manière dont cette notion de moment intervient dans le raisonnement est par ailleurs, lorsqu'on y prend garde de près, fort superficielle. L'essentiel de ce raisonnement est en effet que le rapport des espaces parcourus A C et C B est constant ; c'est cette constance qui assure une homothétie de centre A et montre que le résultat de la composition est un mouvement uniforme suivant A C, mouvement uniforme dont la vitesse est définissable à partir de la longueur A C. Tout cela peut fort bien se passer de la considération du « moment ». On peut seulement dire que dans la mesure où l'on est plus à l'aise en exprimant l'uniformité d'un mouvement par une constance dynamique plutôt que par la constance cinématique de la vitesse, cette expression permet de mieux « voir » l'homothétie ci-dessus. Reste à savoir si ce médium psychologique ne fait pas chèrement payer son service.

C'est très précisément ce dont Hobbes a fait l'épreuve plus tard, et il est revenu à Descartes de débrouiller le quiproquo dans lequel on tombe lorsqu'on suit, sans s'en rendre compte, la pente qui consiste à plaquer sur la composition cinématique une composition dynamique. On croit alors trouver contradiction (Hobbes) parce que l'addition géométrique n'est pas une addition scalaire, mais cette contradiction résulte uniquement de la manière dont on se pose la question. (Cf. P. Costabel, « Essai critique de quelques concepts de la Mécanique cartésienne », *Archives Internationales d'Histoire des Sciences,* t. XX, pp. 235-252.)

En définitive, la Proposition II n'est remarquable que par rapport à la composition géométrique des mouvements et à condition de la dépouiller de l'habit que lui donne Galilée. L'*impeto* particulier au mouvement uniforme que cet habit comporte n'a rien d'une grandeur scalaire, d'une « puissance » susceptible d'une opération additive quantitative, il n'est qu'un substitut de la vitesse considérée avec tous ses éléments (grandeur, direction et sens) et il est un substitut à la fois inutile et nuisible.

Mersenne, malgré la mise au point cartésienne de 1641, ne s'apercevra pas de la difficulté et se contentera en 1644 de reproduire purement et simplement la Proposition II dans les *Cogitata.*

l. 11-21. Ce passage correspond aux remarques de Salviati pour introduire la proposition suivante (D[1], p. 251 ; D[2], p. 281 *ad lim.*).

l. 22. Cette proposition III est aussi le Théorème III dans le texte de Galilée.

l. 23 sq. La figure employée par Mersenne à la page suivante reproduit approximativement celle des *Discorsi,* mais elle en conserve les lettres (D[1], p. 251 ; D[2], p. 281).

P. 118 [*235*]

l. 3-10. Que le segment A C puisse être pris pour mesure du temps et pour mesure de l'*impeto* souligne ce que nous venons de dire, à savoir que l'*impeto* n'est que le substitut de la vitesse et Mersenne le déclarera lui-même *infra,* p. 236, l. 8-10. Il transcrit ici fidèlement le texte de Galilée (D[1], p. 251 ; D[2], p. 281), à propos duquel il est nécessaire de noter ceci :
L'auteur des *Discorsi* semble s'être aperçu de la difficulté provenant de la comparaison contradictoire entre l'*impeto* évoqué dans la Troisième Journée à propos de la chute des corps et l'*impeto* introduit avec la Proposition II. Le premier, en effet, est le même en C et en B si A B est une chute verticale et B C un trajet horizontal (maxime fondamentale). Le second est plus grand en C qu'en B dans les conditions de la Proposition II. La manière dont Salviati résout la difficulté n'est qu'une dérobade et ne le conduit pas à reconnaître qu'en fait il s'agit bien de deux notions différentes : l'*impeto* de la Troisième Journée était une grandeur scalaire tandis que l'*impeto* de la Proposition II ne l'est pas.

l. 19-20. Mersenne avait renversé le rapport entre S A et A C (cf. *erratum,* l. 20) par inadvertance. Comme le montre la page 236 suivante, il se rend parfaitement compte que « l'impétuosité et le degré de vitesse étant une même chose », le rapport des temps de chute est le rapport des « impétuosités » du mouvement uniformément accéléré à partir du repos.

l. 23 sq. Mersenne renvoie à certaines propositions de la seconde partie de la Troisième Journée, consacrée à l'étude du mouvement naturellement accéléré (Théorème XVI-XVIII ; Problèmes X-XI : D[1], pp. 212-216 ; D[1], pp. 246-251) et transcrites dans les *Nouvelles Pensées* au Livre IV, pp. 215-221 (cf. les notes *ad loc*).

P. 118 [*236*]

l. 1-10. Mersenne transpose ici le texte des *Discorsi* (D[1], p. 252 ; D[2], p. 282) dans lequel les vitesses acquises en C et en B dans la chute verticale à partir du repos en A sont en quelque sorte rendues visibles par les mouvements uniformes horizontaux qu'elles peuvent engendrer. Il s'agit évidemment des grandeurs de ces vitesses et lorsque Mersenne note l. 9-10 que l' « impétuosité et le degré de vitesse se prennent pour la même chose », il met le doigt sans s'en douter sur l'ambiguïté de la notion d'*impeto* ci-dessus mentionnée.

l. 15-19. Mersenne fait preuve d'une lecture attentive lorsqu'il déclare que les distances L B et C D donnent le rapport des impétuosités parce qu'elles sont parcourues dans le *même temps* (« eodem tempore »).

l. 26-27. Mersenne suit la déclaration de Galilée, assez étonnante en soi, puisque d'une part les distances horizontales L B et C D ne sont déterminées qu'en fonction des hauteurs de chute et ne sauraient être présentées comme un *moyen* plus simple que celui qui se déduit directement du rapport de ces hauteurs, et, d'autre part, que l'on ne peut parler de mesure sans définir une unité. Cette déclaration s'éclaire en fait par la suite.

P. 118 [*237*]

l. 1-4. Par le mot « vitesse », Mersenne transcrit le latin « celeritatis *momentum* ». Le Minime met en vedette par le biais d'un titre spécial et du qualificatif « vray » le moyen de mesurer l'*impeto* des deux mouvements entrant dans la composition du mouvement des projectiles.

l. 9. Mersenne a traduit à sa manière la préoccupation exprimée par Galilée qui consiste à se poser le problème d'une *unité de mesure commune* pour la composition des mouvements qui conduit au mouvement des projectiles. On s'attendrait, d'après la proposition précédente, à voir les mouvements uniformes horizontaux servir de référence. En fait, comme nous venons de le noter, l'échelle des *impetos* du mouvement naturel de chute s'établit indépendamment de cette considération, directement sur la comparaison des hauteurs de chute, et cette échelle allant de 0 à l'infini constitue au contraire la référence pour la multitude des *impetos* de mouvements uniformes. Mersenne n'a donc pas tort de dire qu' « il est assez à propos de mesurer l'égal par le naturel », c'est-à-dire le mouvement uniforme par le mouvement de chute. L'unité de mesure sera en définitive la vitesse acquise sur l'unité de hauteur de chute et permettra de construire une échelle de vitesses pour les mouvements uniformes *sans faire intervenir* une mesure du temps.

l. 10-11. Toutefois, ce renvoi à la figure de la Première Proposition (répétée *infra*, p. 238) montre que tout en suivant Galilée, Mersenne n'a pas compris tout à fait ce que nous venons de dire.

l. 12 sq. Cette impression se confirme. En essayant de transcrire, Mersenne fait ressentir la difficulté du texte de Galilée qui est loin d'être clair. Ce texte insiste sur le fait qu'une projection compose le mouvement naturel accéléré avec *un* mouvement uniforme et suggère que ce qui change d'un projectile à l'autre, c'est seulement ce mouvement uniforme. D'où l'idée d'étalonner en quelque sorte les mouvements uniformes d'après les trajectoires de projection. Mais nous exprimons ainsi au-delà de ce que dit formellement Galilée.

l. 15. Transcription littérale du latin « amplitudo » (D^1, p. 253 *in fine ;* D^2, p. 283).

l. 23. La correction mentionnée dans l'erratum redresse une confusion de Mersenne, victime du changement de lettres que sa figure impose par rapport au texte des *Discorsi,* où A désigne ce qui s'appelle ici B (cf. D^1, p. 253 ; D^2, p. 283).

P. 118 [*238*]

l. 1-2. Ce n'est pas Mersenne qui est responsable de cette phrase étrange, mais Galilée lui-même. Sans doute celui-ci a-t-il voulu marquer la différence profonde entre les deux composantes du mouvement des projectiles.

La composante verticale est un mouvement uniformément accéléré qui est le même pour tous les corps et dont l'*impeto* (ou la vitesse) est parfaitement défini par la hauteur de chute. La composante horizontale est un mouvement uniforme qui n'a pas, en tant que tel, de structure unique : il peut avoir telle vitesse que l'on veut. Naturellement, dans cette infinité de mouvements uniformes, il n'y en a qu'un qui convienne pour une trajectoire parabolique donnée, de telle sorte que si l'on se donne une telle trajectoire géométriquement, on doit avoir le moyen de lier un mouvement uniforme au mouvement naturel accéléré et donc de « mesurer l'égal par le naturel », comme Mersenne le disait plus haut.

l. 13. Le mot de sublimité est de Galilée (D[1], p. 254, *ad lim.* ; D[2], p. 283). Bien entendu, comme le dit Mersenne, cela permet de « distinguer d'avec la hauteur B C », mais distinction ne signifie pas indépendance, car lorsqu'on se donne la demi-parabole par sa hauteur B C et son « amplitude » C D, la vitesse horizontale que l'on cherche est celle qui correspond au parcours C D dans le temps de la chute B C. Et si l'on veut rapporter cette vitesse à une hauteur de chute A B, la « sublimité » dépend évidemment *a priori* de C D et de B C. En fait on verra plus loin qu'elle ne dépend que de B C.

P. 119 [*239*]

l. 1-12. Dans les *Discorsi* (D[1], pp. 254-255 ; D[2], pp. 283-284), Galilée revient en effet, par la bouche de Sagredo, sur l'hypothèse cosmogonique dont il avait déjà parlé dans le *Dialogo* (*Ed. Naz.*, VII, p. 44) et dont il attribue l'inspiration à Platon, hypothèse consistant à imaginer que le divin Architecte a laissé tomber à l'origine les divers corps célestes vers le centre du monde pour convertir à un certain moment le mouvement radial acquis en mouvement circulaire (cf. à ce sujet A. Koyré et I. B. Cohen , *Newton, Galilée et Platon* in *Actes du IX*[e] *Congrès international d'Histoire des Sciences*, Barcelone, 1959, pp. 165-197 ; republié dans A. Koyré, *Études newtoniennes*, Paris, 1968, pp. 243-266). Galilée suggérait dans le passage du *Dialogo* ci-dessus mentionné qu'il « avait fait le calcul », c'est-à-dire que, partant des résultats astronomiques concernant les orbites et les vitesses des planètes, il suggérait possible de démontrer que ces vitesses sont le résultat d'une chute à partir d'un même point. Il se contente ici, dans les *Discorsi*, de reprendre le même thème sans donner plus de précision, mais il laisse plus nettement entendre que le calcul est fait, qu'il est concluant, et que s'il ne l'a pas encore donné, c'est pour ne pas provoquer contre lui « une nouvelle flambée de courroux ».
Mersenne a effectivement longuement discuté de cette spéculation et des calculs correspondants dans le *Livre II des Mouvemens de l'Harmonie*, Proposition VI, pp. 103-107, et il a conclu à l'impossibilité de considérer les chiffres comme suffisamment éloquents. Il l'a fait en termes d'une remarquable prudence scientifique, déclarant que suivant les hypothèses de Galilée, il ne lui paraissait pas possible d'accorder le résultat des calculs théoriques et le résultat des observations. Il est évident que devant le passage des *Discorsi*, Mersenne a le sentiment bien fondé que la question demeure aussi délicate que deux ans auparavant, et juge inutile d'y revenir. Il se contente de renvoyer à ce qu'il a dit dans l'*Harmonie*.

Article IV [D[1], pp. 255-265 (paginée par erreur 285) ; D[2], pp. 284-293]

l. 16. La Proposition IV se présente dans les *Discorsi* comme étant de Problème I.

l. 17-18. Mersenne s'appuie toujours sur la figure de la page précédente. Celle que propose Galilée à son lecteur se trouve en D[1], p. 256 ; D[2], p. 285. Le Minime ne conserve pas, pour D C, le terme « amplitude » défini plus haut (p. 237, l. 15) et employé par Galilée.

P. 119 [*240*]

l. 2 sq. Mersenne suit le texte des *Discorsi* (D[1], pp. 255-256 ; D[2], pp. 284-285), auquel on peut reprocher de ne pas mettre en évidence, avec assez de netteté, que l'on se place d'abord dans un cas particulier, celui d'une demi-parabole où l'amplitude C D est double de la hauteur B C.
La raison pour laquelle Galilée ne procède pas avec cette netteté est évidente : il sait que sur n'importe quelle trajectoire parabolique, il existe une « amplitude » double de la hauteur correspondante et que par conséquent le cas de figure considéré n'est particulier que d'une certaine manière. Il n'empêche que l'on va raisonner sur ce cas de figure et qu'il y a intérêt à bien déclarer ce qui le caractérise, à savoir C D = 2 B C.
A le déclarer d'ailleurs, la raison profonde du choix apparaît clairement. Si C D = 2 B C, cette longueur est celle qui est parcourue par le mouvement horizontal uniforme de même vitesse que la vitesse acquise dans la chute verticale B C et dans le même temps. Donc, la vitesse du mouvement uniforme qui entre en composition pour le mouvement parabolique est la vitesse acquise dans la chute verticale particulière considérée ici et la « sublimité » est égale à cette chute B C. Nul besoin de faire appel aux propriétés géométriques de la parabole (courbe telle que la sous-tangente soit le double de l'abscisse) comme le fait Galilée.
En définitive, la véritable proposition préliminaire — établie sur la simple considération des propriétés cinématiques des mouvements composants — est la suivante : sur toute demi-parabole trajectoire il existe un point C tel que l'amplitude soit le double de la hauteur de chute, et c'est cette hauteur de chute qui définit la vitesse de projection horizontale nécessaire au départ. Le problème de découvrir le mouvement uniforme horizontal lié à une projection passe par la solution d'un problème géométrique simple, déterminer le point C de la parabole tel que C D = 2 B C.

l. 20-23. Ici encore, Mersenne se contente de suivre Galilée sans commentaire. Pourtant il y a bien quelque difficulté à affirmer que F A est l'impétuosité composée. Car la Proposition II ne permet de conclure la composition géométrique des *impetos* ou des vitesses que dans l'hypothèse où les deux mouvements composants sont uniformes. En fait, dans la mesure même où cette composition géométrique est étendue sans qu'on éprouve le besoin de le dire au cas où les mouvements composants sont quelconques, la preuve est faite que Galilée utilise au maximum le médium de l'*impeto*. Quels que soient les risques, soulignés dans les notes précédentes, de ce médium, il est certain qu'il est d'une aide sensible pour concevoir ceci : la composition des *impetos*, lorsqu'ils sont variables ou lorsque l'un d'eux est variable, suit la même loi que lorsqu'ils sont constants à condition de se placer dans un petit intervalle de temps, dans l'*instantané*. L'instantané photographie les *impetos* dans la situation où ils se trouvent et où ils agissent. Si nous usons ainsi d'une manière de parler qui n'a rien à voir avec celles de l'époque considérée, il nous paraît cependant qu'elle traduit assez précisément ce qui est en question et justifie le processus mental dont nous n'avons que le résultat, à savoir la composition générale des vitesses comme résultat de la composition de ces entités confuses attachées aux mouvements que sont les *impetos*.

P. 119 [*241*]

l. 1-2. Le titre de « Remarque » pourrait incliner à penser que le développement suivant est propre à Mersenne. En fait, il s'agit d'un commentaire assez libre des pages des *Discorsi* où le dialogue s'établit sur les réflexions que suscite la Proposition IV (D^1, pp. 257-265 ; D^2, pp. 286-292).
L'adjectif « invariable » introduit par Mersenne correspond à une notion non qualifiée par Galilée, mais longuement discutée en réalité à travers son texte, et qui est celle d'échelle *universelle,* valable en tout lieu et bien déterminée.

l. 5. L'idée de prendre la hauteur d'une pique comme hauteur de chute type est de Galilée (D^1, p. 257 ; D^2, p. 286), qui ajoute que le degré de vitesse acquis dans cette chute est le même en tout lieu, donc présente le caractère d'étalon universel requis.

l. 6-8. Mais Galilée (D^1, p. 258 ; D^2, p. 287) s'embarrasse peu de la durée exacte de chute pour cette hauteur type. Que cette durée soit de 4 secondes, par exemple, dit-il, ce n'est pas sur cette mesure qu'on se basera pour établir le rapport de la vitesse de chute acquise sur une autre hauteur avec la vitesse acquise sur la hauteur type. Mersenne l'a bien compris, comme le montre la suite, mais il préfère imaginer que la hauteur type est *bien choisie*, c'est-à-dire telle que la durée de chute correspondante soit aussi de *une seconde.* D'où la précision apportée sur la longueur de la pique, en fonction des tables que Mersenne s'est constituées pour le mouvement naturel des corps pesants.

l. 9-10. Par ce choix de douze pieds pour la pique, Mersenne donne un contenu plus précis à l'affirmation de Galilée (D^1, p. 259 ; D^2, p. 287 *in fine*) selon laquelle cette longueur de pique sert à *trois mesures :* l'espace, le temps et l'*impeto*. Mersenne place le temps en premier dans l'énumération. La figure employée par le Minime est identique à celle des *Discorsi* (D^1, p. 259 ; D^2, p. 288).

l. 13-15. Mersenne montre qu'il a compris le caractère arbitraire du choix d'une hauteur type, mais, en imaginant la possibilité de prendre une lieue, il ne dit pas pourquoi ce dernier choix serait déraisonnable. Cette longueur ne peut figurer dans les tables du mouvement naturel expérimenté que par extrapolation.

l. 23-25. Galilée termine sur ce point en précisant au sujet de la conclusion en question : « conclusion dont l'Auteur bien qu'il l'ait prise pour postulat, a néanmoins voulu justifier l'application à la proposition III » (D^1, p. 259 ; D^4, p. 288).

P. 119 [*242*]

l. 1-21. Mersenne suit ici le développement de D^1, pp. 259-260 ; D^2, pp. 288-289, où Galilée montre qu'il est conscient de la difficulté relevée dans nos notes de la page 240 *supra,* c'est-à-dire de la difficulté qu'il y a de passer de la composition des mouvements uniformes de la Proposition II à la composition d'un mouvement uniforme avec un mouvement accéléré.
Contrairement à ce que l'on pourrait croire d'après la transcription de Mersenne, Galilée n'introduit nullement la considération du théorème de Pythagore $AB^2 = AC^2 + CB^2$ pour transformer l'*impeto* en « force vive ». Cette considération reste *géométrique,* c'est-à-dire qu'elle traduit en *nombres* le fait géomé-

trique de la composition des vitesses A B C. Et ce qu'affirme Galilée, c'est que cette traduction en nombres s'applique *aussi*, en tout point d'un mouvement composé, lorsque les composants ne sont pas uniformes. Il ne résout donc pas vraiment la difficulté, il ne fait que l'enjamber (D[1], p. 260 ; D[2], p. 289). Mais tandis que Galilée maintient ses précautions de langage, Mersenne (l. 13) prononce les mots caractéristiques de la confusion dangereuse : « la diagonale A B représentera la force *ou* la vitesse composée ».

l. 22-27. Mersenne transcrit une phrase de Galilée sans se rendre compte qu'elle contient tout l'embarras de l'auteur. Celui-ci, en effet, sait bien que la Proposition II repose tout entière sur le fait que, dans la composition des mouvements uniformes, la conclusion repose sur la proportionnalité des composants, proportionnalité qui est rompue lorsque l'un des composants est accéléré.

P. 120 [*243*]

l. 2. Le mot de Mersenne : « Il faut y procéder d'une autre manière » est particulièrement heureux, mais ce n'est que par rencontre. Car cette « autre manière » telle que l'entend Mersenne n'est que le *résultat* géométrique d'une construction complexe opérée par Galilée sur son mouvement parabolique. Il s'agit en fait de bien autre chose.

La lecture attentive de D[1], pp. 261-262 ; D[2], pp. 289-291, montre que la préoccupation essentielle de Galilée est de convertir le mouvement accéléré de la chute en mouvement uniforme équivalent sur une durée donnée afin de pouvoir appliquer la Proposition II. Cela vaut la peine d'être explicité.

La Proposition IV a déjà utilisé l'équivalence entre la chute verticale *h* et le mouvement uniforme de vitesse égale à la vitesse acquise, durant le *même temps*, équivalence qui donne 2 *h* de parcours horizontal et permet d'exprimer ceci : au point D de la figure de Mersenne (cf. *supra*, p. 228), tout se passe comme si l'on avait composé le mouvement horizontal uniforme C D avec un mouvement uniforme vertical A C, égal au premier ($AC = 2\,BC = 2\,h$), d'où la composition sur la diagonale A D. Mais la conclusion n'est aussi simple que parce que $CD = 2\,h$.

Dans le cas général où l'on étudie la composition des mouvements en un point D de la parabole qui ne répond pas aux conditions géométriques susdites, on peut préciser ce qui suit :

1° On se donne A B (la sublimité) qui fixe la vitesse acquise dans la chute A B et que l'on transforme en vitesse horizontale de projection.

2° On prend la hauteur B C différente de A B et l'on compose, sur la durée de chute B C, le mouvement de chute accéléré et le mouvement uniforme horizontal, aboutissant au point D de la parabole trajectoire.

3° Le mouvement de chute B C est équivalent sur la même durée à un mouvement uniforme sur $2 \times BC$. La solution la plus simple pour appliquer la Proposition II serait donc de prendre A′ symétrique de C par rapport à B : la diagonale A′ D donnant la direction de la vitesse composée (donc de la tangente à la parabole). Ce n'est pas cette solution qu'envisage Galilée.

4° On peut aussi dire — et c'est ce que fait Galilée — que le rapport des vitesses des mouvements *uniformes* qui sont à composer en D est le rapport des vitesses acquises dans le mouvement naturel de chute suivant A B et suivant B C, lequel est égal au rapport de A B avec la moyenne proportionnelle S de A B et B C. Mais il faut faire attention à la traduction géométrique de ce rapport : le mouvement de chute A B est celui qui est converti en mouvement

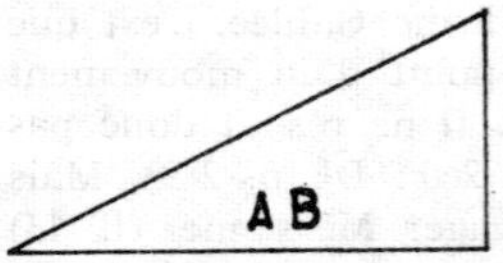

horizontal, il faut donc porter A B horizontal et S vertical pour avoir une figure semblable à celle que l'on cherche pour composer les deux vitesses. Et Galilée se trompe en faisant exactement l'inverse, c'est-à-dire en partant de A B vertical et en portant S horizontal.

Il en résulte que la solution donnée par Galilée, qui consiste à joindre A à l'extrémité de S portée sur l'horizontale de B est fausse. Il est facile de voir que c'est A′, ci-dessus introduit par nous, qu'il faut joindre pour avoir la direction exacte de la vitesse composée. Bien entendu, Mersenne ne s'est pas aperçu de l'erreur et on ne peut le lui reprocher.

l. 13 sq. Mersenne résume D^1, pp. 263-264 ; D^2, pp. 291-292, où Galilée trouve opportun de donner quelques considérations générales sur le choc des corps. Ces considérations ne sont pas exactement à leur place ici, si ce n'est afin de prévenir les applications simplistes qu'un artilleur pourrait être tenté de faire de la composition des vitesses qu'on vient de lui enseigner pour les projectiles.

l. 18-20. A l'occasion de ce développement, Galilée évoque à nouveau le cas de l'homme qu'il serait impossible de frapper avec une lance s'il s'éloignait en courant aussi vite que son poursuivant armé (D^1, p. 65 ; D^2, p. 108 *in fine*). Mersenne avait alors transcrit cette illustration proposée par Galilée dans un contexte général différent, mais en assignant à cet exemple précis une fonction (cf. *supra*, p. 51, note *ad loc.*) analogue.

l. 20-23. Sur le choc résultant d'une trajectoire oblique du projectile, cf. D^3, pp. 827-829.

P. 120 [*244*]

Article V (D^1, pp. 265-273 ; D^2, pp. 293-299)

Remarque : la pagination de D^1 est défectueuse à partir de la page 265. Après la page 264, le groupe de pages numérotées 285 à 292 doit être considéré comme la séquence paginée 265 à 272. Plus loin, après page 281, lire pages 282 et 283 au lieu de 382-383. L'*Appendix* sur les centres de gravité comporte également des erreurs de pagination.

l. 4-7. L'énoncé que Mersenne donne à l'Article V est confus. Il s'agit en fait de l'étude de la portée ou de ce que Galilée appelle l'amplitude. Le mot de largeur, employé par Mersenne, n'est pas heureux.

l. 8. La Proposition V (comme la suivante) est un problème.

l. 9-11. La traduction de Mersenne est littérale (D^1, p. 265 ; D^2, p. 293), mais le véritable énoncé est : « Trouver la vitesse horizontale de projection qui fasse d'une parabole donnée la trajectoire du projectile. »

l. 12. La figure sur laquelle le traducteur de Galilée s'appuie est toujours celle de la page 228. Mersenne se trompe : la parabole, « conditionnée » comme devant, fait raisonner sur un cas particulier de figure qui est précisément à abandonner. Il faut prendre une demi-parabole quelconque où l'amplitude C D soit différente de 2 B C.

l. 16 sq. Mersenne suit Galilée (D^1, p. 265 ; D^2, p. 293) qui se sauve de l'erreur ci-dessus soulignée en se servant de la propriété de la tangente à la parabole, c'est-à-dire en adoptant ici le point de vue du 3° de notre commentaire de la page précédente et en abandonnant le 4° qu'il avait pourtant proposé. A est ici ce que nous avons appelé A'. La sublimité cherchée (que nous appelions plus haut A B), la hauteur B C = B A' et leur moyenne proportionnelle S interviennent comme nous l'avons vu plus haut dans le schéma de détermination de la vitesse composée, c'est-à-dire que $\frac{BA}{S} = \frac{S}{BA'}$ et que B A est bien troisième proportionnelle à B A' et S, B S étant bien, d'autre part, le point d'intersection de la tangente en D à la parabole avec l'horizontale de B (le point qui s'appelle F sur la figure de Mersenne).

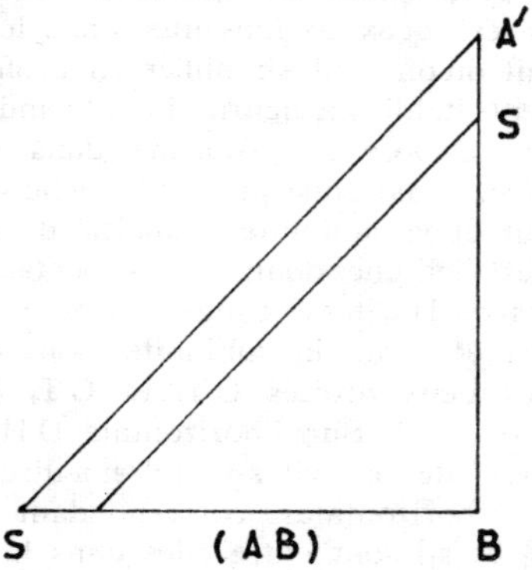

P. 120 [*245*]

l. 7-10. Galilée fait de la conclusion ici transcrite l'objet spécial d'un corollaire. C'est en effet un énoncé important qu'il importe de bien mettre en évidence et qui résout d'une manière générale le problème qui était sous-jacent depuis plusieurs pages. Sublimité, hauteur ou altitude de tir et amplitude ou portée ne sont pas indépendantes. Elles sont liées par une relation simple. Notons seulement que cette relation peut être obtenue comme nous l'avons indiqué par une voie qui n'emprunte rien aux propriétés géométriques de la parabole, en suivant correctement le raisonnement cinématique de composition des mouvements, tandis que pour y parvenir, Galilée est obligé de faire appel à la construction de la tangente à la parabole, ce qui lui permet d'éviter les conséquences d'une erreur.

l. 11 sq. Dans l'intitulé du problème, Galilée se propose de rechercher l'amplitude d'une *demi*-parabole de sublimité et de hauteur données et il rattache le principe de la solution au corollaire de la proposition précédente (D^1, p. 267 ; D^2, p. 294). Mersenne ne reproduit pas la figure des *Discorsi.*

P. 120 [*246*]

l. 1-6. La Proposition VII est un Théorème, ainsi que les Propositions VIII, IX et X. Une fois de plus, là où Galilée parle de demi-parabole, Mersenne transcrit « parabole » (D^1, p. 267 ; D^2, p. 294).

l. 7 sq. Cette Proposition VII enchante Mersenne, qui ne fait cependant, pour la vanter, que reprendre, en le résumant, le propos de Sagredo (D^1, p. 269 *in fine ;* D^2, p. 296), mais il est assez décevant que la page consacrée à cette proposition ne contienne rien en définitive sur son objet précis. Mersenne se contente de revenir à sa figure de la page 228 où la tangente en D à la parabole est linclinée à 45° et il ne rapporte absolument aucun des arguments de la laborieuse démonstration de Galilée, qui s'appuie sur deux figures complexes (D^1, p. 268 ; D^2, p. 295).

Cette démonstration est laborieuse, car il ne s'agit plus seulement de fixer la direction de la vitesse composée à l'extrémité D de la parabole, mais d'évaluer la grandeur de cette vitesse. Galilée effectue l'évaluation de chacune des composantes par rapport à la valeur commune de ces deux composantes dans le cas particulier où elles sont égales. Il est évident qu'on peut simplifier en profitant davantage de tout ce qui a été antérieurement établi. La figure ci-jointe indique comment se pose le problème dans cette perspective. S moyenne proportionnelle entre la hauteur et la sublimité et moitié de l'amplitude est ici une donnée. Les pentes des directions de la vitesse composée, pour deux valeurs s_1 et s_2 de la sublimité, sont donc celles des deux droites OT_1 et OT_2 ($RT_1 = s_1$, $RT_2 = s_2$). Sur l'horizontale O H, les projections de la vitesse (c'est-à-dire les vitesses horizontales correspondant aux chutes s_1 et s_2) sont entre elles dans le rapport de s_1 à la moyenne proportionnelle entre s_1 et s_2. Il suffit donc de comparer OT_1 avec OT'_2 où T'_2 est le point de OT_2 tel que la projection de OT'_2 sur O H soit $\sqrt{s_1 \quad s_2} = \sqrt{RT_1 . RT_2}$.

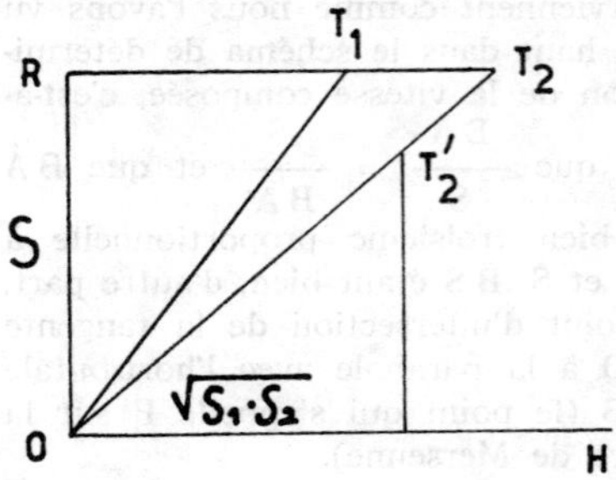

Il apparaît naturel de prendre pour référence de la comparaison le point T_1 correspondant à $s_1 = S$. On a alors immédiatement

$$\frac{OT'_2}{OT_1} = \frac{OT'_2}{OT_2} \cdot \frac{OT_2}{OT_1} = \frac{\sqrt{S.s_2}}{s_2} \cdot \frac{\sqrt{s_2^2 + S^2}}{S\sqrt{2}} = \frac{1}{\sqrt{2}}\sqrt{\frac{s_2}{S} + \frac{S}{s_2}}$$

et la quantité sous le radical qui est la somme de deux nombres inverses l'un de l'autre est toujours supérieure à 2, de sorte que $\frac{OT'_2}{OT_1}$ est toujours supérieur à 1 et que le cas où la sublimité est égale à S apparaît bien comme donnant à la fois l'inclinaison de 45° pour la vitesse composée en D et le minimum pour la grandeur de cette vitesse.

P. 121 [*247*]

l. 1-4. Mersenne omet de transcrire un élément de compréhension important qui fait l'objet d'un corollaire de la Proposition VII (D[1], p. 269 ; D[2], p. 296), à savoir que la converse de cette proposition est la suivante : le tir à 45° d'inclinaison requiert le minimum d'*impeto* initial et donne la portée maximum ; c'est-à-dire que pour la première fois et d'une manière qui n'est pas absolument directe, Galilée affirmait comment il concevait, par symétrie de la demi-parabole jusqu'ici considérée, l'étude du mouvement général des projectiles.

Descartes réagit très vigoureusement contre cette « converse » dans sa lettre à Mersenne du 11 octobre 1638 : « Il est à remarquer qu'il prend la converse de sa proposition, sans la prouver ny l'expliquer ; à savoir que, si le coup tiré

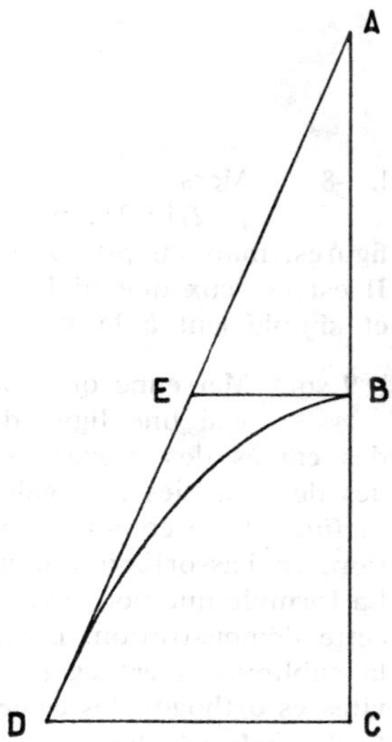

horizontalement de B vers E suit la parabole B D, le coup tiré obliquement suivant la ligne D E doit suivre la mesme parabole D B ; ce qui suit bien de ses suppositions. Mais il semble n'avoir osé l'expliquer, de peur que leur fausseté parust trop evidemment. Et toutefois il ne se sert que de cete converse en tout le reste de son quatriesme discours, lequel il semble n'avoir escrit que pour expliquer la force des coups de canon tirez selon diverses elevations. De plus il est a remarquer qu'en proposant ses suppositions, il en a excepté l'artillerie, affin de les faire plus aisément recevoir ; & que toutefois, vers la fin, c'est a l'artillerie principalement qu'il applique ses conclusions. C'est-à-dire, en un mot, qu'il a tout basti en l'air. » (*A-T*, II, p. 387, l. 12 - p. 388, l. 2. La figure ci-contre est celle qu'utilise Descartes.)
Indépendamment de cette condamnation globale de Descartes, il est certain, concernant la « converse », que la réversibilité parfaite du mouvement sur la demi-parabole, nécessaire pour constituer par symétrie la trajectoire parabolique complète, a tout de même besoin de quelque justification (cf. D[3], pp. 829-830).

l. 5 sq. Proposition VIII : Mersenne, déjà dépassé par les calculs de Galilée concernant la proposition précédente, se contente *a fortiori* ici de reproduire l'énoncé (D[1], p. 270 ; D[2], p. 297 *ad lim.*) en l'assortissant d'une illustration numérique. Galilée s'appuie sur une figure (D[1], p. 271 ; D[2], p. 297).

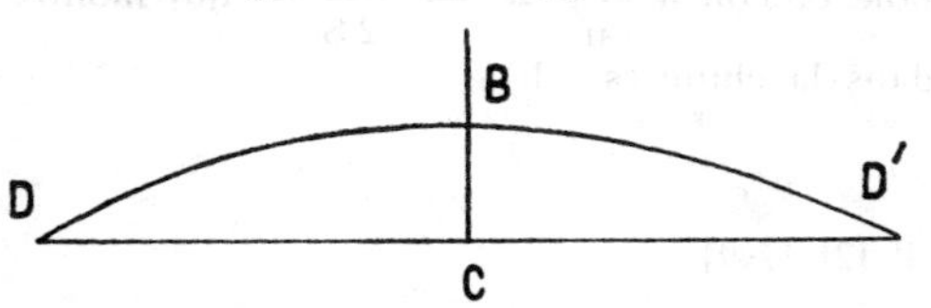

Quant à la démonstration donnée par Galilée pour la Proposition VIII, elle souffre d'un défaut déjà signalé dans plusieurs cas pour la Troisième Journée : elle justifie l'énoncé d'un résultat, elle n'est pas un procédé de découverte. Et pourtant, ce procédé de découverte n'est pas ici encore difficile, en restant dans les cadres mêmes de la mathématique utilisée. Il s'agit de savoir quelles sont les vitesses en D ou en D′ qui correspondent à une même amplitude, c'est-à-dire à un même S selon les termes employés plus haut. En reprenant le schéma de la note précédente où l'on avait $\frac{O\,T'_2}{O\,T_1} = \frac{1}{\sqrt{2}}.\sqrt{\frac{s_2}{S} + \frac{S}{s_2}}$, on voit que la grandeur $O\,T'_2$ de la vitesse est la même pour

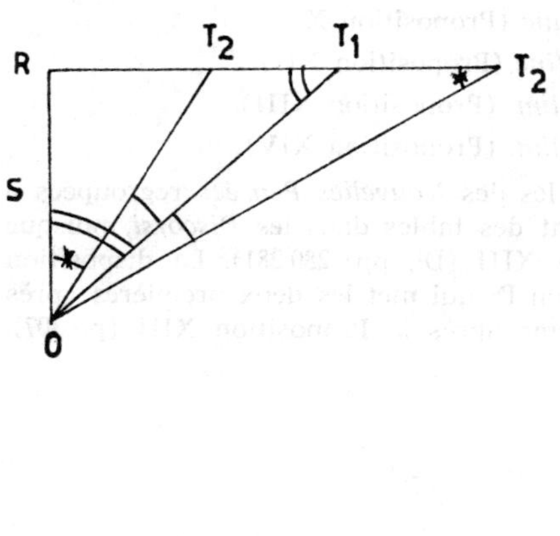

deux valeurs de s_2 telles que S soit leur moyenne proportionnelle. Il est alors évident que les deux directions $O\,T_2$ correspondantes sont symétriques par rapport à $O\,T_1$ incliné à 45°. Cela résulte de l'antiparallélisme de ces deux directions par rapport aux côtés de l'angle droit $O\,R\,T_1$, antiparallélisme commandé par la moyenne proportionnelle susdite.

P. 121 [*248*]

l. 1-8. Mersenne se borne à reproduire l'énoncé de la Proposition IX (D[1], p. 271 ; D[2], p. 298 *ad lim.*) sans transcrire la démonstration avec ses figures, mais en proposant une illustration numérique.

Il est curieux que ni Mersenne ni Galilée lui-même ne renvoient pas purement et simplement à la Proposition V dont celle-ci n'est qu'un corollaire.

l. 9 sq. Mersenne omet le lemme préparatoire à la Proposition X selon lequel « si une ligne droite est coupée en un point quelconque, la somme des carrés des moyennes proportionnelles entre la droite entière et chacune des deux parties est égale au carré de la droite entière » (D[1], p. 272 ; D[4], p. 298 *in fine*). Il se contente une fois de plus de reproduire l'énoncé sans démonstration, en l'assortissant d'une illustration numérique (D[1], pp. 272-273 ; D[2], p. 299).

La formule que nous avons établie pour la grandeur de la vitesse donne aisément cette démonstration. Dans le cas particulier, si souvent considéré ci-dessus, où la sublimité s est égale à S, on sait que la vitesse en D, composée de deux vitesses orthogonales égales, est égale à l'une d'entre elles, par exemple la vitesse horizontale résultant de la chute s, multipliée par $\sqrt{2}$. C'est-à-dire que cette vitesse est celle acquise dans le chute 2 s = 2 S.

Désignons-la par u et appelons v la vitesse en D correspondant à une sublimité s distincte de S. Notre formule de la note page 246 donne

$$\frac{OT'_2}{OT_1} = \frac{v}{u} = \frac{1}{\sqrt{2}}\sqrt{\frac{s}{S} + \frac{S}{s}} = \frac{1}{\sqrt{2S}}\sqrt{s + \frac{S^2}{s}}$$

Or $\frac{S^2}{s} = h$ hauteur de la parabole et l'on a $\frac{v}{u} = \frac{\sqrt{s + h}}{2S}$ qui montre bien que v est la vitesse acquise dans la chute (s + h).

P 121 [*249*]

l. 2-6. Ces lignes sont la transcription maladroite du corollaire de la Proposition X : « De là suit que dans le cas de toutes les demi-paraboles dont la somme de la hauteur avec la sublimité est une constante, l'*impeto* est pareillement identique » (D[1], p. 273 ; D[2], p. 299).

Article VI (D[1], pp. 273-284 ; D[2], pp. 299 *in fine*-310)

l. 9-20. Mersenne groupe les quatre dernières propositions des *Discorsi*, qui sont des problèmes. Il en rassemble les énoncés respectifs dans le titre de l'article :

l. 9-10 : D[1], p. 273 *in fine ;* D[2], p. 299 *in fine* (Proposition XI).

l. 11-14 : D[1], p. 275 *ad lim. ;* D[2], p. 300 *in fine* (Proposition XII).

l. 14-18 : D[1], p. 278 *ad lim. ;* D[2], p. 305 *ad lim.* (Proposition XIII).

l. 18-20 : D[1], p. 282 *ad lim. ;* D[2], p. 308 *ad lim.* (Proposition XIV).

L'incise de la ligne 16-17 renvoie aux tables des *Nouvelles Pensées* regroupées à la fin du Livre V et non à l'emplacement des tables dans les *Discorsi*, puisque Galilée les dispose après la Proposition XIII (D[1], pp. 280-281). La disposition desdites tables est légèrement différente en D[2] qui met les deux premières après la Proposition XII (p. 304) et la troisième après la Proposition XIII (p. 307).

l. 21-23. Mersenne exprime heureusement le but des propositions finales : construire des tables de tir. Le Minime rencontre une préoccupation qui lui est familière et un type de spéculation numérique où il se sent plus à l'aise.

P. 121 [*250*]

l. 5-11. Mersenne passe tout de suite à la Proposition XIV des *Discorsi* (D^1, p. 282 ; D^2, p. 308) qui évalue la hauteur (ou flèche de la trajectoire) et la sublimité en fonction de la portée pour une même vitesse initiale. C'est seulement dans cette dernière proposition que Galilée énonce la propriété simple que la hauteur est la moitié de la tangente de l'angle de tir.

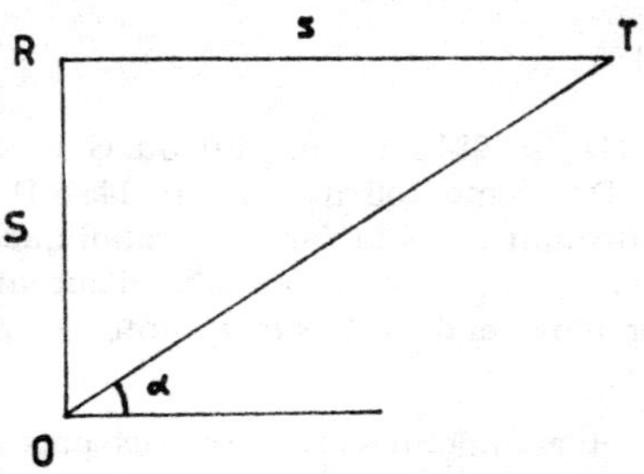

Précisons cette justification en reprenant la construction de la direction de la vitesse composée en D.

$$\text{tg}\ \alpha = \frac{S}{s} = \frac{h}{S} \quad \text{puisque } S^2 = s.h.$$

Mais 2 S est l'amplitude ou largeur, prise ici pour 10.000.

$$\text{Donc } \frac{h}{10.000} = \frac{1}{2}\ \text{tg}\ \alpha$$

l. 12-22. Mersenne suit toujours très exactement le texte des *Discorsi* (D^1, D^2, *ibid.*)

l. 23 sq. Ce paragraphe transcrit sous forme condensée une intervention de Salviati (D^1, pp. 282-283 ; D^2, pp. 308-309).

P. 122 [*251*]

l. 1. Les tables qui suivent, construites à l'aide de celles des *Discorsi*, se trouvent plus loin, p. 255.

l. 2-15. Ces vérifications numériques qui utilisent le résultat de la Proposition X n'ont rien d'original et sont reprises fidèlement par Mersenne.

l. 16. L'adjectif « merveilleux » est de Mersenne. La « Remarque » combine une observation de Salviati à la fin de D^1, p. 279 ; D^2, p. 306 (Proposition XIII) et le dialogue qui s'établit avec Sagredo (D^1, pp. 283-284 ; D^2, pp. 309-310). La troisième table indique bien en effet que pour $\alpha = 90°$, la hauteur h est infinie, mais c'est Sagredo qui fait observer plus loin que « toute la force du monde ne suffirait pas à écarter le projectile d'un seul doigt de la perpendiculaire » (D^1, p. 283 ; D^4, p. 309).
Et il ajoute qu'il n'oserait pas « affirmer avec la même certitude que seule une force infinie *pourrait* conférer à un tir horizontal une trajectoire rectiligne ». Autrement dit, Galilée a voulu signaler le cas singulier que constituent les deux angles de tir 90° et 0°. Tandis que pour tout autre couple d'angles symétriques par rapport à 45°, on a avec le *même impeto initial* deux trajectoires *de même nature* et la *même portée* horizontale, il semble que pour le couple 90° et 0° les deux caractéristiques soulignées ne puissent subsister ensemble. La trajectoire $\alpha = 90°$ est toujours rectiligne et la portée toujours nulle. La trajectoire $\alpha = 0°$ est toujours incurvée dès le départ vers le bas et donne une portée nulle ; on ne peut penser qu'elle puisse devenir rectiligne qu'avec un impeto initial infini, mais alors sa portée est indéterminée. C'est évidemment tout cela que

Mersenne a confusément ressenti, sans pouvoir l'exprimer complètement, et ce qui lui a arraché l'adjectif souligné.

Mais il est curieux que Mersenne n'ait pas fait une autre remarque. Sans doute la hauteur h de la troisième table correspondant à $\alpha = 90°$ est déclarée infinie, mais c'est parce que la formule $\frac{1}{2}\ \mathrm{tg}\ \alpha = \frac{h}{10000}$ le veut ainsi, et il conviendrait de dire plutôt que la portée étant rigoureusement nulle dans le cas $\alpha = 90°$, la hauteur h est indéterminée. Mersenne qui a expérimenté sur les tirs verticaux et spéculé sur la question « Retombera-t-il ? », manque une occasion de dire où il en est à ce propos (cf. les notes aux pages 82 à 84).

P. 122 [*252*]

l. 2-15. Mersenne suit le texte des *Discorsi* (D^1, p. 284 ; D^2, p. 310) où Galilée revient sur ce qu'il avait dit dans la Deuxième Journée (D^1, p. 146 ; D^2, p. 186) à propos de la chaînette. Tandis qu'il affirmait alors la forme parabolique, il est ici plus nuancé, puisqu'il déclare que la chaînette se rapproche d'autant plus d'une parabole que l'arc à considérer est plus tendu (cf. *supra*, note de la p. 156).

l. 16 sq. Mersenne arrête ici sa transcription et abandonne les dernières pages des *Discorsi* (D^1, pp. 285-287 ; D^2, pp. 311-312) où Galilée spécule sur la forme incurvée de la chaînette, quelle que soit la tension à laquelle elle est soumise. Le Minime préfère attaquer directement ce que Galilée suggère à propos de ce modèle, à savoir l'impossibilité d'avoir une trajectoire rectiligne en tir horizontal.

C'est la deuxième « Expérience contre Galilée », ainsi mise en vedette, fournissant à Mersenne l'occasion de dénoncer ouvertement la contradiction entre les résultats suggérés par le savant italien et les données de l'expérience obtenues par lui. Mais voir *infra* p. 306 l'expression d'un remords de Mersenne.

P. 122 [*253*]

l. 1 sq. Mersenne reprend ici, comme il le révèle lui-même en haut de la page 254, un thème et une figure qui concluaient le *Livre II des Mouvemens* de l'*Harmonie Universelle.* Mais tandis qu'il affirmait dans ce passage que les balles de mousquet et d'artillerie se comportent comme les flèches et ont des trajectoires courbes, il dit ici qu'il faudrait l' « éprouver ». A la ligne 16 (cf. *erratum*), il faut évidemment lire « balle » au lieu de « table » et ce *lapsus calami* est révélateur. Les tables de tir proposées par Galilée se veulent universelles et c'est en fait de cette validité universelle dont Mersenne a quelque raison de douter. Comme l'indique une note marginale de son exemplaire de main, Livre II de l'*Harmonie,* p. 156, le doute de Mersenne vient de ce qu'il a remarqué une différence « dans la fabrique des armes », probablement concernant la hausse de la ligne de mire.

Concernant la vitesse de projection de la balle d'arquebuse, Mersenne prend ici 75 toises à la seconde, alors qu'il avait indiqué 70 *supra,* p. 82-84, et il semble constituer son objection de la manière suivante : s'il est vrai qu'avec un tir rigoureusement horizontal, sur une distance de 75 toises, on manque le but parce que la balle descend verticalement de 2 toises, il est non moins vrai qu'on peut atteindre ce but — sous entendu : en tirant avec une légère hausse. Or, cette hausse est d'autant plus faible qu'il est à peu près certain que la trajectoire courbe mais tendue, de A en C, n'admet pas la médiatrice F B comme axe de symétrie. Plus on considère des projectiles rapides, plus le phénomène doit être dans ce sens, c'est-à-dire plus on a une vraie portée horizontale avec un tir quasi horizontal. Nous exprimons ainsi ce qui n'est pas dit, mais est suffisamment suggéré.

Sur le fait que le projectile est dans la situation la plus défavorable en ce qui concerne l'action de descente lorsque le tir est rigoureusement horizontal, Mersenne ne fait que suivre une longue tradition. Cf. A. Koyré, « La dynamique de Nicolo Tartaglia », in *La Science au XVI*[e] *siècle*, Paris, 1960, pp. 106-111.

P. 122 [*254*]

l. 4-5. Mersenne renvoie au *Livre II des Mouvemens* de l'*Harmonie*, comme nous l'avons déjà signalé ci-dessus, et il en profite pour réaliser des *errata*. Celui concernant le terme « parallèle » à mettre au lieu de « perpendiculaire » à la quatrième ligne figure sur son exemplaire de main. Mais non pas le second, ce qui est assez curieux.

Ce nom de Gallé qui est à substituer à Galilée à la ligne 14 de la page 156 du Livre II est celui d'un ingénieur militaire avec lequel Mersenne semble avoir entretenu une correspondance. Il est abondamment cité dans la Proposition VI du livre de l'*Utilité de l'Harmonie* et dans la longue addition qui clôt ce livre (pp. 64-68) après les « fautes de l'impression ». Mersenne en parle comme de quelqu'un qu'il a vu et entendu, mais qui lui a aussi communiqué des écrits. Et il est très probable que c'est à lui qu'il doit l'idée de la dissymétrie de la trajectoire ci-dessus évoquée (cf. *C.M.*, IV, pp. 151-153, et *ibid.*, VI, p. 87). D'après les données éparses dans l'addition que nous venons de mentionner, au livre de l'*Utilité*, c'est aussi à Gallé que Mersenne devait des évaluations sur le rapport entre la « portée de point en blanc » et la « portée morte » pour le mousquet tiré horizontalement avec ou sans recul. On peut regretter que Mersenne ne profite pas de l'occasion qui lui est fournie ici, à propos de la correction de nom à faire au Livre II de l'*Harmonie*, de dire en termes plus clairs ce qu'il a appris en fréquentant Gallé. On peut regretter aussi qu'il se taise au sujet des expériences mentionnées dans les notes marginales de son exemplaire de main : celles de mai 1636, sur la Seine, à Saint-Cloud ; celles effectuées sur la Marne, à Lagny (Troisième Avertissement, p. 42), comme encore au sujet des expériences qu'il évoque dans le texte imprimé lui-même (*Utilité de l'Harmonie*, p. 65), effectuées sur des étangs avec des durées de l'ordre de trois secondes. La recherche de plans d'eau est caractéristique. Mersenne a essayé certainement de réaliser le schéma de stand de tir de la figure p. 253 *supra* avec D E d'une horizontalité assurée, et une cible C E réglable à l'altitude du tir, A D.

Article VII

Cet article rassemble les tables « simplifiées » des *Discorsi* (cf. *supra*, p. 249, note à l. 9-20).

l. 16-18. Dans la mesure même où il est évident, comme nous venons de le relever, que Mersenne a longuement spéculé et expérimenté sur la balistique concrète et avec la conscience des modifications que la résistance de l'air introduit dans le mouvement des projectiles, on doit être un peu surpris de le voir déclarer qu' « il ne reste plus qu'à mettre les Tables » théoriques de Galilée.

P. 123 [*255*]

l. 1-2. La phrase de Mersenne est incorrecte. En réalité, la référence à une amplitude de 10000 n'est pas la même dans les trois cas. Les Tables I

et II donnent en fonction de l'angle de tir les hauteurs et les amplitudes pour une même vitesse initiale susceptible de donner une portée *maximum* de 10000 (pour 45° d'inclinaison). La Table III donne en fonction de l'angle de tir les hauteurs et sublimités pour une même portée de 10000 et permet de juger de la variation de vitesse initiale nécessaire, par le rapport à 10000 de la somme hauteur + sublimité (Proposition X, *supra*, p. 248).
Il est certain que les tables ne sont pas utilisables sans une définition très claire de leur signification, et à défaut de cette définition, elles exposent à commettre des erreurs graves.
Interrogé par Mersenne sur la valeur de ces tables, Descartes répondra au Minime en les jugeant sévèrement : « Je n'ay rien dit (cf. la lettre du 11 octobre) sur Galilée de ses portées de canon qu'il reduit en tables, à cause qu'après avoir desaprouvé toutes les raisons sur lesquelles il les fonde, il m'a semblé qu'elles ne valoient pas seulement le parler » (lettre de décembre 1638, *A-T*, II, p. 466, l. 17-21).

P. 123 [*256*]

l. 9. La correction indiquée (cf. Table II, 2e col., 10000 au lieu de 1000) est d'autant plus nécessaire que c'est sur l'identité entre la hauteur atteinte en tir vertical et la portée à 45°, pour une même impétuosité, que va porter la remarque de Mersenne.

l. 11-19. Les références auxquelles l' « Advertissement » (l. 14-16) renvoie dans le *Livre de l'Utilité de l'Harmonie* sont impossibles à fixer de manière précise. En fait, c'est seulement ici que Mersenne donne les chiffres dont la correspondance avec ceux indiqués dans le livre de l'*Utilité* est approximative. Les estimations fournies l. 17-18 signifient que la résistance de l'air se manifeste par la différence entre 350 et 288. Les deux nombres devraient être égaux si l'on était dans le cas des tables théoriques. Quant à l'évaluation de 100 toises pour la portée de point en blanc (l. 18-19), elle est en effet indiquée dans l'addition du *Livre de l'Utilité*, p. 64, avant-dernier alinéa, et elle correspond à une durée de 1 sec. 1/2 pour 70 toises par seconde. En suivant les données de la Table I, et pour 100 toises de portée de point en blanc, c'est-à-dire avec un angle de tir très faible, on devrait avoir sous 45° une portée de l'ordre de 2000, donc bien supérieure à 350 toises observées : nouvelle manifestation de la résistance de l'air.

l. 19-21. Mersenne passe sous silence l'allusion faite par Simplicio « aux spéculations de l'Académicien sur la force de percussion », problème dont Salviati diffère l'exposition à un « moment plus opportun » (D^1, p. 287 *in fine* ; D^2, p. 312 *in fine*). Sagredo avance même une des conclusions « stravagantissima » auxquelles l'Académicien est parvenu (D^1, p. 288 *ad lim.* ; D^2, p. 313 *ad lim.*). Sur ce point, cf. D^3, pp. 834-837. Le silence observé par le Minime ne témoigne pas de son désintérêt pour la question : bien au contraire, puisque, dans une lettre adressée à Galilée le 1er mai 1640, il lui dit attendre son traité sur la force de percussion (cf. *Ed. Naz.*, XVIII, p. 187).
La référence aux centres de gravité condense les propos circonstanciés de Salviati qui servent en définitive de justification liminaire à la présentation de l'Appendice traitant de cette question (D^1, p. 288 ; D^2, p. 313).

l. 22-25. Cf. *supra*, Préface, notes *ad loc.* Le « tres-sçavant homme » est Descartes.

EXEMPLAIRE DE MAIN DES *NOUVELLES PENSÉES*

Les ultimes vérifications nécessaires au moment de la correction des deuxièmes épreuves de notre ouvrage nous ont permis de découvrir par hasard un exemplaire de main de Mersenne. La même cote 30352 du catalogue de la Bibliothèque Mazarine correspond en effet sur les rayons à deux exemplaires. C'est le premier qui est d'ordinaire communiqué. Nous avons eu la bonne fortune de recevoir le second (portant l'étiquette « 30352 double ») avant qu'il ne soit trop tard pour le connaître et le signaler ici.

Il s'agit d'un exemplaire portant le frontispice H. Guénon avec l'indication manuscrite de provenance : « De Bibliotheca Parisiensis Conventus P. P. Minimorum ad Plateam Regiam 1639 », et on y trouve des corrections autographes de Mersenne.

Cet exemplaire est relié en un seul volume avec d'autres ouvrages de Mersenne, à savoir : à la suite et dans l'ordre, les *Méchaniques de Galilée,* les *Questions théologiques, physiques, morales et mathématiques* (1634), et les *Préludes de l'Harmonie Universelle ou Questions Curieuses* (1632). Seul le texte des *Nouvelles pensées* comporte des corrections et des annotations manuscrites.

Après la page de titre figurent successivement la Préface au Lecteur, la Table des Matières et la planche intercalaire (non paginées), le texte des Livres I à V paginé de 1 à 256, et enfin, hors pagination, la liste des *Principales fautes de l'impression* suivie de l'*Extraict du Privilege du Roy.* En outre les groupes de pages 151-152, 165-166 et 203-204 ont été réimprimés dans leur version corrigée et sont insérés au bon endroit dans le corps de l'ouvrage, de sorte que cet exemplaire aurait pu servir de référence pour notre édition critique.

Les interventions manuscrites de Mersenne sont de trois ordres.

1. Report dans le texte des livres I et II (le volume n'a en effet été relu, plume à la main, que jusqu'à la page 164, à une importante exception près cf. *infra*) d'un certain nombre de corrections mentionnées dans la liste des fautes d'impression. Environ une trentaine, dont il est inutile de dresser le catalogue.

2. Corrections et répétitions de figures. En marge de la page [*40*] est reproduite la figure de la page [*39*] corrigée conformément aux indications donnée dans le texte correspondant. Report dans les marges des pages [*132*], [*134*] *et* [*139*] de la figure de la page [*131*].

3. Corrections d'auteur.

Page [*41*], l. 18 Mersenne a d'abord rayé « trente-six » en inscrivant au-dessus le nombre 20 qu'il a rayé à son tour.
l. 20 Mersenne a rayé « chacun de ».
Puis en marge Mersenne a annulé toutes ces corrections en écrivant « *rayé bis il n'y a point de faute* ».

Reste le témoignage d'hésitations qui vient en complément de notre note p. 170.

Page [*252*]. En bas de page, Mersenne écrit : « *L'expérience ratifiée monstre que la bale fait du moins cent toises en 1″ et qu'elle baisse bien 2 toises dans le temps de 1″ et estant ie n'au*[*rais*] *pas du reprendre Galilée* ».

Seul le verbe que nous complétons offre une difficulté de lecture. Mais le a et le u ne font aucun doute et cette dernière lettre comporte un prolongement sous la ligne, significatif d'abréviation. Ici il s'agit non seulement d'un complément à nos notes de la p. 302, mais encore d'une preuve exemplaire de l'honnêteté de Mersenne.

Il est heureux que ce témoignage se soit révélé pour nous à temps et qu'il trouve ici sa place, en conclusion de notre travail.

[M.-P. Lerner].

INDEX DES NOMS

Cet index des noms, relatif à l'ensemble de notre ouvrage, ne comporte évidemment ni Galilée, ni Mersenne. L'abondance des références aux noms des interlocuteurs des *Discorsi* (Salviati, Sagredo, Simplicio) a conduit également à les exclure. Pour Descartes, ne figurent que les références les plus significatives. Les références aux pages des *Nouvelles Pensées*, italiques entre crochets, situent immédiatement les citations, explicites ou implicites, de Mersenne. Les contemporains sont signalés par *(c)*.

INDEX DU VOCABULAIRE DE MERSENNE

Cet index concerne les termes employés par Mersenne dans *Les Nouvelles Pensées* et qui sont apparus comme présentant un intérêt pour l'histoire de la science et des techniques ou pour la philosophie. Pour certains de ces termes ne figurent que les références les plus importantes. On a préféré le classement alphabétique général à des classements par sujets et l'on a respecté l'orthographe originale en complétant, lorsque c'était nécessaire, par la mention entre parenthèses de l'application particulière du terme indexé.

INDEX DES MATIÈRES

Cet index complète la Table des Matières de Mersenne p. 57 et la Table des propositions des *Nouvelles Pensées*, p. 125, établie par nous. Il est conçu pour permettre au lecteur le repérage rapide des questions importantes pour la philosophie et pour la science, formulées dans le langage d'aujourd'hui, et aussi bien dans le texte de Mersenne que dans l'Introduction et les notes de la présente édition critique (lorsqu'une référence explicite et spéciale à ces notes est nécessaire). Il ne supprime nullement la nécessité de lire les deux tables ci-dessus rappelées.

TABLE GÉNÉRALE

*« J'aprouve extremement la peyne que vous avés voulu prendre de faire des Tables à vos livres de l'*Harmonie, *car il est bien certain que ce sont comme les ames d'un livre et qui soulagent extremement ceux qui les lisent. »*

Aimé de Gaignières à Mersenne
(27 février 1637 (cité *supra*, p. 21).

VOLUME I

VOLUME II

IMPRIMERIE A. BONTEMPS
LIMOGES (FRANCE)
Dépôt légal : 1er trimestre 1973